普通高等教育软件工程“十二五”规划教材
12th Five-Year Plan Textbooks of Software Engineering

工业和信息化普通高等教育“十二五”规划教材

C++程序设计

（第2版）

宋春花 吕进来 ◎ 主编
王丽娟 张辉 ◎ 副主编
马建芬 王幸民 程鹏 ◎ 编著

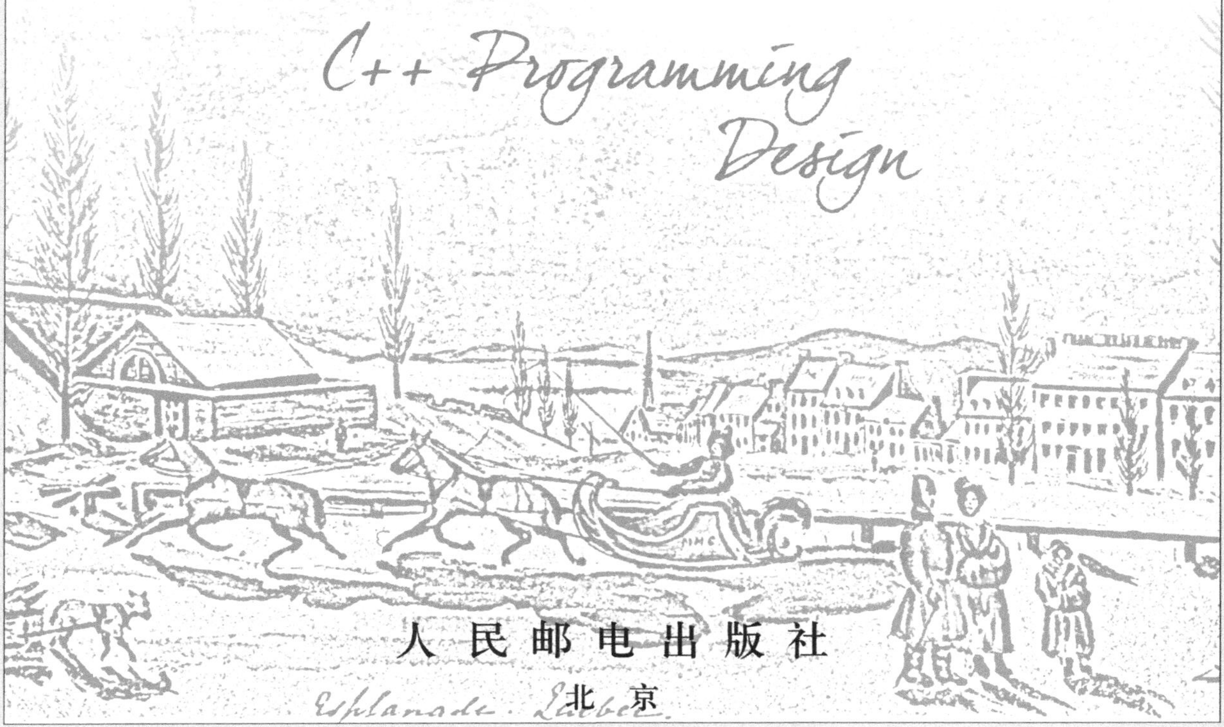

人民邮电出版社
北京

图书在版编目（CIP）数据

C++程序设计 / 宋春花，吕进来主编 ； 马建芬，王幸民，程鹏编著. -- 2版. -- 北京 ： 人民邮电出版社，2017.8
普通高等教育软件工程“十二五”规划教材
ISBN 978-7-115-45260-3

Ⅰ. ①C… Ⅱ. ①宋… ②吕… ③马… ④王… ⑤程… Ⅲ. ①C语言－程序设计－高等学校－教材 Ⅳ. ①TP312.8

中国版本图书馆CIP数据核字(2017)第058529号

内容提要

本书是为已有 C 语言程序设计基础、想进一步学习 C++面向对象程序设计的读者编写的。书中用通俗易懂的语言讲解 C++程序设计的基本概念、语法规则及编程方法，内容由浅入深，循序渐进。全书共 9 章。第 1 章和第 2 章介绍面向对象程序设计方法及 C++程序设计语言基础；第 3 章～第 6 章围绕面向对象程序设计的数据封装和隐藏、继承性和多态性这 3 个特征，分别介绍类和对象、构造函数与析构函数、静态成员、友元类和友元函数、继承和派生、多态性等；第 7 章～第 9 章分别介绍函数模板和类模板、文件和流、异常处理。每章采用案例教学的方法，精讲多练，确保读者在学习完本书之后，能掌握 C++语言的基础知识和编程技能，为读者从事具体的软件项目开发奠定基础。

为便于教师教学与学生学习，本书配有电子课件、实例源代码、习题答案等教学资源。如有需要，可以通过人邮教育社区（http://www.ryjiaoyu.com）下载。

本书兼顾理论和实践，可作为高等学校计算机或软件专业学生的教材，也可作为工程技术人员的参考书。

◆ 主　　编　宋春花　吕进来
　副 主 编　王丽娟　张　辉
　编　　著　马建芬　王幸民　程　鹏
　责任编辑　邹文波
　责任印制　陈　犇

◆ 人民邮电出版社出版发行　　北京市丰台区成寿寺路 11 号
　邮编　100164　　电子邮件　315@ptpress.com.cn
　网址　http://www.ptpress.com.cn
　固安县铭成印刷有限公司印刷

◆ 开本：787×1092　1/16
　印张：15.75　　　　2017 年 8 月第 2 版
　字数：413 千字　　　2025 年 1 月河北第 16 次印刷

定价：45.00 元

读者服务热线：(010)81055256　印装质量热线：(010)81055316
反盗版热线：(010)81055315
广告经营许可证：京东市监广登字20170147号

第 2 版前言

面向对象的程序设计方法是当今及未来软件开发的一种主流程序设计方法，是计算机软件开发人员必须掌握的基本技术之一。其设计方法是模拟人类习惯的思维方式，使软件开发的方法与过程尽可能接近人类认识世界、解决问题的方法与过程，将问题空间直接映射到程序空间，从而降低软件开发的复杂度。与传统的结构化程序设计方法相比，运用面向对象的程序设计方法开发的软件产品具有易重用、易修改、易测试、易维护、易扩充等优点，适合大型的、复杂的软件开发。

C++语言（简称 C++）是在 C 语言基础上引入面向对象机制的一种程序设计语言。它具有全面兼容 C 语言并支持面向对象技术的特点，很多已有的 C 语言程序不加修改或稍加修改就可以用于 C++开发的程序。因此，C++既可用于面向过程的结构化程序设计，又可用于面向对象的程序设计，是一种功能强大的混合型的程序设计语言。C++不仅能够用于实际程序开发，而且也有助于理解面向对象程序设计的精髓，为以后学习 C#、Java 等纯面向对象设计语言打下基础，因而深受广大编程者的喜爱。

C 语言是 C++的基础，掌握了 C 语言，再进一步学习 C++，就能用熟悉的语法来学习面向对象的语言，从而达到事半功倍的效果。目前，国内已经有许多 C++教材，但大部分是先讲述 C 语言基础知识，然后再讲述 C++内容，不适合已经学过 C 语言课程的读者使用。本书为学过 C 语言课程的读者量身定做，从开始就直接讲述面向对象的内容，全书内容精简、实用，是一本面向 C++初学者的入门教程。

本书主要特点如下。

（1）本书言简意赅、由浅入深、通俗易懂，力求减少初学者学习 C++的困难，便于读者自学。

（2）本书综合 C++技术图书和教材的特点，既介绍了 C++面向对象程序设计的理论知识，又清晰阐述了 C++语法以及 C++程序实现方法。而且本书通过 C++的编程实现过程帮助读者理解面向对象的程序设计方法，体现理论指导实践，实践提升理论的思想。

（3）本书每章都有大量实例。针对每一个知识点，都有一个或多个完整的实例来学习和巩固，增强学习效果。

（4）本书有配套的同步学习书籍《C++程序设计习题解析与实践教程》。该书内容分为三部分：习题解析、实验指导及实践案例。习题形式多样，有判断题、填空题、选择题、程序改错题、程序阅读题、程序设计题等，能够引导读者从多角度进一步理解和掌握所学内容和知识。实验指导的内容与本书内容同步，每章都有同步的实验范例和实验习题；实践案例综合本书所学内容，引导学生进行系统的开发。

为便于教师教学与学生学习，本书配有电子课件、实例源代码、习题答案等教学资源。如果需要，可以通过人邮教育社区（http://www.ryjiaoyu.com）下载。

本书由宋春花、吕进来担任主编，王丽娟、张辉担任副主编。第 1 章和第 2 章由宋春花执笔，第 3 章由吕进来执笔，第 4 章由张尚礼执笔，第 5 章由张辉执笔，第 6 章由马建芬执笔，第 7 章由王丽娟执笔，第 8 章由程鹏执笔，第 9 章由王幸民执笔。

本书是编者根据多年来的教学实践经验，并查阅国内外相关图书和资料编写而成的，在此向所有参考文献的作者表示衷心感谢。

由于编者水平有限，书中难免存在错误之处，敬请同行和广大读者对本书提出宝贵的意见和建议。

编　者

2017 年 6 月

目 录

第7章 模板

第8章 文件和流

第9章 异常处理

参考文献

第 1 章 面向对象程序设计概述

随着计算机技术的发展和软件复杂度的逐渐增加，计算机程序设计方法和程序设计语言也不断地演变和改进。程序设计方法依次历经了程序设计的自然描述、结构化程序设计方法（面向过程的程序设计方法）、面向对象的程序设计方法、面向对象的可视化编程方法的演变过程；与之相对应的程序设计语言分别为机器语言、汇编语言、高级语言（面向过程的高级语言、面向对象的编程语言、面向对象的可视化编程语言）。其中，面向对象程序设计方法为目前主流的程序设计方法。它采用对象来模拟客观世界中的事物及其行为，用消息传递来模拟对象之间的相互作用，使程序的组织与客观世界的认识相一致，降低了软件开发的难度，适合于大型的、复杂的软件设计。

本章讨论面向过程和面向对象程序设计方法的编程思想和优缺点，介绍 C++的发展过程，简述面向对象程序设计的相关术语和基本特征，并且通过实例介绍 Visual Studio 环境下，C++应用程序的开发过程。

【学习目标】

（1）了解面向对象程序设计方法的发展历程；

（2）了解面向过程和面向对象两种程序设计方法的优缺点；

（3）掌握面向对象程序设计的特点；

（4）掌握面向对象程序设计的相关术语和基本特征；

（5）了解目前常用的面向对象程序设计语言；

（6）掌握 Visual Studio 环境下，C++应用程序的开发过程。

1.1 面向对象程序设计方法的发展历史

面向对象程序设计（Object-Oriented Programming，OOP）作为 20 世纪 90 年代以来程序设计的新思想、新方法，被认为是程序设计方法学的一场实质性的革命，是程序设计方法学的一个里程碑。为了能够更好地理解和应用面向对象的方法进行程序的设计和开发，我们首先了解一下面向对象程序设计的历史和发展。

在 20 世纪 60 年代，软件曾出现过严重危机，由软件错误而引起的信息丢失、系统报废事件屡有发生。为此，1968 年，荷兰学者 E. W. Dijkstra 提出了程序设计中常用的 GOTO 语句的三大危害：破坏了程序的静动一致性；程序不易测试；限制了代码优化。此举引起了软件业长达数年的论战，并由此产生了结构化程序设计方法，同时诞生了基于这一设计方法的结构化程序设计语言，如 Pascal 语言、C 语言等。这些语言一经推出，它们简洁明了以及丰富的数据结构和控制结构，为程序设计提供了极大的方便性与灵活性，而且它们特别适合微计算机系统，因此大受欢迎。

结构化程序设计思想采用了模块分解与功能抽象和自顶向下、分而治之的方法，从而有效地将一个较复杂的程序系统设计任务分解成许多易于控制和处理的子程序，便于开发和维护。因此，结构化程序设计方法迅速走红，并在整个 20 世纪 70 年代的软件开发中占绝对统治地位。

但是，到了 20 世纪 70 年代末期，随着计算机科学的发展和应用领域的不断扩大，对计算机技术的要求越来越高。结构化程序设计语言和结构化分析与设计已无法满足用户需求的变化，于是人们开始寻找更先进的软件开发方法和技术，因此，面向对象程序设计应运而生。

面向对象程序设计方法的研究由来已久，早在 20 世纪 40 年代，在对数字模拟的分析研究中就引入了“对象”的概念，随后在对模拟系统的分析中，出现了大量的模拟仿真语言，如 Simscript、GPSS、CSL 和 SimulaⅡ。在 SimulaⅡ中的“活动（Activity）、过程（Process）”概念正是如今面向对象程序设计语言中“类”和“对象”概念的雏型。

20 世纪 60 年代中期，挪威计算中心的 Kisten Nygaard 和 Ole Johan Dahl 开发了 Simula 67 语言，它是世界上第一个面向对象程序设计语言。它引入了所有后来面向对象程序设计语言所遵循的基础概念：对象、类和消息。Simula 67 被称为面向对象程序设计语言的祖先或前身，为面向对象这一当前最流行、最重要的程序设计技术奠定了基础。

20 世纪 70 年代，美国施乐公司的帕洛阿尔托研究中心（Palo Alto Research Center，PARC）开发了 Smalltalk 编程语言，又给面向对象的语言注入了新的血液。Smalltalk 被公认为历史上第二个面向对象的程序设计语言和第一个真正的集成开发环境（Integrated Development Enviroment，IDE）。它基于 Simula 语言的类和消息的概念，引入了继承和子类的概念，Smalltalk 编程语言对近代面向对象编程语言影响很大，所以称之为“面向对象编程之母”。

20 世纪 80 年代，面向对象程序设计成为了一种主导思想，相继出现了如 Object-C、C++、Self、Java 等面向对象语言。随着面向对象语言的发展，面向对象程序设计方法也就应运而生且得到迅速发展。

20 世纪 90 年代以来，面向对象程序设计语言、面向对象程序设计方法广泛应用于程序设计，并逐渐形成了面向对象分析、面向对象设计、面向对象编程、面向对象测试等面向对象软件开发方法。从此，全世界掀起了一股面向对象的热潮，至今盛行不衰，面向对象程序设计方法逐渐成为程序设计的主流方法。

总之，面向对象程序设计方法是在结构化程序设计方法的基础上发展而来。采用此方法大大提高了软件开发效率，减少了软件开发的复杂性，提高了软件的可维护性、可扩展性。

面向对象的程序设计方法是当今普遍使用并大力推广的一种程序设计方法，它是计算机软件开发人员必须掌握的基本技术。

1.2 面向过程和面向对象程序设计方法概述

程序设计方法是指指导程序设计工作的思想方法，包括程序设计原理和所遵循的原则，帮助设计者从不同的角度描述问题域。软件设计中选择好的程序设计方法有助于提高软件设计的效率，保证软件的可靠性和可扩充性，改进软件的可维护性。

在软件开发方法中，当前发展最成熟、应用最广泛的程序设计方法有两种：一种是面向过程的结构化程序设计方法；另一种是面向对象的程序设计方法。下面对这两种方法进行简述。

1.2.1　面向过程程序设计

在面向对象程序设计出现以前，结构化程序设计（Structured Programming，SP）是程序设计的主流，结构化程序设计又称为面向过程的程序设计。

在面向过程程序设计中，问题被看作一系列需要完成的任务，函数用来完成这些任务，其中函数是面向过程的。也就是说面向过程程序设计是以模块功能和处理过程设计为主的软件开发方法。其设计思想是采用“自顶向下，逐步求精，模块分解，分而治之”的解决问题方法。“自顶向下，逐步求精”是指将分析问题的过程划分成若干个层次，每一个新的层次都是上一个层次的细化，即步步深入，逐层细分，实现层次化和精细化；“模块分解，分而治之”是将整个系统分解成若干个易于控制、处理，并可完成一定功能的子任务或子模块，每分解一次都是对问题的进一步细化，直到最低层次模块所对应的问题足够简单为止。各模块可以由顺序、选择、循环 3 种基本结构组成，每个模块功能可由结构化程序设计语言的子程序（函数）来实现。

面向过程设计方法实现程序设计需要经过两个过程：模块分解和组装。在面向过程程序设计时，首先要将解决的问题分解成若干个功能模块，然后再根据模块功能设计一系列用于存储数据的数据结构，并编写一些函数（或过程）对这些数据进行操作；模块组装与模块分解相反，如图 1-1 所示，它从底层模块开始，逐一实现，并通过将底层模块进行适当的组装构成上层模块的内容，也就是说最终的程序是多个函数（或过程）的集成。为保证模块之间的相对独立性，模块之间通过接口传递信息，我们只要按照某个模块的调用规则提供必要的接口信息就可直接调用某个模块，而不需要知道模块内部是如何实现某个功能的具体过程。模块内部主要包括预处理的数据结构和相应的算法实现，选择数据结构、设计算法是结构化程序设计过程的核心任务。

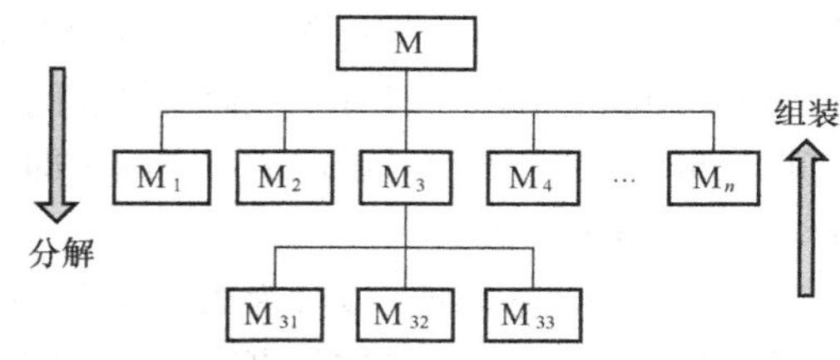

图 1-1　结构化设计模块的组装与分解

结构化程序设计的基本特点如下。

（1）按层次组织模块。

（2）每个模块只有一个入口，一个出口。

（3）程序与数据相分离，即程序=算法+数据结构，程序内容=过程+过程调用。

由此可见，在面向过程程序设计中，用来完成模块功能的函数是面向过程的，即它关注如何根据规定的条件完成指定的任务。在多函数程序中，许多重要的数据被放置在全局数据区，它们可以被所有的函数访问。这样就将数据和处理数据的过程（函数）分离为两个独立的实体，如图 1-2 所示。这种结构很容易造成全局数据在无意中被其他函数改动，因而程序的正确性不易保证。

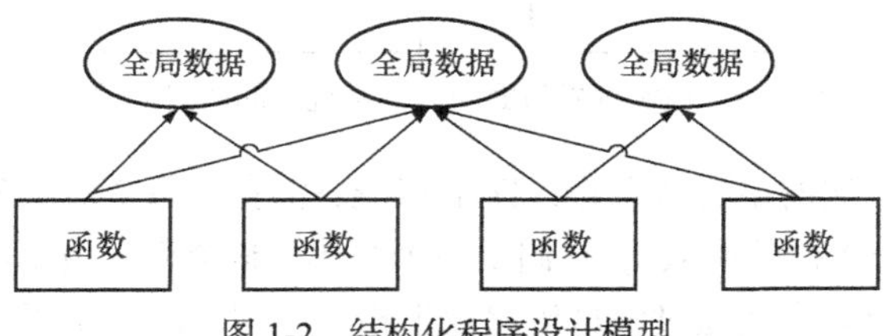

图 1-2　结构化程序设计模型

图 1-2 所示为结构化程序设计模型，这种实质上的依赖与形式上的分离使得大型程序不仅难以编写，也难以调试、修改和维护，代码的可重用性和共享性差。

面向过程程序设计方法虽然存在缺陷，但仍然广泛地应用在当前的计算机程序设计中，适用于小型系统或者是不复杂系统的开发。常用的语言有 BASIC、Pascal、Fortran、C 等。

1.2.2 面向对象程序设计

面向对象程序设计方法（Object Oriented Programming，OOP）克服了面向过程程序设计方法的缺点，它将数据及对数据操作的方法（函数）放在一起，形成一个相互依存、不可分离的整体——对象，从同类对象中抽象出共性，形成类。同类对象的数据原则上只能用本类提供的方法（成员函数）进行处理。类通过封装将接口与实现分离开来，通过接口与外界联系。对象之间通过消息进行通信，如图 1-3 所示。

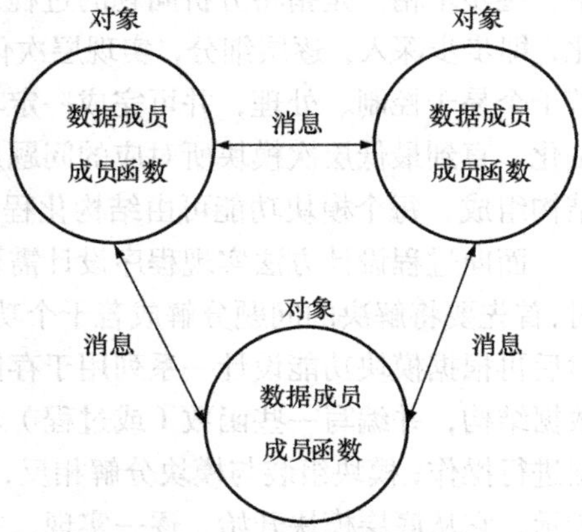

面向对象程序设计方法采用与客观世界相一致的方法设计软件，其设计方法是模拟人类习惯的思维方式，使软件开发的方法与过程尽可能接近人类认识世界、解决问题的方法与过程，从而使描述问题的问题空间（即问题域）与实现解法的解空间（即求解域）在结构上尽可能一致。

图 1-3　面向对象程序设计模型

现实世界中的事物可以分为两大部分，即物质和意识。物质指的是一个具体的事物；意识描述的是一个抽象的概念，是对客观存在事物的一种概括。例如，“汽车”和“一辆白色的汽车”，“一辆白色的汽车”是物质，它是具体客观存在的；“汽车”是意识，是一个抽象的概念。这些现实世界中事物可直接映射到面向对象系统的解空间，现实世界中的物质可以对应于面向对象系统中的“对象”，现实世界中的意识可对应于面向对象系统中抽象概念的类。例如“汽车”在面向对象系统中可用“汽车类”来表达，“一辆白色的汽车”在面向对象系统中是一个具体的对象，是“汽车类”的实例。现实世界与面向对象系统之间的对应关系如图 1-4 所示。

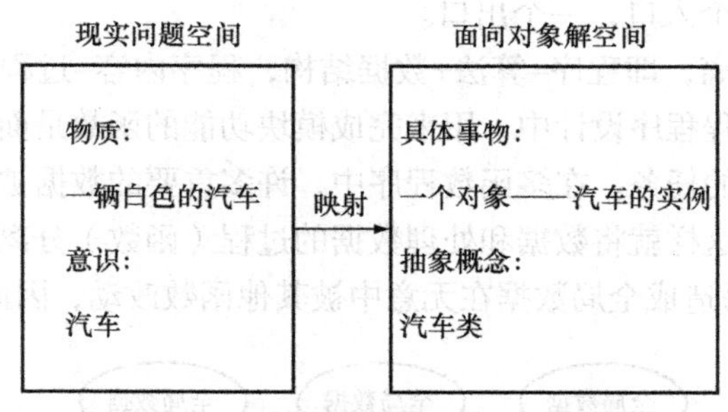

图 1-4　现实世界与面向对象系统之间的对应关系

面向对象程序设计方法的主要特点是：程序=对象+消息。每个对象都具有特定的属性（数据结构）和行为（操作自身数据的函数），它们是一个整体。整个程序由不同类的对象构成，各对象是一个独立的实体，但对象之间通过消息传递发生相互作用。图 1-5 所示为结构化程序设计与面向对象程序设计在处理数据与程序代码（函数）关系方面的比较。

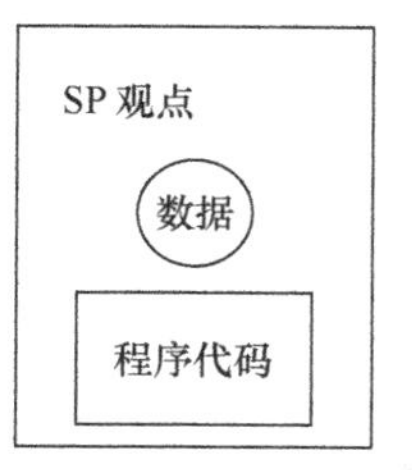

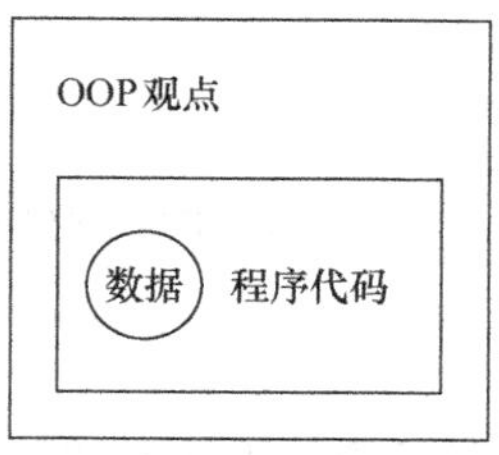

图 1-5　SP 与 OOP 中代码和数据的关系

从图 1-5 可以看出，结构化程序设计的数据和程序代码是分离的，而面向对象程序设计则将数据和操作数据的程序代码绑在一起构成对象。显然，面向对象程序设计方法使得开发的软件产品易重用、易修改、易测试、易维护、易扩充，降低了软件开发的复杂度。OOP 达到了软件工程的 3 个主要目标：重用性、灵活性和扩展性，适合大型的、复杂的软件开发。

面向对象程序设计方法是当今普遍使用并大力推广的一种程序设计方法，它是计算机软件开发人员必须掌握的基本技术。目前，广泛使用的面向对象程序设计语言有 C++、Visual Basic、Power Builder、C#、Java 等。

面向对象程序设计是针对开发较大规模的程序而提出的，目的是提高软件开发效率。但不要把面向对象和面向过程对立起来，面向对象和面向过程不是矛盾的，而是各有用途、互为补充的。

1.3　面向对象程序设计的基本术语

面向对象程序设计中的基本术语主要有对象、类、实例、属性、消息、方法等。面向对象的思想通过这些概念得到了具体的体现。

1. 对象

在现实世界中，一切事物都可以看作一个对象。对象既可以是一个有形的具体事物，如一个人、一棵树、一台计算机等都是对象；也可以是无形的、抽象的事件，如一场演出、一场球赛也是对象。一个对象既可以是个简单的对象，也可以是由多个对象构成的复杂对象。现实世界中的对象可以认为是对象=属性+行为，具有如下特性：

（1）有一个名字以区别于其他对象；

（2）有一个状态用来描述它的某些特征，这个状态称为属性；

（3）有一组操作，每一个操作决定对象的一种功能或者行为，操作包括自身所承受的操作和施加其他对象的操作。

现实世界中，人们借助于对象的属性和行为认识和区分不同的对象。例如，一个老师名叫李星，性别男，年龄 38 岁，身高 1.75m，体重 75kg，可以修计算机，也可以教计算机课，下面我们来描述这个对象。

对象名：李星

对象的状态如下。

性别：男

年龄：38

身高：1.75m

体重：75kg

对象的功能（可做的操作）

回答年龄
回答身高
回答体重 }（均属于自身所承受的操作）

修计算机
教计算机课 }（均属于施加于其他对象的操作）

在面向对象程序设计中，对象是描述其属性的数据及对这些数据施加的一组操作封装在一起构成的一个独立整体。对象=数据+操作，对象中的数据表示对象的状态，对象中的操作可以改变对象的状态。

2. 类

在现实世界中，类是一组具有共同属性和行为的对象的抽象。例如，李星、王晓、陈悦，他们都是不同的学生对象，但他们有共同的特征，都有姓名、班级，学号等属性，具有能选课、听课、做作业等行为。将所有同学都共有的这些属性和行为抽象出来，就构成一个学生类。

在面向对象程序设计中，类是一组具有相同数据和相同操作的对象的集合。同一个类的不同对象具有其自身的数据，处于不同的状态中。面向对象程序设计中，总是先申明一个类，再由类生成一个具体对象。

类和对象的关系是抽象和具体的关系，类是多个对象进行综合抽象的结果，一个对象是类的一个实例。图1-6所示为一个学生类和其中一个对象的关系。

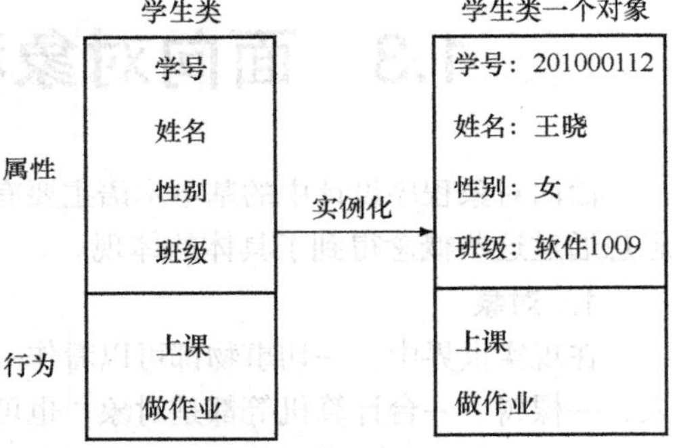

图1-6 类与对象的关系

3. 实例

实例就是由某个特定的类所描述的一个具体的例子，如汽车就是交通工具的一个实例。实际上类是建立对象时使用的“模板”，按照这个模板所建立的一个个具体的对象，就是类的实际例子，简称实例。在图1-6中，学生王晓是学生类的一个实例。

4. 属性

属性是类中所定义的数据，它是对客观世界实体所具有的性质的抽象。类的每个实例都有自己特有的属性值。例如学生王晓的属性值包括学号：201000112；姓名：王晓；性别：女；班级：软件1009等。

5. 消息

在面向对象程序设计中，对象之间的联系是通过消息传递来实现的。一个对象向另一个对象发出的“请求”或“命令”被称为“消息”，当对象收到消息时，就调用有关的方法，执行相应的操作。消息是一个对象要求另一个对象执行某个功能操作的规格说明。通过消息传递完成对象间相互请求和相互协作。

消息具有3个性质。

（1）同一对象可接收不同形式的多个消息，产生不同的响应。

（2）相同形式的消息可以发送给不同对象，所做出的响应可以是截然不同的。

（3）消息的发送可以不考虑具体的接收者，对象可以响应消息，也可以对消息不予理会，对消息的响应并不是必须的。

在面向对象系统中，消息分为两类：公有消息和私有消息。由外界对象直接发送给这个对象的消息称为公有消息；对象自己发送给本身的消息称为私有消息。私有消息对外是不开放的，外界不必了解它。外界对象只能向此对象发送公有消息，而不能发送私有消息，私有消息是由对象自身发送的。

6. 方法

方法就是对象所能执行的操作或所具有的行为，即类中定义的服务。例如，学生王晓能执行的操作有上课、做作业等，实现这些操作的过程就是方法。一个方法有方法名参数，方法体，用来描述对象执行操作的算法、响应消息等。在 C++语言中方法是通过成员函数来实现的。

1.4　面向对象程序设计的基本特征

面向对象程序设计的基本特征主要有抽象性、封装性、继承性和多态性。在本书的后续章节中，会不断加深对这些概念的讲解，以便于熟悉掌握和运用。

1.4.1　抽象性

面向对象程序设计的基本要素是抽象。抽象就是从众多事物中抽取出共同的、本质的特征。而忽略次要的和非本质的特征。例如，一个长方形是一个具体的对象，10 个不同尺寸的长方形是 10 个对象，这 10 个长方形有共同的属性（长和宽，只是具体值不同）和行为（计算周长、计算面积），将这 10 个长方形抽象出一种类，称为长方形类。这 10 个长方形是长方形类的 10 个不同的对象。因此，类是对象的抽象。

抽象包含两个方面：数据抽象和过程抽象。数据抽象是针对对象的属性，实现数据封装，在类外不可能被访问。例如，建立一个学生类，学生会有以下特征：学号、姓名、专业、性别、学费、成绩等，定义一个学生类时，这些特征是学生的属性。过程抽象是针对对象的行为特征，实现信息隐藏，例如学生有上课、写作业、借书等行为特征，定义一个学生类时可以将这些行为特征抽象为方法。

图 1-7 所示为现实世界实体通过抽象将对象的属性用数据表示（包括内部基本类型数据和用户自定义的数据类型），而实体行为通过抽象在软件中用函数来实现。图 1-8 所示为对学生群体进行抽象，在 C++中建立学生类 student 的一个具体实例。

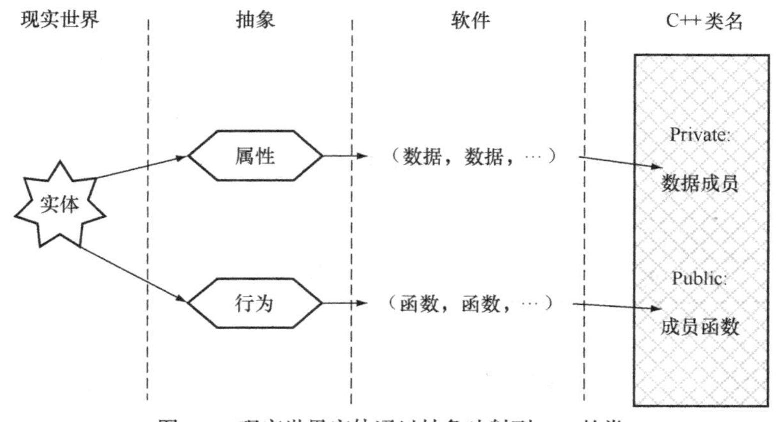

图 1-7　现实世界实体通过抽象映射到 C++的类

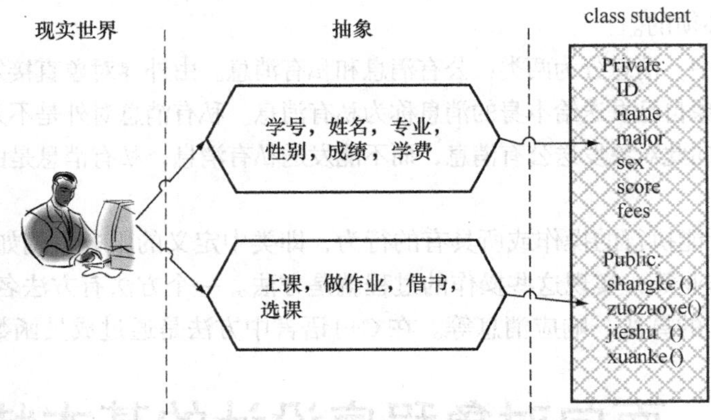

图 1-8　C++通过 student 类来抽象学生实体的描述

从图 1-7 和图 1-8 可以看出，C++作为一种面向对象程序设计语言，采用类可以实现对客观对象的抽象。

1.4.2　封装性

封装是面向对象程序设计方法的一个重要特征，它是将事物的属性和行为包装到对象的内部，形成一个独立模块单位。封装是一种信息隐藏技术，即对象的内部对用户是隐藏的，不可直接访问。使得用户只能见到对象封装界面上的信息即外部特性（对象能接收哪些消息，具有哪些处理能力），而对象的内部特性（保存内部状态的私有数据和实现加工能力的算法）对用户是隐蔽的。例如，一台收音机，使用者只须掌握收音机界面上的按钮即可，无须了解它的内部结构，也无法看见操作收音机收台和选台的内部电路。因为它们被封装在收音机里面，对用户是隐藏的、不可见的。封装的目的在于把对象的设计者和对象的使用者分开，使用者不必知晓行为实现的细节，只须用设计者提供的消息来访问该对象。

图 1-9 说明信息隐藏技术的具体实现，函数的调用者只需要了解函数的接口信息来正确地使用函数，而无须了解函数的具体实现，即函数接口与具体实现是独立的。例如，有个学生信息管理系统，如图 1-10 所示，系统实现中定义一个学生类，向用户提供了输入学生信息 InputInfor()、输出学生信息 OutputInfor()、查询学生电话 SearchPhone()、查询学生地址 SearchAddr()4 个接口，而将这 4 个函数的具体实现和 name、phone、addr 等数据隐藏起来，实现数据的封装和隐藏。

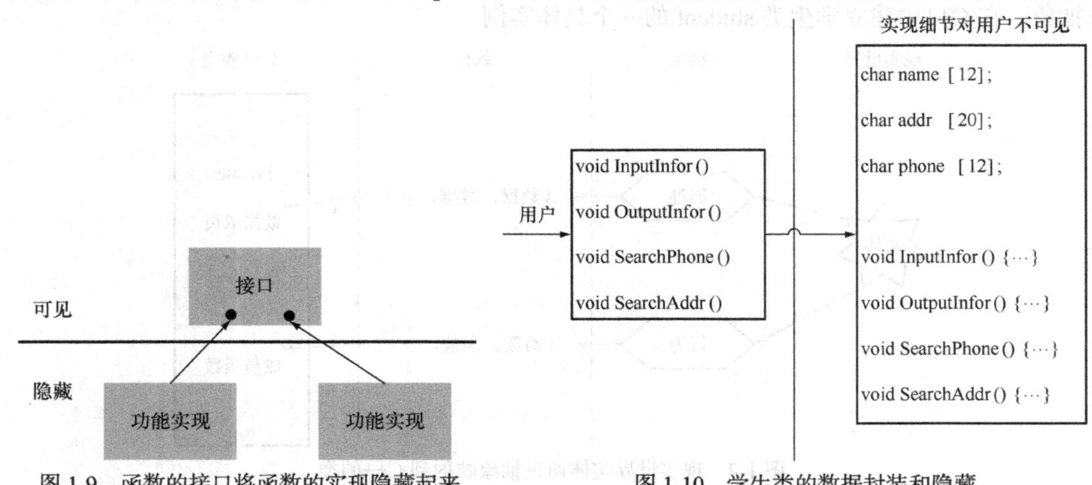

图 1-9　函数的接口将函数的实现隐藏起来　　　　图 1-10　学生类的数据封装和隐藏

在 C++语言中，对象的构成由类来描述，每个类成员可以设置为私有、保护和公有 3 种访问控制权限，对象的外部只能访问它的公有成员，不能直接访问对象的私有和保护成员。对象的封装性可以提高模块之间的独立性，使得系统易于调试和管理。

1.4.3 继承性

面向对象程序设计也提供了类似大自然中的物种遗传的生物继承机制，即子类自动共享父类之间数据和方法的语言机制。父对象拥有的属性和行为，其子对象通过继承也拥有了这些属性和行为。

继承是面向对象程序设计方法的一个重要特征，是实现软件复用的一个重要手段。继承反映的是对象之间的相互关系，它允许一个新类从现有类派生出来，新类能够继承现有类的属性和行为，并且能够修改或新增属性和行为，成为一个功能更强大、更能够满足应用需求的类。例如，波斯猫是猫的一种，猫又是哺乳动物的一种，哺乳动物又是动物的一种。如果不使用层次的概念，每个对象需要明确定义各自的全部特征。通过继承方式，一个对象只需要在它的类中定义使它成为唯一的各个属性，然后从父类中继承它的通用属性。因此，正是由于继承机制，才使得一个对象可以成为一个通用类的一个特定实例。一个深度继承的子类将继承它在类层次中的每个祖先的所有属性。

图 1-11 所示的公有继承方式中，类 A 是基类，类 B 是派生类，类 B 可以继承类 A 的特征和行为，虽然类 B 只定义了 b1、b2 两个数据成员和 fb1()、fb2()两个成员函数，但它可以从类 A 中继承 a1、a2 两个数据成员以及 fa1()、fa2()两个成员函数，这样它就具有 a1、a2、b1、b2 共 4 个数据成员，具有 fa1()、fa2()、fb1()、fb2()共 4 个成员函数。

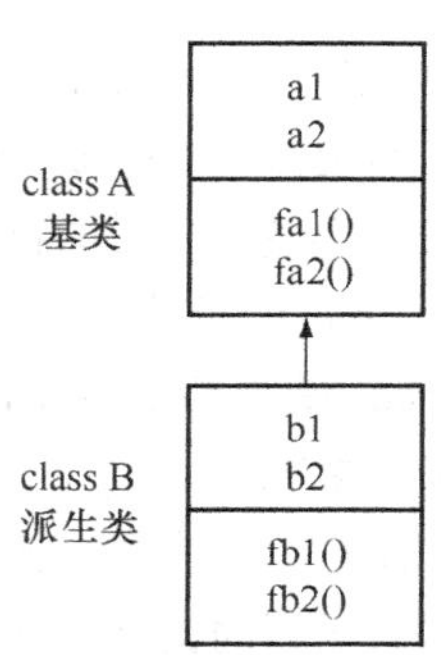

图 1-11 派生类 B 继承基类 A

继承分为单继承和多重继承，单继承规定每个子类只能有一个父类，多继承规定每个子类有多个父类。图 1-12 所示为单继承，图 1-13 所示为多继承。

图 1-12 单继承

图 1-13 多继承

继承具有如下几个优点。

（1）继承能够清晰地体现相似类之间的层次结构关系。

（2）继承能够减少代码和数据的重复冗余度，增加程序的重用性。

（3）继承能够通过增强一致性来减少模块间的接口和界面，提高程序的易维护性。

（4）继承是自动传播代码的有力工具。

（5）继承是一种在普通类的基础上构造、建立和扩展新类的最有效手段。

继承为软件设计提供了一种功能强大的扩展机制，允许程序员基于已经设计好的基类创建派生类，并为派生类添加基类所不具有的属性和行为，极大地提高了软件的可重用性效率。

1.4.4 多态性

多态是面向对象程序设计的另一个重要特征，即对象根据所接收的消息而做出动作。“一个接口，多种形态”，即同一消息为不同的对象接收时可产生完全不同的行为，这种现象称为多态性。

多态性与继承密切相关，利用类继承的层次关系，把具有通用功能的行为存放在类层次中尽可能高的地方，而将实现这一功能的不同方法置于较低层次，这样，在这些低层次上生成的对象就能给通用消息以不同的响应。如图 1-14 所示，有 5 个图形类分别是：定义一个类 Shape，然后从该类派生出圆类 Circle、三角形类 Triangle、长方形类 Rectangle，从 Rectangle 类派生出正方形类 Square，这些类中都有计算图形面积和周长的函数 area() 和 perime()，但是每个类的 area()函数和 perime()函数计算面积和周长的方法都不相同，即同名函数 area()函数和 perime()函数作用在 Circle、Triangle、Rectangle 等不同类时，将执行不同的操作，这就是多态性。

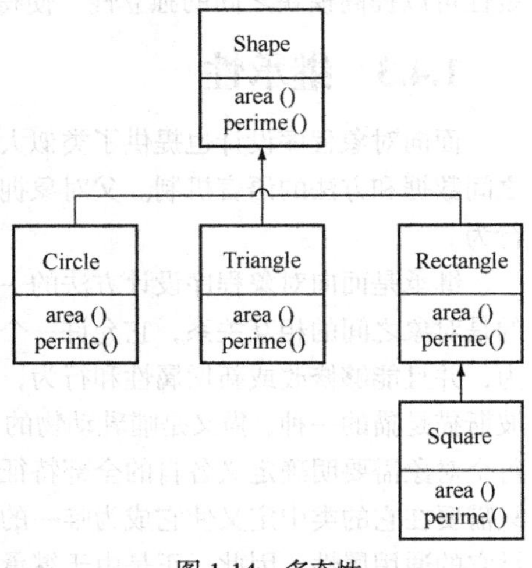

图 1-14 多态性

在 C++语言中，通过重载和虚函数两个方面来实现多态性，重载称为编译时的多态性，虚函数称为运行时的多态性。具体内容将在后续的章节进行详解。

1.5 面向对象程序设计语言

程序设计语言是计算机软件开发的工具，自从计算机诞生以来，程序设计语言已经历经四代编程语言：机器语言（面向机器）、汇编语言（面向机器）、高级语言（面向过程）、面向对象程序设计语言（面向对象）。

面向对象程序设计语言可以分为两大类：一类是混合型的面向对象程序设计语言，典型的如 C++，这类语言是在传统的过程化语言中加入了各种面向对象语言的成分，它强调的是运行效率；另一类是纯粹的面向对象程序设计语言，在纯粹的面向对象程序设计语言中，几乎所有的语言成分都是类和对象，典型的如 Java。下面简要介绍这两类语言。

1.5.1 从 C 到 C++

C 语言既具有高级语言的特点，又具有汇编语言的特点。它由美国贝尔实验室的 D. M. Ritchie 于 20 世纪 70 年代在 B 语言的基础上扩充完善发展而来的。C 语言应用广泛，具备很强的数据处理能力，适于编写系统软件、二维/三维图形和动画，许多大型应用软件都是用 C 语言编写的。C 语言有许多优点，如编写简洁灵活，运算符和数据类型丰富，允许直接访问物理地址对硬件进行操作，程序执行效率高，支持结构化程序设计等特点，已成为最广泛的程序设计语言之一。但是随着 C 语言的推广和应用，其存在的一些不足之处也暴露出来。例如，对数据类型检查机制比较弱，语言结构不支持代码重用，大规模程序开发中程序员很难控制程序的复杂性等。随着软件规模和复杂度的不断增加，C 语言这种面向过程的结构化程序设计方法已经难以适应开发大型软件的要求，出现了软件危机。但是当时基于 C 语言的广泛使用和深入人心，解决软件危机的最好方法不是另外发明一种语言来代替 C 语言，而是在 C 语言的基础上加以发展，扩充到面向对象领域，于是诞生了 C++语言。

C++语言是在 C 语言的基础上，为克服 C 语言的不足之处，且支持面向对象程序设计而出现的一种通用程序设计语言。它于 20 世纪 80 年代由美国贝尔实验室的 Bjarne Stroustrup 提出，保留了 C 语言原有的优点，增加了面向对象的机制。由于在 C++语言中引入了类的概念，最初的 C++语言被称作“带类的 C（C with classes）”，后来为了强调它是 C 语言的增强版，就采用 C 语言中的自加运算符“++”，改称为“C++”。从 C++语言的名字可以看出，C++语言是 C 语言的超集和扩展，因此 C++语言既可以用于面向过程的结构化程序设计，又可以用于面向对象的程序设计，是一种功能强大的混合型的程序设计语言。

可见，C++语言是 C 语言的超集，C++语言对 C 语言的最大改进是引进面向对象机制，同时 C++语言依然支持所有的 C 语言特性，保留对 C 语言的兼容，这种兼容性使得 C++语言不是一种纯正的面向对象的程序设计语言。

面向对象的设计思想是在原来结构化程序设计方法基础上的一个质的飞跃，C++语言是一种优秀的面向对象程序设计语言，它完美地体现了面向对象的各种特性。C++语言以其独特的语言机制在计算机科学的各个领域中得到了广泛的应用。

1.5.2　其他的面向对象程序设计语言

其他的面向对象程序设计语言有 Visual Basic、Power Builder、C#、Java 等。这些语言都是纯粹的面向对象编程语言。在 C++语言之后，影响巨大的就是 Java 和 C#语言了，这两个语言都引入了虚拟机的概念，它们是更纯粹的面向对象语言。下面简单介绍一下最有代表性的 Java。

Java 是一种可以撰写跨平台应用软件的面向对象的程序设计语言，是由 Sun Microsystems 公司于 1995 年 5 月推出的 Java 程序设计语言和 Java 平台（即 JavaSE、JavaEE、JavaME）的总称。Java 技术具有卓越的通用性、高效性、平台移植性和安全性，广泛应用于 PC、数据中心、游戏控制台、科学超级计算机、移动电话和互联网，同时拥有全球最大的开发者专业社群。在全球云计算和移动互联网的产业环境下，Java 更具备了显著优势和广阔前景。

Java 平台由 Java 虚拟机（Java Virtual Machine，JVM）和 Java 应用编程接口（Application Programming Interface，API）构成。Java 应用编程接口为 Java 应用提供了一个独立于操作系统的标准接口，可分为基本部分和扩展部分。在硬件或操作系统平台上安装一个 Java 平台之后，Java 应用程序就可运行。现在 Java 平台已经嵌入了几乎所有的操作系统。这样 Java 程序可以只编译一次，就可以在各种系统中运行。Java 应用编程接口已经从 1.1x 版发展到 1.2 版。目前常用的 Java 平台基于 Java1.4。

Java 分为 3 个体系，即 JavaSE（Java2 Platform Standard Edition，Java 平台标准版）、JavaEE（Java 2 Platform Enterprise Edition，Java 平台企业版）、JavaME（Java2 Platform Micro Edition，Java 平台微型版）。

与传统程序不同，Sun 公司在推出 Java 之际就将其作为一种开放的技术。全球数以万计的 Java 开发公司被要求所设计的 Java 软件必须相互兼容。“Java 语言靠群体的力量而非公司的力量”是 Sun 公司的口号之一，并获得了广大软件开发商的认同。这与微软公司所倡导的注重精英和封闭式的模式完全不同。

Sun 公司对 Java 编程语言的解释是：Java 编程语言是一个简单、面向对象、分布式、解释性、健壮、安全与系统无关、可移植、高性能、多线程和动态的语言。

Java 平台是基于 Java 语言的平台，这样的平台目前非常流行。因此，微软公司推出了与之竞争的.NET 平台以及模仿 Java 的 C#语言。

1.6 基于 Visual Studio 2010 的 C++ 应用程序的开发

Visual Studio 是微软公司推出的开发环境，是目前最流行的 Windows 平台应用程序开发环境。Visual Studio 2010 版本于 2010 年 4 月 12 日上市，其集成开发环境（IDE）的界面被重新设计和组织，变得更加简单明了。Microsoft Visual Studio 2010 支持 C#、C++等，可以快速实现相应的功能。

为了快速地了解和编写 C++程序，这里以 C++编写的简单应用程序为例。

【例 1-1】创建一个控制平台应用程序，当其运行时在屏幕上显示“我们欢迎你”。具体操作步骤如下。

（1）建立一个项目（Project）。在 Microsoft Visual Studio 2010 下开发程序时，首先要创建一个项目。项目中存放了建立程序所需要的全部信息。启动 Microsoft Visual Studio 2010，启动后界面如图 1-15 所示。在图 1-15 的“文件”菜单上依次单击“新建”→“项目”菜单项，打开“新建项目”对话框，如图 1-16 所示。

图 1-15　Visual Studio 2010 起始页

在图 1-16 中选择“已安装的模板”下的“Visual C++”的“Win32”，再选择对话框中间的“Win32 控制台应用程序”，然后在项目“名称”文本框中输入“Project1”，在项目“位置”框中输入要保存项目的位置，如图 1-17 所示。

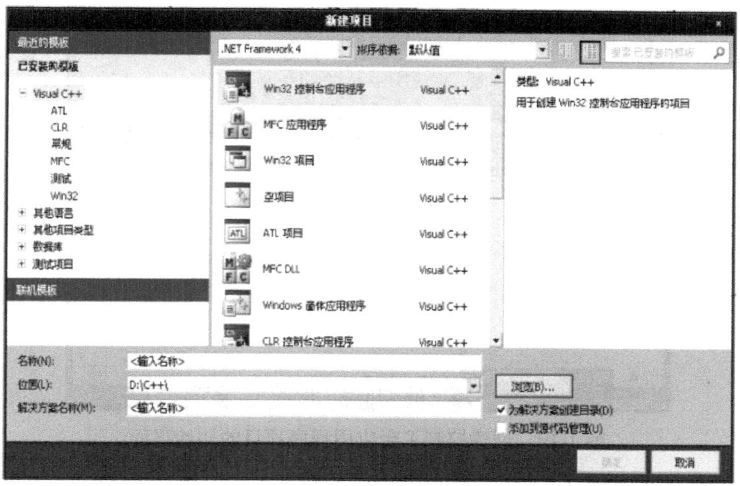

图 1-16 “新建项目”对话框

图 1-17 设置项目类型和模板

在图 1-17 中单击“确定”按钮，出现“Win32 应用程序向导”窗口，如图 1-18 所示。在“Win32 应用程序向导”窗口中单击“完成”按钮，出现如图 1-19 所示的界面。

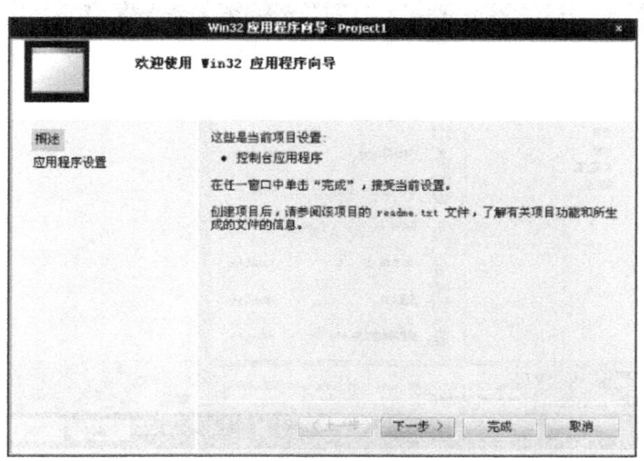

图 1-18 “Win32 应用程序向导”窗口

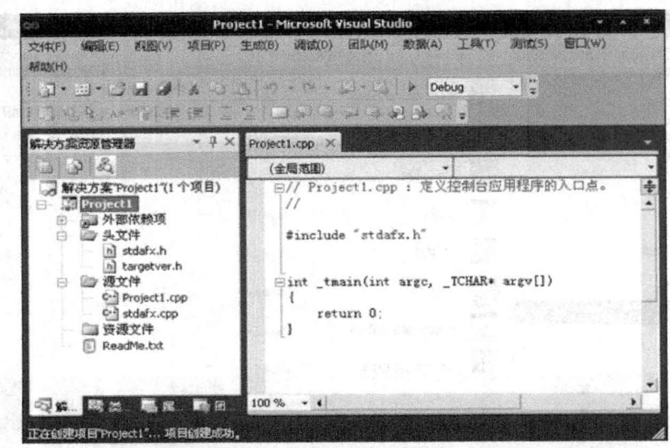

图 1-19　创建控制平台应用程序项目的初始界面

（2）创建类 A。在图 1-19 左侧的“解决方案管理器”中选择“头文件”，右键单击，在弹出的快捷菜单中选择“添加”→“新建项”，如图 1-20 所示。选择“新建项”后弹出“添加新项”对话框，如图 1-21 所示。在对话框中选择“头文件（.h）”，在“名称”文本框中输入“A.h”，单击“添加”按钮，建立“A.h”头文件，如图 1-22 所示。

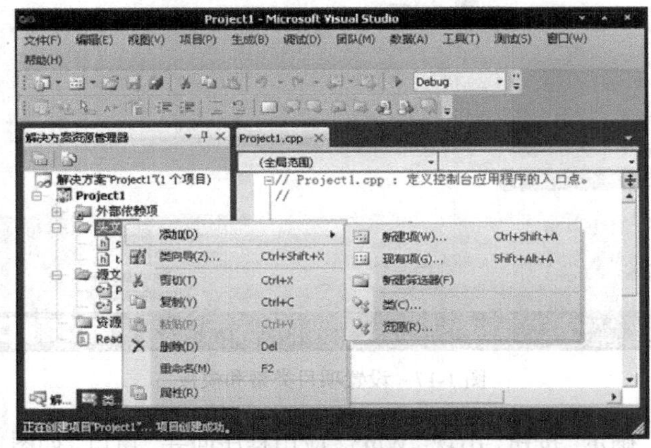

图 1-20　添加类

图 1-21　添加新项

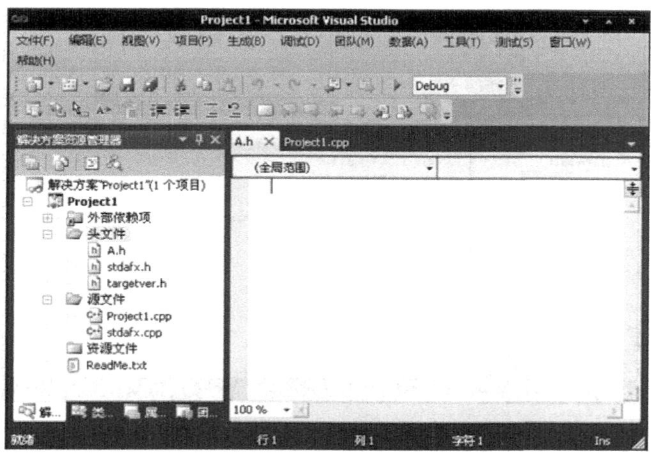

图 1-22　创建类“A.h”头文件

（3）在类“A.h”的编辑区的空白区域中输入如下代码，如图 1-23 所示。

```
class A  //声明一个类A
{
   public:
      void Print()                  //类的输出成员函数
      {
         cout<<"我们欢迎你!"<<endl;         //在屏幕上输出“我们欢迎你!”
      }
};
```

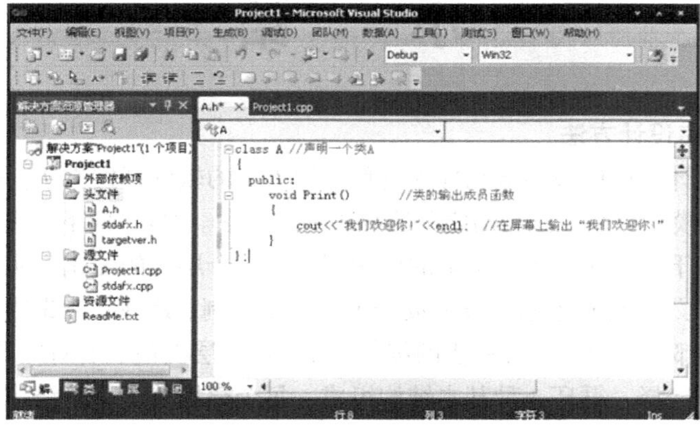

图 1-23　在“A.h”头文件中输入代码

（4）在“Project1.cpp”文件中输入如下代码，如图 1-24 所示。

```
#include "iostream"
using namespace std;
#include "A.h"
int main()
{
   A a;
   a.Print();
   return 0;
}
```

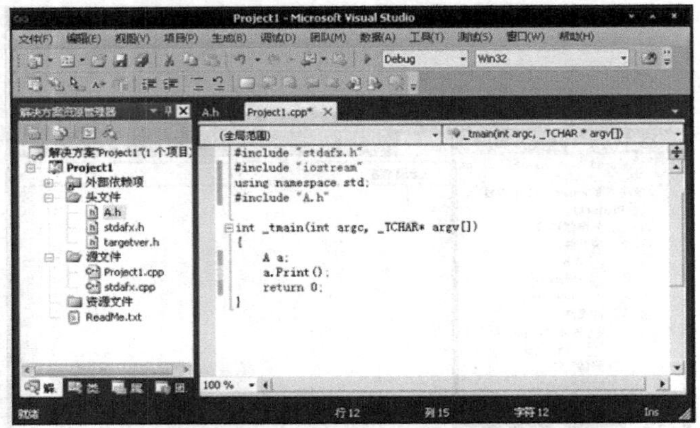

图 1-24　在“Project1.cpp”文件中输入代码

（5）执行“调试”→“开始执行（不调试）”命令或按 Ctrl+F5 组合键，进行程序的编译、连接和运行，运行结果如图 1-25 所示。

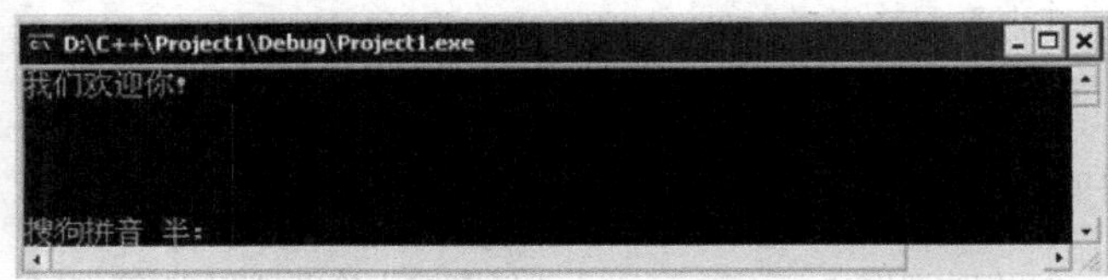

图 1-25　运行结果

小　结

1. 面向过程程序设计方法

面向过程程序设计是以模块功能和处理过程设计为主的软件开发方法。其设计思想是采用“自顶向下，逐步求精，模块分解，分而治之”的解决问题方法。“自顶向下，逐步求精”是指将分析问题的过程划分成若干个层次，每一个新的层次都是上一个层次的细化，实现层次化和精细化；“模块分解，分而治之”是将整个系统分解成若干个易于控制、处理并能完成一定功能的子任务或子模块，每分解一次都是对问题的进一步的细化，直到最低层次模块所对应的问题足够简单为止。各模块可以由顺序、选择、循环 3 种基本结构组成，每个模块功能可由结构化程序设计语言的子程序（函数）来实现。

2. 面向对象程序设计方法

面向对象程序设计方法是将数据及对数据操作的方法（函数）放在一起，形成一个相互依存，不可分离的整体——对象，从同类对象中抽象出共性，形成类。同类对象的数据原则上只能用本类提供的方法（成员函数）进行处理。类通过封装将接口与实现分离开来，通过接口与外界联系。对象之间通过消息进行通信。

3. 面向对象程序设计的相关术语

面向对象程序设计方法的相关术语有对象、类、实例、属性、消息、方法等。

4. 面向对象程序设计的基本特征

面向对象程序设计方法的基本特征有抽象性、封装性、继承性和多态性。抽象就是从众多事物中抽取出共同的、本质的特征，而忽略次要的和非本质的特征。封装是一种信息隐藏技术，它是指将事物的属性和行为包装到对象的内部，形成一个独立模块单位，即对象的内部对用户是隐藏的，不可直接访问；继承反映的是对象之间的相互关系，它允许一个新类从现有类派生出来，新类能够继承现有类的属性和行为，并且能够修改或增加新的属性和行为，成为一个功能更强大、更满足应用需求的类。封装是实现软件复用的一个重要手段；多态是同一消息为不同的对象接受时可产生完全不同的行为，多态性与继承性密切相关。

5. 面向过程和面向对象程序设计方法的特点

面向过程程序设计方法的缺点是程序难以调试、修改和维护，代码的可重用性和共享性差，适用于小型系统或者是不复杂系统的开发。常用的语言有 BASIC、Pascal、Fortran、C 语言等。

面向对象程序设计方法的优点是开发的软件产品易重用、易修改、易测试、易维护、易扩充，并降低了软件开发的复杂度。达到了软件工程的 3 个主要目标，即重用性、灵活性和扩展性，适合大型的、复杂的软件开发。目前，广泛使用的面向对象程序设计语言有 C++、Visual Basic、Power Builder、C#、Java 等。

面向对象的程序设计方法是当今普遍使用并大力推广的一种程序设计方法，它是计算机软件开发人员必须掌握的基本技术。面向对象程序设计是针对开发较大规模的程序而提出的，目的是提高软件开发的效率。但不要把面向对象和面向过程对立起来，面向对象和面向过程不是矛盾的，而是各有用途、互为补充的。目前，面向过程和面向对象程序设计方法仍是两种在系统开发领域相互依存的、不可替代的方法。

6. C++语言

C++语言是 C 语言的超集，C++语言对 C 语言的最大改进是引进面向对象机制，同时 C++语言依然支持所有的 C 语言特性，保留对 C 语言的兼容，这种兼容性使得 C++语言不是一种纯粹的面向对象的程序设计语言。

习　　题

1. 什么是结构化程序设计方法？这种方法有哪些优点和缺点？
2. 什么面向对象程序设计方法？它有哪些优点？
3. 面向对象程序设计与面向过程程序设计有哪些不同点？
4. 面向对象程序设计有哪些基本特征？
5. 什么是面向对象方法的封装性？它有何优缺点？
6. 面向对象程序设计为什么要应用继承机制？
7. 什么是面向对象程序设计中的多态性？
8. 什么是面向对象中的消息？一条消息由哪几部分组成？
9. 为什么说 C++是混合型面向对象程序设计语言？它有什么特点？

第2章 C++基础

C++语言是C语言的超集，它几乎保留了C语言的全部特征。C语言原有的数据类型、表达式、程序语句、函数以及程序组织方式等在C++程序中仍然可以使用。C++语言在C语言的基础上进行了扩展，并引入了面向对象程序设计的语言机制，使程序设计更简洁、安全。

本章主要介绍C++在C语言基础上扩充的一些基本内容。介绍命名空间的定义和使用；C++数据的标准输入/输出；重载函数的定义和使用；带有默认参数的函数的使用和注意事项；内联函数的定义及其作用；变量的的作用域与可见性及生存期的概念；引用及引用作为函数参数和返回值；动态内存分配和释放的方法；磁盘文件的输入输出操作方法。

【学习目标】

（1）了解C++程序的组成部分；

（2）掌握命名空间、变量的的作用域与可见性及生存期的概念；

（3）掌握引用及函数的引用参数和返回引用的概念和使用；

（4）掌握带有默认参数的函数的使用；

（5）掌握内联函数和重载函数的使用；

（6）掌握动态内存分配和释放的方法；

（7）掌握磁盘文件的输入输出操作方法。

2.1 C++程序的组成部分

为了了解C++程序的组成部分，以第1章例1-1这个简单的C++程序为例。这个实例的运行结果是在屏幕上显示“我们欢迎你”5个字。在编程时创建一个名为Project1的项目，该项目由A.h（头文件）和Project1.cpp（源文件）两个文件组成。这两个文件的程序代码如下。

A.h文件程序代码：

```
class A  //声明一个类A
{
   public:
      void Print()                    //类的输出成员函数
      {
         cout<<"我们欢迎你!"<<endl; //在屏幕上输出“我们欢迎你!”
      }
};
```

Project1.cpp 文件程序代码：

```
#include "stdafx.h"
#include "iostream"
using namespace std;
#include "A.h"
int _tmain(int argc, _TCHAR* argv[])
{
    A a;
    a.Print();
    return 0;
}
```

从程序中我们可以看到，C++程序由注释、编译预处理和程序主体组成。C++程序的结构和书写格式归纳如下。

（1）C++程序组织结构

C++程序可以由一个程序单元或多个程序单元构成，每一个程序单元作为一个文件。在程序编译时，编译系统分别对各个文件进行编译，因此，一个文件是一个编译单元。

一个 C++程序的组织结构一般由 3 个部分组成：类的定义、类成员的实现和主函数。如果比较小的程序，可以将这 3 个部分写在同一个文件中。在规模较大的项目中，往往需要多个程序文件，一般将一个类的定义写在头文件中，使用该类的编译单元则包含这个头文件。通常一个项目可以划分为 3 个文件：类声明文件（*.h 文件）、类实现文件（*.cpp 文件）和类的使用文件（main()所在的*.cpp 文件）。对于更为复杂的程序，每一个类都有单独的定义和实现文件，采用这样的组织结构可以对不同的文件进行单独的编辑、编译，最后再连接，利于程序的调试和修改，实现多人合作开发。本例中定义了 A.h（头文件）和 Project1.cpp（源文件），A.h 定义了一个类 A，Project1.cpp 文件是类的使用文件。

（2）编译预处理

在 Project1.cpp 文件中第一个“#”号是预处理标记。每个“#”开头的行称为编译预处理行，“#include”称为文件包含预处理命令。“stdafx.h”和“iostream”是两个头文件。

“stdafx.h”是预编译头文件，所谓预编译头文件，就是把一个工程（Project）中使用的一些 MFC 标准头文件（如 Windows.H、Afxwin.H）预先编译，以后该工程编译时，不再编译这部分头文件，仅仅使用预编译的结果。这样可以加快编译速度，节省时间。“stdafx.h”文件中就包含了这些必要的标准头文件，因此所有的.cpp 实现文件的第一条语句都是#include "stdafx.h"。在 VC++中新建一个 workplace 时，系统会自动添加头 stdafx.h 和 stdafx.cpp 文件。

“iostream”是输入/输出流文件。头文件有系统头文件和自定义头文件（自定义类、结构的文件定义）。本例中，“iostream”是系统头文件，“A.h”是自定义头文件。“iostream”文件设置了 C++的 I/O 相关环境，定义了标准输入/输出流对象 cout 与 cin 等。例如，在程序中“A.h”文件中定义的 Print()函数里调用 cout 对象，所以在程序的开头加入“#include "iostream"”语句。

（3）注释

注释是程序员为程序所写的说明，是提高程序可读性的一种手段。注释一般分为两种：序言注释和解释性注释。前者用于程序开头，说明程序或文件的名称、用途、编写时间、编写人等，后者用于解释程序中难懂的地方。在 C++程序中，可以使用“//”实现单行注释，称为行注释；也可以使用“/*……*/”表示多行注释，称为块注释。

（4）命名空间

C++标准中引入命名空间的概念，是为了避免在大规模程序的设计中，不同模块或者函数库中相同标识符命名冲突的问题。标准 C++引入了关键字 namespace 定义命名空间，用来控制标识符的作用域。标准 C++库（不包括标准 C 库）中的所有标识符（包括常量、变量、结构、类和函数等）都被定义在命名空间 std（standard 标准）中了。

在 Project1.cpp 文件中第二行“using namespace std;”的意思是“使用命名空间 std”。程序中如果需要使用 C++标准库中的有关内容，就需要使用“using namespace std;”语句进行申明，表示后续程序中要用到命名空间 std 中的内容。这条语句在使用标准函数库的 C++程序中频繁出现，本教程中大部分例子的代码中也将用到它。

（5）输入和输出

cout 和 cin 是 C++预定义的流类对象，它们被定义在“iostream”文件的 std 命名空间中，用来实现数据的输入/输出操作。输出操作由 cout 和流插入运算符“<<”结合完成，功能是将紧随其后的内容输出到标准输出设备（显示器）上。endl 表示输出换行并刷新缓冲区。

cin 和流提取运算符“>>”结合表示用户从标准输入设备（键盘）输入数据。当用户输入数据时，所输入的数据类型必须与对应的变量类型一致，否则将产生错误。当输入多个数据时，用空格键或 Tab 键分隔。当数据输入完后，按 Enter 键表示输入结束。C++中，除了用 cout 和 cin 进行输出输入，也可以用 C 语言中的 printf()函数和 scanf()函数进行输出和输入。

（6）类的定义

类是 C++新增加的重要的数据类型，是 C++对 C 的最重要的扩展。通过类实现面向对象程序设计方法中的封装、信息隐蔽、继承、派生、多态等功能。类中可以定义两种成员，一种是代表对象属性的数据成员，另一种是代表实现对象行为的成员函数。每个成员可以设置 3 种不同的访问权限，分别为 public（公有类型）、private（私有类型）和 protected（保护类型）。公有类型成员定义了类的外部接口，在类外只能访问类的公有成员；私有类型成员只能被本类的成员函数访问，来自类外的任何访问都是非法的；保护类型成员的性质和私有成员的性质相似，差别在于继承过程中对派生类的影响不同。

本例的 A.h 文件定义一个类 A，类 A 中有一个公有的成员函数 Print()，用来在屏幕上输出“我们欢迎你”5 个字。

（7）主函数

程序中主函数 int _tmain(int argc, _TCHAR* argv[])是创建项目时在 Projetl.cpp 文件中自动生成的（也可以自己定义），它与 int main()函数功能相同，在后面章节的实例中为了便于大家理解，都以 int main()代替。main()函数是程序的入口，一般在其前面加一个类型声明符 int，表示该函数的返回值为一个整型（标准 C++规定 main()函数必须声明为 int 型）。程序中语句“return 0”，表示返回值为“0”。

2.2 命名空间

2.2.1 什么是命名空间

在 C++中，名称（name）可以是符号常量、变量、宏、函数、结构、枚举、类、对象等。在大规模程序的设计中，开发过程都是团队合作，多个程序文档以及程序员使用各种各样的 C++库时，在对标识符命名时就有可能发生名字冲突，从而导致程序出错。

【例 2-1】 命名冲突。

```
//1.cpp
#include <iostream>
using namespace std;
int a=1;
int main()
{
    cout<< a<<endl;
    return 0;
}
//2.cpp
int a=2
```

该程序由两个文件 1.cpp 和 2.cpp 组成，这两个文件都定义了全局变量 a，引起命名冲突，编译时程序无法通过，并返回出错信息：

```
2.obj : error LNK2005: "int a" already defined in 1.obj
```

它的意思是说无法对 2.cpp 文件中的 int a 进行链接编译，因为 1.cpp 已经有一个相同名字的 int a。

为了解决这种不同文件中同名变量的问题，C++标准中引入命名空间的概念。命名空间（namespace）是一种特殊的作用域，命名空间可以由程序员自己来创建，可以将不同的标识符集合在一个命名作用域内，这些标识符可以是类、对象、函数、变量、结构体、模板以及其他命名空间等。在作用域范围内使用命名空间就可以访问命名空间定义的标识符。

有了命名空间，标识符就被限制在特定的范围内，在不同的命名空间中，即使使用同样的标识符表示不同的事物，也不会引起命名冲突。

例如，软件学院 2011 级学生有 3 个名字叫王晓的同学，我们要找其中一个王晓的话，必须说清楚是哪个班的王晓，班级就相当于一个命名空间，如图 2-1 所示。

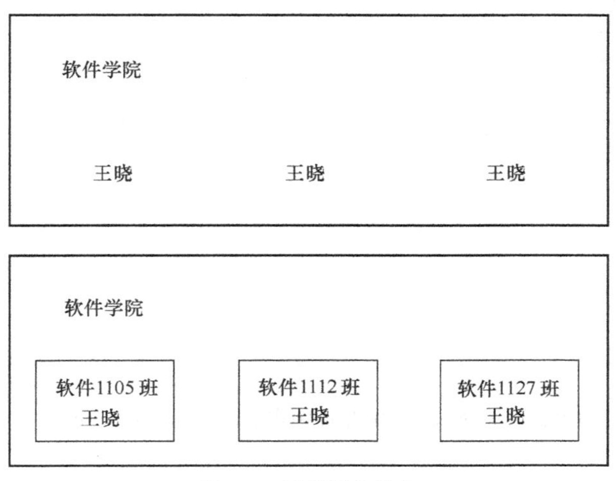

图 2-1 区分同名学生

使用命名空间可以帮助开发人员在开发新的软件组件或模块时，不会与已有的软件组件或模块产生标识符命名冲突，从而解决了程序中同名标识符存在的潜在危机。

2.2.2 C++中的命名空间定义

在 C++语言中，命名空间使用关键字 namespace 来声明，并使用{ }来界定命名空间的作用域，命名空间定义格式如下：

```
namespace 命名空间标识符名
{
  成员的声明； //类、对象、函数、变量及结构体等
}
```

成员可以是变量的定义、函数的声明、函数的定义、结构体声明以及类的声明等。例如：

```
namespace  ABC                              //定义一个 ABC 命名空间
{
  int count;                                //变量的定义
  typedef  float book_price;                //类型的声明
  struct  student {                         //结构体的声明
      char *name;
      int age;
    };
  int add(int x,int y){return x+y;}        //函数的声明和定义
  int min(int x,int y);                     //函数的声明
}
int ABC::min(int x,int y)                   //ABC 命名空间外 Min()的定义
{
  return x>y?x:y;
}
```

这里定义了一个命名空间 ABC，它有 5 个成员：count、book_price、student、add()和 min()，涵盖了变量、类型、结构体以及函数的声明和定义。函数的定义有两种方式：在命名空间内定义，如 add()函数；在命名空间外定义，如 min()函数。当在命名空间外定义时，要用“命名空间::”作为函数名的前缀，表示该函数属于某个命名空间的成员。其中，“::”为作用域标识符。

【例 2-2】 命名空间的定义。

```
#include <iostream>
using namespace std;
namespace  A
{
   int x=2;
}
namespace B
{
   int x=5;
   void Print();
}
int main()
{
   cout<< "A 命名空间的 x="<<A::x<<"B 命名空间的 x="<<B::x<<endl;
   return 0;
}
```

程序运行结果如下。

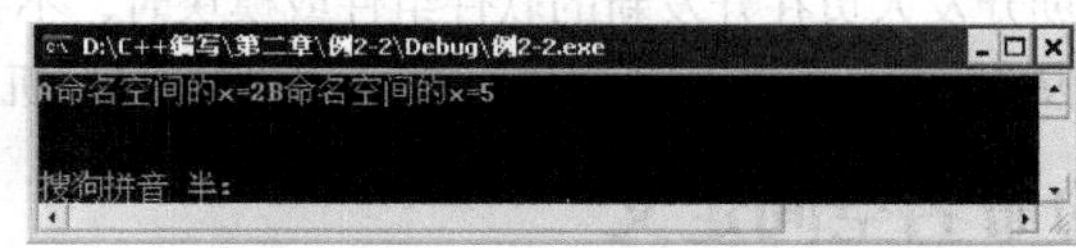

本例的两个命名空间 A 和 B 都定义了同名变量 x，在主函数中对它的调用要用命名空间进行限定。

说明：

（1）命名空间标识符名在所定义的域中必须是唯一的；

（2）命名空间作用域不能以分号结束；

（3）命名空间可以在全局作用域或其他作用域（另一个命名空间）内部定义，但不能在函数或类内部定义；

（4）命名空间和类、结构体类似，但不能实例化，只能引用；

（5）命名空间的成员都是公有的，不能对它们私有化；

（6）一般在命名空间中声明函数，而在命名空间之外定义函数；

（7）命名空间可以嵌套，例如：

```
namespace  AA
{
    namespace  BB
    {
        int x=2;
    }
}
int main()
{
    cout<<AA::BB::x<<endl;
    return 0;
}
```

此段程序定义了一个嵌套命名空间，AA 是外围命名空间，BB 是嵌套命名空间，当在主函数中输出嵌套命名空间 BB 的成员 x 时，需要这两个命名空间的名字来指定该变量。

可以定义未命名的命名空间，每个文件可以有自己的未命名的命名空间，但未命名的命名空间不能够跨越多文件。例如：

```
namespace
{
    int x=2;
}
```

此程序定义一个未命名的命名空间，未命名的命名空间的成员可直接使用。用于声明局部于文件的实体，相当于全局变量。

2.2.3　C++中的命名空间的使用

C++中，使用命名空间的标识符时，可以有如下 3 种访问方法。

1．直接指定标识符

命名空间成员的作用域局限于命名空间的内部，可以通过作用域限定符“::”访问它，访问方式如下：

```
命名空间标识符名::成员名
```

例如，定义 A、B 两个命名空间，对 A、B 的成员访问代码如下：

```
namespace  A
{
    int x=2;
}
namespace B
{
    int x=5;
```

```
    void Print();
}
int main()
{
    int x=8;
    cout<<x<<endl;
    cout<<A::x<<endl;
    cout<<B::x<<endl;
    return 0;
}
```

2. 使用 using namespace 命令

使用 using namespace 可以引用命名空间中的所有成员，如变量名或对象名等。例如：

```
namespace num
{
    int x=20;
    int y=10;
}
int main()
{   using namespace num
    cout<<"x:"<<x<<" y:"<<y<<endl;
    return 0;
}
```

此段程序使用 using namespace num，将命名空间 num 中的所有成员释放出来，以后就可以直接使用变量 x 和 y，不用再次输入命名空间 num 和限定符“::”。

但是，当使用 using namespace 同时声明两个以上命名空间，且这些命名空间有同名变量时，对它们的调用要用“命名空间::”进行限定，以防发生名字冲突。而对没有冲突的其他成员，只需要直接调用即可。

【例 2-3】 命名空间的使用。

```
#include <iostream>
using namespace std;
namespace A{
    int x;
    void f(){cout<<"namespace A::f()"<<endl;}
    void g(){cout<<"namespace A::g()"<<endl;}
}
namespace B{
    int x;
    void f(){cout<<"namespace B::f()"<<endl;}
    void t(){cout<<"namespace B::t()"<<endl;}
}
int main()
{   using namespace A;
    using namespace B;
    A::x=4;
    A::f();
    B::f();
    g();
    t();
    return 0;
}
```

程序运行结果如下。

```
C:\WINDOWS\system32\cmd.exe
namespace A::f()
namespace B::f()
namespace A::g()
namespace B::t()
```

本例的两个命名空间 A 和 B 都定义了同名变量 x 和同名函数 f()。因此。对同名的变量和函数要用命名空间来访问，而对其他成员直接调用。

使用 using namespace 只在它声明的作用域中有效，如果超出此作用域，就要重新声明才能够直接使用该空间中的成员。

3. 使用 using 关键词声明

当需要使用命名空间的某个标识符时，可用 using 关键词进行释放。此时，一个 using 每次只能引用命名空间的单个成员。例如：

```
namespace B
{
    int x=5;
    void Print(){cout<<"namespace B"<<endl;}
}

int main()
{
    using B::x;
    cout<<x<<endl;
    using B::Print();
    Print();
    return 0;
}
```

在编程中，这 3 种命名空间的使用方法使用不当时容易出错，最好使用第 1 种方法。

2.2.4　std 命名空间

C++经过一个较长的发展和标准化的过程，形成了两个版本的 C++，一个是最初设计的传统的 C++，另一个是遵循 ANS/ISO 标准化委员会创建的标准的 C++，这两个版本的核心内容基本形同，但标准 C++增加了传统 C++中没有的一些特征。

两种版本的 C++有大量相同的库和函数，其区分方法是头文件和命名空间。传统的 C++采用与 C 语言相同风格的头文件；标准的 C++也支持 C 语言风格的头文件，但是创建了一种新式的头文件，为标准 C++库使用。标准 C++的新式头文件没有扩展名（如.h, .hpp, .hxx 等）。

例如，传统 C++的头文件写成：

```
#include <iostream.h>
#include <string.h>
```

标准 C++对应头文件为：

```
#include <iostream>
#include <string>
```

标准 C++包含了所有 C 函数库，支持在 C++中引用 C 函数库。但标准 C++也提供了与之对应的新式函数库，标准 C++与 C 的函数库对应的头文件的名字方式是：在原来 C 函数库头文件名的前面加上“c”前缀，并去掉.h，例如：

- C 语言的头文件为#include <stdlib.h>、#include <math.h>；
- 标准 C++头文件为#include <cstdlib>、#include <cmath>。

标准 C++将新格式头文件中的内容全部放到了 std 命名空间中，std 是 standard（标准）的缩写，也就是说 std 命名空间是个标准命名空间，该空间包含了标准 C++库里的所有名字，如常量、变量、函数、类、结构体、模板等。

因此，本书中常用如下代码释放标准命名空间中的所有名字，如：

```
#include <iostream>
using namespace std;
```

虽然这样可以方便地使用标准命名空间的所有名字，如 cout 或者 cin，但是这样做似乎与设置命名空间的目的背道而驰，因为所有的名字都从标准命名空间中释放出来，与不设置命名空间没什么两样。

所以我们应该尽量避免使用 using namespace 命令，如：

```
using namespace std;
```

而应该使用 using 声明，如：

```
using std::cout;
```

但是，由于本书中实例比较简单，基本上都使用 using namespace 命令。

【例 2-4】 标准 C++的简单程序设计。

```
#include "iostream"
using namespace std;
#include <cstdio>
#include <cmath>
int main()
{
    int m,a;
    int n=abs(-30);           //调用 cmath 库中的 abs 绝对值函数
    scanf("%d",&m);
    printf("m=%d\n",m);       //调用 scanf 和 printf 来源于 cstdio 库
    cin>>a;
    cout<<"m="<<m<<endl;
    cout<<"n="<<n<<endl;
    cout<<"a="<<a<<endl;      //调用 cin、cout 来源于库 iostream
    return 0;
}
```

程序运行结果如下。

本程序的函数调用及数据类型都定义在 std 命名空间中，语句“using namespace std;”是将 std 命名空间中的所有标识符都引入到程序中，我们在主函数中就可直接使用这些标识符，如 cin、cout、endl 等。如果只需要用到 std 命名空间中的个别标识符，则可以在要使用的标识符前面加上前缀“std::”，如 std::cin>>a，不必用“using namespace std;”将 std 中的全部标识符引入到程序中。

虽然 C++编译器提供了对新老格式头文件的同时支持，但标准的 C++具有更多的新特性和功能，在程序设计中建议使用新标准 C++。

2.3　C++数据的输入/输出

数据的输入/输出是一个比较重要的操作，C++的输入/输出由 iostream 库（iostream library）提供支持。它利用多继承和虚拟继承实现了面向对象类层次结构。C++的输入/输出机制为内置数据类型的输入/输出提供了支持，同时也支持文件的输入/输出。

2.3.1　C++的流

在 C++中，I/O（input/ouput，输入/输出）数据是一系列从源设备到目的设备的字节序列，称为字节流。有两种类型的数据流：输入数据流和输出数据流。输入数据流是指从输入设备到计算机的序列字符；输出数据流是指从计算机到输出设备的序列字符。

在 C++中，标准的输入设备通常是指键盘，标准的输出设备是指显示器。为了从键盘中输入数据，或为了将数据输出到显示器上，程序中必须包含头文件 iostream。这个头文件包含了输入流 istream 和输出流 ostream 两种数据类型，这两种数据类型定义了如下变量：

```
istream cin;
ostream cout;
```

其中，cin 用于从键盘中输入数据；cout 用于将内存数据输出到显示器。

2.3.2　cin 和流提取运算符>>

在 C++程序中，常用 cin 从键盘中输入数据，其输入格式如下：

```
cin>>变量名;
```

其中“>>”为流提取运算符。当程序执行到 cin 语句时，就会停下来等待键盘数据的输入，数据输入被插入到输入流中，数据输入完后按 Enter 键结束。例如：

```
#include "iostream"
using namespace std;
int x;
double y;
char z;
cin>>x>>y>>z;
```

说明：

（1）使用 cin 从键盘中输入数据，原则上是系统内置的简单数据类型，如 int、double、char、float 等；

（2）在输入数据时，如果有多个数据，各个数据之间用空格（Enter 键或 Tab 键）分隔，输入 Enter 键结束；

（3）在提取运算符“>>”后面只能出现变量名，这些变量应该是系统预定义的简单类型，否则将出现错误，如下面的语句是错误的：

```
cin>>8>>x;                //错误，>>后面有常数 8
cin>>'a'>>x;              //错误，>>后面有字符'a'
```

（4）cin 具有自动识别数据类型的能力，提取运算符“>>”将根据它后面的变量类型从输入流中为它们提取对应的数据。

2.3.3 cout 和流插入运算符<<

在 C++程序中，使用 cout 输出数据流可以在屏幕上显示字符和数字等数据，其输出格式如下：

```
cout<<变量名或常量;
```

其中，“<<”为流插入运算符。

例如：

```
#include "iostream"
using namespace std;
int x=10;
double y=20.5
cout<<"x="<<x<<" "<<"y="<<y<<endl;
```

说明：

（1）使用 cout 从显示器上输出数据，数据可以是系统预定义的简单数据类型，也可以是用户自定义的数据类型，如对象等。

（2）当输出多个数据时，可以使用 cout 进行连续输出，输出数据既可以是变量也可以是常量。

（3）cout 输出语句中，如果有带双引号的字符串，将双引号内的字符串原样输出，如上面程序中的"x="和"y="，当执行语句“cout<<"x="<<x<<" "<<"y="<<y<<endl”；时，将输出“x=10 y=20.5”。

（4）在 cout 输出语句中，还可以设置数据输出控制符，如字宽、左对齐、右对齐等格式，详细请查看本书第 8 章“文件和流”。

2.4 引　用

引用是一个变量的别名，在 C 语言中没有引用这个概念，它是 C++引入的新概念。

引用由符号&来定义，格式如下：

```
类型 &引用名=变量名;
```

例如：

```
int x=5;
int &ix=x;
```

这两条语句定义变量 ix 为 x 别名，对 ix 的操作就是对 x 操作。

【例 2-5】 引用的简单实例。

```
#include "iostream"
using namespace std;
int main()
  { int m;
    int &n=m;       //变量 n 为 m 的引用别名
    m=30;
    cout<<"m="<<m<<"n="<<n<<"\n";
    n=80;
    cout<<"m="<<m<<"n="<<n<<"\n";
    cout<<"m 地址是:"<<&m<<endl;
    cout<<"n 地址是:"<<&n<<endl;
    return 0;
  }
```

本程序运行结果如下。

从结果可以看出，m 和 n 其实是同一内存变量，对 n 的操作就是对 m 操作。

说明：

（1）在变量声明时出现的&才是引用说明符，其他地方出现的&都是地址运算符。例如：

```
int m;
int &n=m;                          //引用说明符
cout<<"m 地址是:"<<&m<<endl;       //地址运算符
```

（2）引用是变量的别名，必须在定义时进行初始化，不能在定义完后再赋值，下面的定义是错误的。

```
int m;
int &n;                            //错误，定义为引用，但没有初始化
m=n;
```

（3）可以为一个变量指定多个引用，为引用提供的初始值，可以是一个变量，也可以是另一个引用名。例如：

```
int m;
int &n=m;
int &i=m;
int &j=i;
```

（4）一个引用名只能是一个变量的别名，不能再次将它指定为其他变量的别名，例如：

```
int m, a;
int &n=m;
n=&a;                              //错误，一个引用为两个变量的别名
```

（5）建立引用时，需要注意以下 3 个限制：

① 不能建立引用的引用；

② 不能建立引用数组，也不能建立数组的引用；

③ 可以建立指针的引用，但不能创建指向引用的指针。

例如：

```
int a,b[8];
int &&aa=a;                        //错误，aa 是引用的引用
int &ib[6];                        //错误，ib 是引用数组
int &bb=b;                         //错误，bb 是数组的引用
int &*ap=a;                        //错误，ap 是指向引用的指针
int *pi=&a;
int *&pr=pi;                       //正确，pr 是指针的引用
```

在 C++中，引用主要用于定义函数参数和返回值类型。因为引用只需传递一个对象的地址，在传递大型对象的函数参数或从函数返回大型对象时，可以提高效率。

2.5 函 数

函数是 C 和 C++程序的基本构件，在 C++中，定义函数的方法和规则与 C 语言基本相同，但 C++中增加了新的内容，如带有默认参数的函数、内联函数、重载函数、函数的参数是引用以及返回值为引用等。

2.5.1 函数原型

C 语言中没有强调必须使用函数原型，但在 C++中要求定义函数原型。C++是一种强制类型检查语言，每个函数的实参在编译期间都要经过类型检查。如果实参类型与对应的形参类型不匹配，C++就会尝试可能的类型转换，若转换失败，或实参个数与函数的参数个数不相符，就会产生一个编译错误。要实现这样的检查，就要求所有的函数必须在调用之前进行声明或定义。为了能使函数在定义之前就能被调用，C++规定可以先说明函数原型，然后就可以调用函数，函数定义可放在程序后面。

函数原型类似函数定义时的函数头，又称函数声明，只有一条语句，由函数返回类型、函数名和形式参数表 3 个部分组成。函数原型声明格式为：

```
返回类型  函数名（数据类型 参数名,数据类型 参数名，……）；
```

【例 2-6】 返回两个数相加的结果。

```
#include "iostream"
using namespace std;
int add(int x, int y);                    //函数原型的声明
int main()
{
    int a=10,b=20,z;
    z=add(a,b);
    cout<<"z="<<z<<endl;
    return 0;
}
int add(int x, int y)
{
     return x+y;
}
```

程序运行结果如下。

程序中，add()函数的定义在调用 add()函数的主函数 main()后面，所以必须在主函数前，对 add()函数进行原型声明。

说明：

（1）如果函数的定义出现在程序中第一次调用此函数之前，就不需要函数原型。

（2）参数表包含所有参数的数据类型，参数之间用逗号分开；在 C++中，函数声明就是函数

原型。

（3）函数原型的参数表可以只写参数的类型，而省略参数的名字，下面的函数原型声明是合法的：

```
int add(int ,int );
```

等价于：

```
int add(int x,int y);
```

（4）由于函数原型是一条语句，因此函数原型必须以分号结束。

（5）函数原型和函数定义在返回类型、函数名和参数表上必须完全一致。如果它们不一致，就会发生编译错误。

（6）C++与 C 语言的函数参数声明存在区别，C 语言可以将参数的类型说明放在函数头和函数体之间，C++不支持这种传统的函数声明方式。

2.5.2　重载函数

在 C 语言中，函数名必须唯一，不允许同名的两个函数出现在同一程序中。如果要对不同类型的数据进行相同的操作，必须编写不同名字的函数。例如，要打印 3 种不同类型的数据：整型、字符型和实型，则必须用 3 个不同的函数名，如 Print_int( )、Print_char( )、Print_float( )。

C++提供了函数重载功能。函数重载是指两个或两个以上的函数具有相同的函数名，但参数类型不一致或参数个数不同。编译时编译器将根据实参和形参的类型及个数进行相应的匹配，自动确定调用哪一个函数。使得重载的函数虽然函数名相同，但功能却不完全相同。函数重载便于使用和记忆。

【例 2-7】 求 2 个或 3 个整数的和，求 2 个或 3 个双精度浮点数的和。

```
#include "iostream"
using namespace std;
int add(int x,int y);
int add(int x,int y,int z);
double add(double x,double y);
double add(double x,double y,double z);
int main()
{   int a=2,b=3,c=4,i,j;
    double d=1.1,e=2.2,f=3.3,m,n;
    i=add(a,b);
    cout<<"i="<<i<<endl;
    j=add(a,b,c);
    cout<<"j="<<j<<endl;
    m=add(d,e);
    cout<<"m="<<m<<endl;
    n=add(d,e,f);
    cout<<"n="<<n<<endl;
    return 0;
}
int add(int x,int y)
{  return x+y;
}
double add(double x,double y)
{  return x+y;
}
int add(int x,int y,int z)
{  return x+y+z;
```

```
}
double add(double x,double y,double z)
{  return x+y+z;
}
```

程序运行结果为如下。

```
D:\C++编写\第二章\重载函数\Debug\重载函数.exe
i=5
j=9
m=3.3
n=6.6
```

程序中定义了4个add()函数，它们的参数类型或参数个数各不相同，分别实现2个和3个整数的相加或2个和3个浮点数的相加，实现了函数重载。

说明：

（1）重载函数必须具有不同的参数个数或不同的参数类型，若只是以返回值的类型不同或形参名不同是不能定义重载函数的。例如：

```
float add (int x,int y);
int add (int x,int y);      //错误，编译器不以返回值来区分函数
```

再如：

```
int add(int x,int y);
int add(int a,int b);       //错误，编译器不以形参名来区分函数
```

重载函数应满足：函数名相同，函数的返回值类型可以相同也可以不同，但各函数的参数表中的参数个数或类型必须有所不同。这样才能进行区分，从而正确地调用函数。

（2）匹配重载函数的顺序：首先寻找一个精确匹配，如果能找到，调用该函数；其次进行提升匹配，通过内部类型转换（窄类型到宽类型的转换）寻求一个匹配，如char到int、short到int等，如果能找到，调用该函数；最后通过强制类型转换寻求一个匹配，如果能找到，调用该函数。

（3）不要将不同功能的函数定义为重载函数，以免产生误解。例如：

```
int f(int a,int b)
{
   return a+b;
 }
double f(double a,double b)
{
   return a*b;
}
```

（4）在定义和调用重载函数时，要注意二义性。例如：

```
int f(int &x) {...};
int f(int x) {...};
```

这两个函数属于重载函数，但当调用出现下面的情况时，编译器就不知道调用哪一个函数，会出现二义性。

```
int a=4;
f(a);    //错误，编译器无法确定是调用函数f(int &x)，还是调用函数f(int x)，产生二义性
```

下面的函数重载同样会产生二义性：

```
int f(unsigned int x) {return x;}
double f(double x) {return x;}
```

调用时如果出现如下情况也会产生二义性：

```
int a=4;
f(a);                          //错误，产生二义性
```

由于精确匹配和提升匹配调用都会失败，因此会使用强制类型转换进行匹配调用 f()函数，但 int 可以转换成 unsigned int，也可以转换成 double，则 f()函数调用 f(unsigned int x)和 f(double x)都正确，因此会产生二义性。

同时，当函数重载带有默认参数时，也容易产生二义性（见 2.5.3 小节）。

2.5.3　带有默认参数的函数

C++中允许函数提供默认参数，也就是允许在函数的声明或定义时给一个或多个参数指定默认值。在调用具有默认参数的函数时，如果没有提供实际参数，C++将自动把默认参数作为相应参数的值。

【例 2-8】 求两个整数的和。

```
#include "iostream"
using namespace std;
int add(int x=7,int y=2);
int main()
{
    int a=4,b=6,c;
    c=add(a,b);
    cout<<"c="<<c<<endl;
    c=add(a);
    cout<<"c="<<c<<endl;
    c=add();
    cout<<"c="<<c<<endl;
    return 0;
}
int add(int x,int y)
{  return x+y;
}
```

程序运行结果如下。

程序中，在 add()函数的原型声明中，定义参数 x 和 y 的默认值分别为 7 和 2，在主函数中，当执行“c=add(a,b);”语句，add(a,b)函数有两个实参，此时形参和实参结合 x=4、y=6；当执行“c=add(a);”语句，add(a)函数只赋一个实参，此时，x=4，y 取其默认值，即 y=2；当执行“c=add();”语句，add()函数没有实参，此时，x 和 y 都取默认值，即 x=7、y=2。

说明：

（1）当函数既有原型声明又有定义时，默认参数只能在原型声明中指定，而不能在函数定义中指定。如果一个函数的定义先于其调用，没有函数原型，若要指定参数默认值，需要在定义时指定。例如：

```
int add(int x=7,int y=2){return x+y;} //函数调用前定义，可以指定默认参数
int main()
{   int z;
    z=add(5,6);
    return 0;
}
```

（2）在函数原型中，所有取默认值的参数都必须出现在不取默认值的参数的右边。也就是一旦某个参数开始指定默认值，其右面的所有参数都必须指定默认值。例如：

```
int add(int i,int j=5,int k);
        //错误，在取默认参数的 int j=5 后，不能再说明非默认参数 int k
```

应改为：

```
int add(int i,int k,int j=5);
```

或

```
int add(int i,int j=5,int k=8);
```

（3）在调用具有默认参数值的函数时，若某个实参默认而省略，则其右面的所有实参皆应省略而采用默认值。不允许某个参数省略后，再给其右面的参数指定参数值，例如：

```
int add(int x=7,int y=2,int z=11);
```

在主函数中，针对此函数有如下调用：

```
add( );                    //正确，x=7，y=2，z=11
add(3);                    //正确，x=3，y=2，z=11
add(5,6);                  //正确，x=5，y=6，z=11
add(5,6,5);                //正确，x=5，y=6，z=5
add( ,8,4);                //错误，x 默认了，而右面的 y、z 没有默认
```

（4）当函数的重载带有默认参数时，要注意避免二义性。例如，定义如下两个重载函数：

```
double add(double x,double y=2.2);
double add(double x);
```

这是错误的，因为如果有调用函数 add(2.5)时，编译器将无法确定调用哪一个函数。

（5）函数的带默认参数值的功能可以在一定程度上简化程序的编写。

2.5.4 内联函数

函数使用有利于代码重用，提高开发效率，增强程序的可靠性，便于分工合作及修改维护。定义一个函数后，编译器就会在内存中为其创建一个指令集，当调用这个函数时，程序就会跳转到该指令集，函数执行完毕后，程序又返回到原来执行该函数语句的下一条语句。

函数的调用会降低程序的执行效率，需要保存和恢复现场和地址，需要时间和空间的开销。为解决这一问题，C++中对于功能简单、规模小、使用频繁的函数，可以将其设置为内联函数。

内联函数（inline function）的定义和调用和普通函数相同，但 C++对它们的处理方式不一样。如果一个函数被定义为内联函数，在编译时，C++将用内联函数程序代码替换对它每次的调用。

内联函数声明或定义时，将 inline 关键字加在函数的返回类型前面就可以将函数定义为内联函数，格式如下：

```
inline 返回值类型  函数名(形式参数表)
{
   …         //函数体
}
```

【例 2-9】 求两个数的最大值。

```
#include "iostream"
using namespace std;
inline int max(int x,int y)
   {return x>y?x:y;
   }
int main()
```

```
    {
        int z1,z2,z3;
        z1=max(9,34);
        z2=max(4,55);
        z3=max(z1,z2);
        cout<<"z1="<<z1<<endl;
        cout<<"z2="<<z2<<endl;
        cout<<"z3="<<z3<<endl;
        return 0;
    }
```

程序运行结果如下。

程序中，main()函数 3 次调用了内联函数 max()，C++编译此程序时会将 main()函数中的函数 max()替换成如下形式：

```
int main(){
    int z1=9>34?9:34;
    int z2=4>55?4:55;
    int z3=z1>z2?z1:z2;
    return 0;
}
```

从上面的程序中可以看出，内联函数没有函数调用的开销，即节省参数传递、控制转移的开销，从而提高了程序运行时的效率。但是，由于每次调用内联函数时，需要将这个内联函数的所有代码复制到调用函数中，所以会增加程序的代码量，占用更多的存储空间，增大了系统空间方面的开销。因此，内联函数是一种空间换时间的方案。

说明：

（1）内联函数体内不能有循环语句和 switch 语句，递归调用的函数不能定义为内联　函数。

（2）内联函数的声明必须出现在内联函数第一次被调用之前。

（3）内联函数代码不宜太长，一般是 1 ~ 5 行代码的小函数，调用频繁的简单函数可以定义为内联函数。

（4）在类内定义的成员函数被默认为内联函数。

2.5.5　引用参数和返回引用

C++中引入引用主要用于定义函数参数和返回值类型。因为引用只须传递一个对象的地址，可以提高函数的调用和运行效率。

1. 引用参数

在 C 语言中，函数中参数传递的方式有两种：值传递和地址传递。值传递是单向传递，形参值的变化不影响实参；地址传递是双向传递，形参值的变化影响实参。如果使用引用作为函数的参数，在形参与实参结合的过程中，引用参数传递的是实参的地址，因此，这也是一种地址传递，能够达到与指针同样的效果，但它的使用形式比指针参数简单。

【例 2-10】 使用引用参数完成两个数值的交换。

```
#include "iostream"
```

```
using namespace std;
void swap(int &x,int &y);
int main()
{   int a=2;
    int b=9;
    cout<<"交换前 a 和 b 的值为:"<<"a="<<a<<"b="<<b<<endl;
    swap(a,b);
    cout<<"交换后 a 和 b 的值为 a:"<<"a="<<a<<"b="<<b<<endl;
    return 0;
}
void swap(int &x,int &y)
{   int z;
    z=x;
    x=y;
    y=z;
}
```

程序的运行结果如下。

从例2-10可以看到，使用引用参数完成了两个数值的交换。一般在下面的几种情况下使用引用参数：

（1）需要从函数中返回多于一个值；

（2）修改实参值本身；

（3）传递地址可以节省复制大量数据的内存空间和时间。

2. 返回引用

C++中，函数除了能够返回值或指针外，也可以返回一个引用。返回引用的函数定义格式如下：

```
返回值类型 & 函数名（形参表）
```

当一个函数返回引用时，实际是返回了一个变量的地址，这使函数调用能够出现在赋值语句的左边。

【例2-11】 返回引用。

```
#include "iostream"
using namespace std;
int z;
int& add(int x,int y);
int main()
{   int a=add(5,7);
    cout<<a<<endl;
    add(4,9)++;
    cout<<z<<endl;
    add(2,8)=8;
    cout<<z<<endl;
    return 0;
}
int& add(int x,int y)
{
    return z=x+y;
```

```
}
```

程序运行结果如下。

例 2-11 中，add()函数返回一个引用值，即返回全局变量 z 的地址，语句“int a=add(5,7);”中的函数调用 add(5,7)，将 5 和 7 相加存入 z 中，并返回 z 的地址，最后将 z 值复制到变量 a 的内存区域中，所以 a 的值为 12。

语句“add(4,9)++;”将 z 的值改为 13，然后对 z 实现自增运算，所以执行完该语句后，z 的值变为 14。

语句“add(2,8)=8;”执行 add(2,8)将 z 的值改为 10，并返回 z 的地址，最后再将地址中的值修改为 8。

注意：当函数返回一个引用时，return 语句只能返回一个变量，而不能返回一个表达式，但函数是返回值时可以。例如：

```
int add(int x,int y)
{
return x+y;   //正确，当函数返回一个值时，可以使用表达式
}
int& add(int x,int y)
{
return x+y;   //错误，当函数返回一个引用时，不可以使用表达式
}
```

2.6　变量的作用域与可见性

作用域讨论的是标识符的有效范围，可见性是讨论标识符是否可以被引用。作用域与可见性二者既相互联系又存在差异。

2.6.1　作用域

作用域是一个标识符在程序正文中有效的区域。C++中标识符的作用域有函数原型作用域、局部作用域（块作用域）、类作用域、文件作用域和命名空间作用域。

1．函数原型作用域

在函数原型声明时，形式参数的作用范围就是函数原型作用域。

例如，函数原型作用域如下：

```
void fun(int x);      //变量 x 具有函数原型作用域
```

这条语句就是函数原型的声明。fun()函数中形参 x 的有效范围就在左、右两个括号之间，超出了这两个括号，在程序的其他地方都无法引用 x。因此，标识符 x 的作用域就是函数原型作用域。函数原型如果有形参，声明时一定要定义形参的数据类型，但是形参名可以省略，比如 x，不会对程序有任何影响。一般为了程序可读性，可以写一个容易理解的形参名。函数原型作用域是 C++程序中最小的作用域。

2. 块作用域

所谓块，就是一对大括号括起来的一段程序。在块中声明的标识符，其作用域从声明处开始，一直到块结束的大括号为止。

例如，块作用域如下：

```
void fun(int x)
    {
        int a;                  // a 的作用域开始
        cin>>a;
        {
            int b=2;            // b 的作用域开始
            ……
            }                   // b 的作用域结束
}                               // a 的作用域结束
```

在 fun 的函数体内声明了整型变量 a，又在“int b=2;”语句内声明了变量 b，a 和 b 都具有块作用域，但是它们的块作用域并不相同。a 的作用域从其声明处开始，到其所在块的结束处也就是整个函数体结束的地方为止，b 的作用域是从 b 声明处开始到其所在块结束为止。

3. 类作用域

类的作用域简称类域，它是指在类的定义中由一对花括号所括起来的部分。每一个类都具有该类的类域，该类的所有成员属于该类的类作用域中。

由类的定义中可知，类成员包括两部分：数据变量成员和成员函数。由于类中成员的特殊访问规则，使得类中成员的作用域变得比较复杂。具体来说，某个类 A 中某个成员 M 在下面情况下具有类 A 的作用域。

（1）该成员（M）出现在该类的某个成员函数中，并且该成员函数没有定义同名标识符。

（2）该类（A）的某个对象的该成员（M）的表达式中。例如，a 是 A 的对象，即在表达式 a.M 中。

（3）在该类（A）的某个指向对象指针的该成员（M）的表达式中。例如，Pa 是一个指向 A 类对象的指针，即在表达式 Pa->M 中。

（4）在使用作用域运算符所限定的该成员中。例如，在表达式 A::M 中。

一般说来，文件域中可以包含类域，类域中可包含成员函数的作用域。因此，类域介于文件域和函数域之间，由于类域问题比较复杂，在前面和后面的程序中都会遇到，只能根据具体问题具体分析。

4. 文件作用域

如果一个标识符没有在前 3 种作用域中出现，则它具有文件作用域。这种标识符的作用域从声明处开始，到文件结尾处结束。文件作用域也称全局作用域，具有文件作用域的变量也称为全局变量。

【例 2-12】 块作用域和文件作用域。

```
#include<iostream>
using namespace std;
int x;                          //变量 x 具有文件作用域
int main()
{
    x=4;                        //给 x 赋初值
```

```
	{                               //子块
		int x;                      //在子块中，定义一个具有块作用域的变量 x
		x=2;
		cout<<"x="<<x<<endl;        //输出 2
	}
	cout<<"x="<<x;                  //输出 4
	return 0;
}
```

程序运行结果如下。

例 2-12 中，在 main( )函数之前声明了变量 x，x 在整个源文件中都有效，即它具有文件作用域。而在子块中也声明一个变量 x，这个 x 具有块作用域。进入 main 函数后给 x 赋了初值 4，在子块中又声明了一个同名变量 x，并赋初值 2，第一次输出 x 时输出 x=2，出了子块后，具有块作用域的 x 就无效了，所以就输出具有文件作用域的 x 的值 x=4。

5. 命名空间作用域

一个命名空间确定了一个命名空间作用域，凡是在该命名空间之内声明的标识符，都属于该命名空间作用域。在命名空间内部可以直接引用当前命名空间中声明的标识符，否则需要在命名空间之外访问命名空间的标识符，需要使用下面的语法：

```
命名空间名称:: 标识符
```

例如：

```
namespace  num{
    int x=5;
    void fun();
}
```

命名空间 num 中的变量 x 和函数 fun()具有命名空间作用域，如果要引用它们，需要使用下面的方式：

```
num::x 或 num::fun()
```

有时，在标识符前面使用命名空间限定会显得过于冗长，为了解决这一问题，C++又提供了 using namespace 命令和 using 声明两种形式：

```
using 命名空间名::标识符;
using namespace 命名空间名;
```

前一种形式将指定的标识符释放在当前的作用域内，使得在当前作用域中可以直接引用该标识符；后一种形式将指定命名空间的所有标识符释放在当前的作用域内，使得在当前作用域中可以直接引用该命名空间内的任何标识符，具体参见 2.2.3 节 C++中的命名空间的使用。

2.6.2　可见性

标识符的可见性是指在程序的某个地方是否是有效的，是否能够被引用、被访问。程序运行到某一处时，能够访问的标识符就是在此处可见的标识符。

上面说的几种作用域中，最大的是文件作用域，其次是类作用域，再次是块作用域。它们的包含关系如图 2-2 所示。

作用域可见性的一般规则是：

（1）标识符要声明在前，引用在后；

（2）在同一作用域中，不能声明同名的标识符；

（3）在没有相互包含关系的不同的作用域中声明的同名标识符，互不影响；

（4）如果在两个或多个具有包含关系的作用域中声明了同名标识符，则外层标识符在内层不可见。

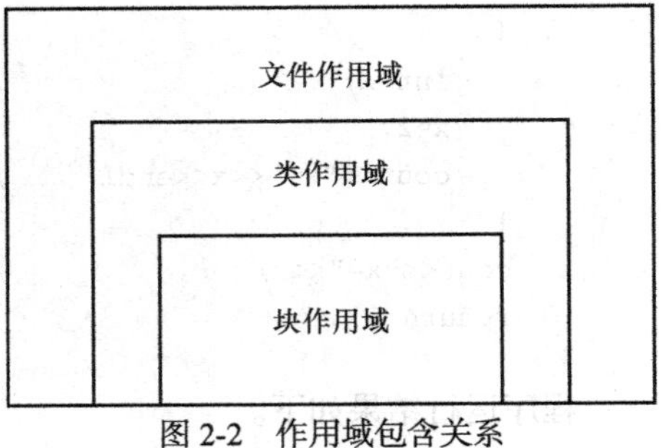

图 2-2　作用域包含关系

在例 2-12 中，文件作用域中包含了块作用域。在子块之前可以引用具有文件作用域的变量 x，此时它是可见的，但是进入子块后，就只能引用具有块作用域的变量 x 了，这时具有文件作用域的变量 x 就不可见了，这就是外层的标识符被内层的同名标识符屏蔽，也叫作同名隐藏。

关于作用域与可见性的规律既适用于简单变量，也适用于自定义数据类型和类的对象。

2.7　变量的生存期

所谓变量的生存期是指变量从被创建分配内存开始到被释放内存为止的时间，也就是说变量的生存期是指变量占据内存空间的时限。不同存储的变量生存期不同，在变量生存期内，变量将保持它的值，直到被更新为止。变量生存期有静态生存期和动态生存期。

2.7.1　静态生存期

如果变量的生存期与程序的运行期相同，则称它具有静态生存期，静态生存期只要程序开始运行，这种生存期的变量就被分配了内存。在文件作用域和命名空间作用域中声明的变量具有这种生存期。

【例 2-13】 静态生存期。

```
#include<iostream>
using namespace std;
int i=5;            //文件作用域，变量 i 具有静态生存期
int main()
  {
     cout<<"i="<<i<<endl;
     return 0;
  }
```

如果要在函数内部局部作用域中声明具有静态生存期的对象，则要使用关键字 static。例如，下画定义的变量 i 便是具有静态生存期的变量，也称为静态变量。

```
int main()
{  static int i;          //块作用域，变量 i 具有静态生存期
   cout<<"i="<<i<<endl;
   return 0;
}
```

2.7.2　动态生存期

在块作用域中声明的没有用 static 修饰的对象具有动态生存期（称局部生存期）。动态生存期

开始于程序执行到声明处，结束于命名该标识符的作用域结束处。

这种变量可以随时创建，随时删除。对这些变量的创建和删除是由系统自动完成的，所以也叫自动变量（用关键字 auto 定义，一般情况下，关键字 auto 可以省略）。最典型的例子就是函数中定义的局部变量。

【例 2-14】 静态生存期和动态生存期。

```
#include <iostream>
using namespace std;
int i=1;
void fun()
{   static int a=2;
    static int b=0;              //a、b 为静态局部变量，具有静态生存期
    int c=10;                    //c 为局部变量，具有动态生存期
    a=a+2;
    i=i+32;
    c=c+5;
    cout<<"fun()函数：\n";
    cout<<"i="<<i<<"a="<<a<<"b="<<b<<"c="<<c<<endl;
    b=a;
}
int main()
{
    static int a=0;              //a 为静态局部变量，具有静态生存期
    int b=-10;
    int c=0;                     //b、c 为局部变量，具有动态生存期
    cout<<"main()函数：\n";
    cout<<"i="<<i<<"a="<<a<<"b="<<b<<"c="<<c<<endl;
    c=c+8;
    fun();
    cout<<"main()函数：\n";
    cout<<"i="<<i<<"a="<<a<<"b="<<b<<"c="<<c<<endl;
    i=i+10;
    fun();
    return 0;
}
```

程序运行结果如下。

2.8　const 常量

常量是一种标识符，它的值在运行期间恒定不变。C 语言用#define 来定义常量（称为宏常量）。C++语言除了用#define 定义常量外，还可以用 const 来定义常量，称为 const 常量。

2.8.1 常量的定义

在C++中，常用const修饰符来定义常量，定义常量的方法如下：

```
const 常量类型 常量名=常量值;
```

例如：

```
const int i=10;                    //定义整型常量
const char c='A';                  //定义字符型常量
const char a[]="C++const! ";       //定义字符型常量数组
```

说明：

（1）常量一经定义就不能修改。除了定义常量之外，常量名不能出现在赋值符“=”的左边，例如：

```
const int i=6;                     //定义常量i
i =34;                             //错误，修改常量
i++;                               //错误，修改常量
```

（2）const常量必须在定义时初始化，例如：

```
const int i;     //错误，常量i未被初始化
```

（3）在C++中，表达式可以出现在常量定义语句中。例如：

```
int a=4,b;
int b=a+55;
```

（4）可以在另一连接文件中引用const常量，例如：

```
extern const int i;                //合法
extern const int i=10;             //非法，常量不可以被再次赋值
```

常量定义规则如下。

（1）需要对外公开的常量放在头文件中，不需要对外公开的常量放在定义文件的头部。为便于管理，可以把不同模块的常量集中存放在一个公共的头文件中。

（2）如果某一常量与其他常量密切相关，应在定义中包含这种关系，而不应给出一些孤立的值。例如：

```
const  float  RADIUS = 100;
const  float  DIAMETER = RADIUS * 2;
```

const可以与指针、函数的参数和返回值、类的数据成员和成员函数等结合起来，定义常量指针、函数的参数和返回值为常量以及常对象、常数据成员、常成员函数等。

2.8.2 const和#define

在C++中，既可使用const定义常量，也可以使用#define定义常量，例如：

```
#define   MAX  100                   /* C语言的宏常量 */
const  int   MAX = 100;              //  C++ 语言的const常量
const  float  PI = 3.14159;          //  C++ 语言的const常量
```

但是，#define是C语言中用来定义宏常量的，const定义常量与#define定义常量相比具有更多的优点。

（1）const常量有数据类型，而宏常量没有数据类型。编译器可以对前者进行类型安全检查。而对后者只进行字符替换，没有类型安全检查，并且在字符替换可能会产生意料不到的错误（边

际效应）。

（2）有些集成化的调试工具可以对 const 常量进行调试，但是不能对宏常量进行调试。

因此，建议在 C++程序中尽量使用 const 常量而不使用宏常量，即用 const 取代#define 定义常量。

2.9　动态内存分配和释放

程序数据存储所占内存一般分为 3 个部分，即程序代码区、静态存储区（数据区）和动态存储区（栈区和堆区），如图 2-3 所示。

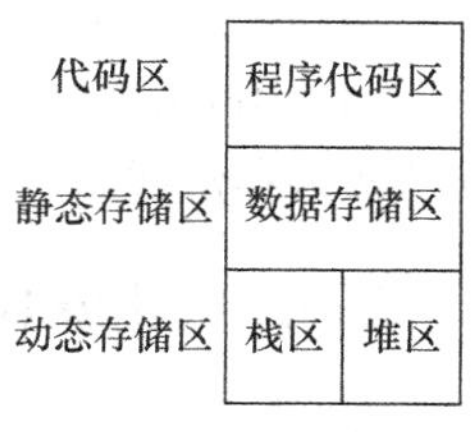

图 2-3　内存区域

代码区存放程序代码，程序运行前就分配存储空间。数据区存放常量、静态变量、全局变量等。动态存储区分为栈区和堆区，栈区由编译器自动分配并且释放，用来存放局部变量、函数参数、函数返回值、临时变量等；堆区是程序空间中存在的一些空闲存储单元，这些空闲存储单元组成堆，堆也称为自由存储单元，由程序员申请分配和释放。

在堆中创建的数据对象称为堆对象。当堆对象不再使用时，应予以删除，回收其所占用的动态内存。在 C++中建立和删除堆对象使用 new 和 delete 两个运算符。

2.9.1　new 运算符

在 C++程序中，new 是动态分配内存的运算符，自动计算需要分配的空间。功能类似于 C 语言中 malloc()函数，用于从堆内存中分配指定大小的内存空间，并获得内存区域的首地址。new 运算符的语法格式包括 3 种形式：

```
(1) p=new T;
(2) p=new T(初始值列表);
(3) p=new T [元素个数];
```

其中，p 是指针变量，用于返回申请的堆内存空间的首地址；T 是数据类型。形式（1）只分配内存；形式（2）将分配的堆内存进行初始化；形式（3）分配具有 *n* 个元素的数组空间。new 能够根据数据类型 T 自动计算分配的内存大小，若分配成功，指针变量 p 返回堆内存空间的首地址，如分配失败，则返回空指针。例如：

```
int *p;
p=new int(10);
if(!p){
    cout<<"allocation failure"<<endl;
    return 0;
}
```

说明：

（1）T 是一个数据类型名，T 既可以是个系统预定义的数据类型，也可以是用户自己定义的数据类型。初始值列表可以省略，例如：

```
int  *p;
float  *p1;
p=new int(10);          //p 指向一个数据类型为整型的堆地址，该地址中存放数值 10
p1=new float;           //p1 指向一个数据类型为浮点型的堆地址
```

（2）new 可以为数组动态分配内存空间，这时应该在类型名后面指明数组大小。其中，元素个数是一个整型数值，可以是常数也可以是变量。指针类型应与数组类型一致。例如：

```
int *p=new int[10];    //系统为指针 p 分配了有 10 个元素的整型数组的内存
```

或

```
int n,*p;
cin>>n;
p=new int[n];          //表示 new 为具有 n 个元素的整型数组分配了内存空间，并将首地址赋给了指针 p。
```

（3）new 不能对动态分配的数组存储区进行初始化，例如：

```
int *p;
p=new int[10](0);      //错误，不能对动态分配的数组进行初始化
```

（4）用 new 分配的空间，使用结束后只能用 delete 显式地释放，否则这部分空间将不能回收而造成内存泄露。

2.9.2 delete 运算符

delete 是撤销动态申请的内存运算符。delete 与 new 通常配对使用，与 new 的功能相反。运算符 delete 的功能类似于 free()，用于释放 new 分配的堆内存空间，以便于被其他程序使用。delete 运算符的语法格式如下：

```
(1) delete  指针变量名 p;
(2) delete[] 指针变量名 p;
```

其中，p 是用 new 分配的堆空间指针变量。形式（1）用于释放动态分配的单个对象内存空间；形式（2）用于释放动态分配的数组存储区。

释放动态分配的单个对象内存空间，例如：

```
int *p=new int;
//......
delete p;                  //释放指针 p 所指向的动态内存空间
```

释放动态数组所占的内存空间，例如：

```
int *p;
p=new int[10];
//......
delete []p;                //释放为数组动态分配的内存
```

说明：

（1）new 和 delete 需要配套使用，如果搭配错了，程序运行时将会发生不可预知的错误。

（2）在用 delete 释放指针所指的空间时，必须保证这个指针所指的空间是用 new 申请的，并且只能释放一次。

（3）如果在程序中用 new 申请了空间，就应该在结束程序前释放所有申请的空间，这样才能保证堆内存的有效利用，否则将造成内存泄露。

（4）当 delete 用于释放由 new 创建的数组的连续内存空间时，无论是一维数组还是多维数组，指针变量名前必须使用[ ]，且[ ]内没有数字。

【例 2-15】 使用 new 和 delete 申请动态内存和释放内存。

```
#include <iostream>
using namespace std;
int main()
{
```

```
    int *p1,*p2,*p3;
    p1=new int;                 //分配一个 int 类型数据的内存区域
    p2=new int(10);             //分配一个 int 类型的内存区域，并将 10 存入其中
    p3=new int[6];              //分配能够存放 6 个整数的数组区域
    *p1=8;
    *p2=3;
    p3[0]=5;
    p3[1]=4;
    cout<<"p1 地址是："<<p1<<"    "<<"p1 的值是："<<*p1<<endl;
    cout<<"p2 地址是："<<p2<<"    "<<"p2 的值是："<<*p2<<endl;
    cout<<"p3[0]地址是："<<p3<<"    "<<"p3[0 的值是："<<*p3<<endl;
    cout<<"p3[1]地址是："<<&p3[1]<<"    "<<"p3[1 的值是："<<p3[1]<<endl;
    delete p1;
    delete p2;
    //delete p3;                //错误，只释放 p3 指向数组的第一个元素
    delete []p3;
    return 0;
}
```

程序运行结果如下。

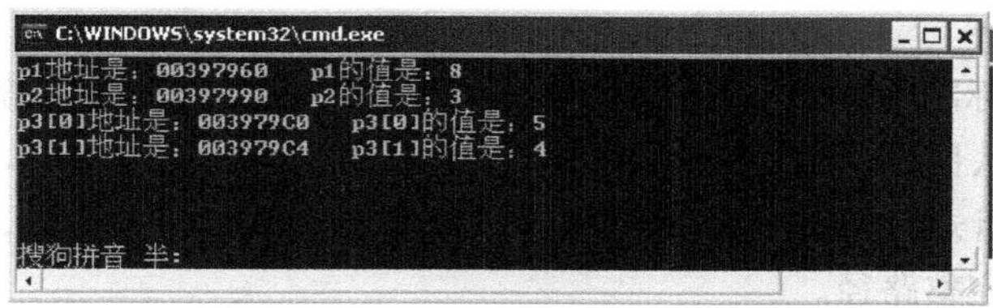

2.10 编译预处理

编译预处理是 C++编译系统的一个重要组成部分，它负责分析处理几种特殊的指令，这些指令被称为预处理命令。在 C++源程序文件中，加入编译预处理命令，可以改进程序设计环境，提高编程效率。但它们不是 C++语言的组成部分，不能直接对它们进行编译，编译系统在对源程序进行正式的编译之前，必须先对这些命令进行预处理，经过预处理后的程序不再包括预处理命令，然后由编译系统对预处理后的源程序进行通常的编译处理，得到可供执行的目标代码。

C++提供的预处理命令主要有以下 3 种：宏定义、文件包含、条件编译。这些命令均以“#”开头，每行一条命令，因为它们不是 C++的语句，所以命令后无分号。

2.10.1 宏定义

可以利用预处理指令#define 来定义宏，而使用#undef 删除由#define 定义的宏，使之不再起作用。使用#define 预处理指令可以把一个名称指定成任何文字，如常量值或者语句。定义宏后，当此宏的名称出现在源代码中，预处理器就会把它替换掉。

#define 可用于定义符号常量和函数功能、重新命名、拼接字符串等各种功能。例如：

```
define PI 3.1415925 //定义符号 PI 为 3.1415925
#undef PI           //取消 PI 的值
```

说明：

（1）宏名一般用大写字母表示，以便与变量名相区别。

（2）使用宏名代替一个字符串，可以减少程序中重复书写某些字符串的工作量，当需要改变某一个常量时，可以只改变#define命令行，做到一改全改，不容易出错。

（3）宏定义是用宏名代替一个字符串，在宏展开时只是做简单的字符串替换，并不对语法是否正确进行检查。

（4）宏定义不是C++语句，一定不要在行末加分号，如果加了分号，会将分号当成字符串的一部分进行替换。

（5）通常把#define命令放在一个文件的开头，使其定义在本文件内全部有效，即作用范围从其定义位置起到文件结束。

（6）可以使用#undef命令来取消宏定义的作用域。

2.10.2　文件包含

文件包含是将另一个源文件中的内容包含到当前文件中。文件包含可以减少程序员的重复劳动，C++中使用#include预处理指令实现文件包含操作。使用#include包含指令有两种格式：

```
#include <文件名>
#include "文件名"
```

前者<>用来引用标准库头文件，后者""常用来引用自定义的头文件。前者<>编译器只搜索包含标准库头文件的默认目录，后者首先搜索正在编译的源文件所在的目录，找不到时再搜索包含标准库头文件的默认目录。如果把头文件放在其他目录下，为了查找到它，必须在双引号中指定从源文件到头文件的完整路径。

说明：

（1）一条#include指令只能包含一个文件，如果想包含多个文件，需要用多条#include指令一一指定；

（2）在标准C++中，#include后面的文件名不再有.h扩展名，为了在C++中使用C语言的库函数，标准C++将C语言中的头文件前面加上“c”变为C++头文件；

（3）包含可以是多重的，也就是说一个被包含的文件中还可以包含其他文件，预处理器至多支持15层嵌套包含；

（4）在C++中，头文件是不允许相互包含，所谓相互包含是指a.h中包含b.h，而b.h包含a.h。

2.10.3　条件编译

使用条件编译指令，可以限定程序中的某些内容在满足一定条件情况下才参与编译。因此，条件编译指令可以使同一个源程序在不同的编译条件下产生不同的目标代码。

常用的条件编译指令如下。

```
#if：如果；
#ifndef：如果没有定义一个符号，就执行操作；
#ifdef：如果定义了一个符号，就执行操作；
#elif：否则如果；
#endif：结束条件；
#undef：删除一个符号等，也是比较常见的预处理。
```

常用的条件编译语句有下列 5 种形式。

（1）指令#if 和#endif

```
#if  常量表达式
    程序段                    //当“常量表达式”为真时，编译本程序段
#endif
```

（2）指令#if 和#else

```
#if   常量表达式
    程序段 1                  //当“常量表达式”为真时，编译本程序段
#else
    程序段 2                  //当“常量表达式”为假时，编译本程序段
#endif
```

（3）指令#elif

```
#if 常量表达式 1
    程序段 1                  //当“常量表达式 1”为真时编译
#elif 常量表达式 2
    程序段 2                  //当“常量表达式 2”为真时编译
#else
    程序段 3                  //其他情况下编译
#endif
```

这是多条件编译，按从上到下的次序判断常量表达式的值，如果常量表达式为真，就编译对应的程序段代码，为假时就编译#else 后面的程序段。

（4）指令#ifdef 和#else

```
#ifdef 标识符
    程序段 1                 //如果“标识符”定义过，则编译程序段 1
#else
    程序段 2                 //否则编译程序段 2
#endif
```

（5）指令#ifndef 和#else

```
#ifndef 标识符
    程序段 1                 //如果“标识符”未定义过，则编译程序段 1
#else
    程序段 2                 //否则编译程序段 2
#endif
```

【例 2-16】 #ifndef 条件编译的应用例子。

```
#include <iostream>
using namespace std;
#define GH
#ifndef GH
    void f(){cout<<"GH not defined!"<<endl;}
#else
    void f(){cout<<"GH is defined!"<<endl;}
#endif
int main()
{
    f();
    return 0;
}
```

程序运行结果如下。

2.11 文件的输入和输出

前面我们使用的输入输出是以系统指定的标准设备（输入设备是键盘，输出设备是显示器）为对象的。在实际应用中，为了能够长期保留数据信息，常常以磁盘文件作为对象，即从磁盘文件中读取数据，或将数据输出到磁盘文件。磁盘是计算机的外部存储器，能读能写，方便携带，因而得到广泛的使用。

C++的流库中包含了3个专门处理文件输入/输出的类。

- ofstream类：输出文件类（写操作），从ostream类派生而来。
- ifstream类：输入文件类（读操作），从istream类派生而来。
- fstream类：可同时输入输出的文件类（读写操作），从iostream类派生而来。

C++的文件操作是首先通过将ifstream、ofstream、fstream流类的对象与某个磁盘文件联系起来，创建一个文件流，然后调用这些类的成员函数实现文件的打开、读写和关闭操作。

2.11.1 文件的打开和关闭

1. 打开磁盘文件

文件被打开后，才能进行读写操作。打开磁盘文件时，首先定义流对象建立输入流、输出流或输入输出流，具体定义格式如下：

```
fstream 输入流变量名;
ofstream 输出流变量名;
fstream  输入输出流变量名;
```

例如：

```
ifstream inData;        //定义输入文件流变量
ofstream outData;       //定义输出文件流变量
```

建立输入/输出流后，则可用流对象调用open()成员函数将文件打开，即将文件与刚建立的流联系起来。调用open()函数的一般形式为：

```
文件流对象.open(磁盘文件名，文件的打开模式);
```

其中，文件的打开模式如下。

```
ios::in：打开一个输入文件（默认方式）。
ios::out：建立一个输出文件（默认方式），如果此文件已存在，则将原有内容删除。
ios::app：若文件存在，数据被追加到文件的末尾，若不存在，就建立文件。
ios::ate：打开文件时，文件指针位于文件尾。
ios::trunk：删除文件原来已存在的内容（清空文件）。
ios::nocreate：若文件并不存在，打开操作失败。
```

```
ios::noreplace：若文件已存在，打开操作失败。
ios::binary：以二进制的形式打开一个文件，缺省时按文本文件打开。
```

假如打算设置不止一个的打开模式标志，只须使用“OR”操作符或者是“|”，例如：

```
ios::app OR ios::binary
```

假如要打开目录 C:\EF 下的 aa.txt 文件，若文件存在就打开，若不存在就建立该文件，可以用以下命令建立：

```
ofstream outData;
outData.open("C:\\EF\\aa.txt",ios::app);
```

说明：

（1）由于“\”被 C++用于转义符，所以在指定文件路径时用“\\”作为文件路径中目录之间的间隔符，与回车换行符“\n”中的“\”意义相同；

（2）打开一个文件时，也可以不使用 open()成员函数，而是调用流类对象的构造函数（第 3 章学习）来打开，这些构造函数的参数与 open()函数完全相同，例如：

```
ofstream outData("C:\\EF\\aa.txt",ios::app);
```

此语句等价于上面的两条语句，实现打开或建立目录 C:\EF 下的 aa.txt 文件。

2. 关闭磁盘文件

对已经打开的磁盘文件读写操作完成后，应关闭该文件，关闭文件的成员函数为 close()，从而解除磁盘文件与文件流的关联。调用 close()函数的一般形式为：

```
文件流对象.close()
```

例如：

```
outData.close()  //关闭流 outData 与文件 C:\\EF\\aa.txt 的连接
```

2.11.2 文件的输入和输出

当文件打开后，即建立文件与流对象关联后，就可以进行输入/输出（读写）操作了。

输入/输出操作与 cout、cin 用法相同，可以使用插入运算符“<<”或提取运算符“>>”从文件中读写数据。将输入文件流变量与“>>”连接能够从文件中读入数据，将输出文件流变量与“<<”连接能够将数据输出到文件中。例如：

```
outData<<x;         //将变量 x 的值输出到文件中
inData>>x;          //从文件中读入变量 x 的值
```

因此，C++文件操作过程可概括为以下 5 个步骤。

（1）首先在程序中包含头文件 fstream。

```
#include <fstream>
```

（2）定义文件流变量。

```
ifstream inData;         //定义输入文件流变量
ofstream outData;        //定义输出文件流变量
```

（3）使用 open()函数将文件流变量与磁盘文件关联起来。

```
outData.open("C:\\EF\\aa.txt",ios::app);
```

第（2）步、第（3）步也可以合并为一步，下面的命令与上面的两条命令等价：

```
ofstream outData("C:\\EF\\aa.txt",ios::app);
```

（4）用文件流变量和“<<”或“>>”结合读写文件数据。

（5）关闭文件。

【例 2-17】 建立一个磁盘文件 C:\d.txt，从键盘中输入字符串“床前明月光，疑是地上霜，举头望明月，低台头思故乡。”到文件中，然后从该磁盘文件中读出字符串并在屏幕上显示。

```
#include <fstream>
#include <iostream>
#include <string>
using namespace std;
int main()
{
    string str1,str2;
    ofstream outstr("C:\\d.txt",ios::out);// 打开文件 d.txt
    ifstream instr;
    if(!outstr)               //打开失败，outstr 返回-1 值
    {
        cerr<<"打开失败！";
        return -1;
    }
    str1="床前明月光，疑是地上霜，举头望明月，低台头思故乡。";
    outstr<<str1;
    outstr.close();
    instr.open("C:\\d.txt");
    instr>>str2;
    cout<<str2;
    instr.close();
    return 0;
}
```

程序运行结果如下。

小　结

1. 命名空间

为了解决不同模块或者函数库中标识符命名冲突的问题，C++引入命名空间的概念。命名空间可以由程序员自己来创建，可以将不同的标识符集合在一个命名作用域内，包括类、对象、函数、变量及结构体等。std 命名空间是 C++提供的标准命名空间，标准 C++将新格式头文件的内容全部放到了 std 命名空间中。

2. 数据的输入和输出

在 C++程序中，常用 cin 从键盘中输入数据，使用 cout 在屏幕上显示字符和数字等数据。在实际应用中，为了能够长期保留数据信息，常常以磁盘文件作为对象，即从磁盘文件中读取数据，或将数据输出到磁盘文件。C++的流库中包含了 3 个专门处理文件输入输出的类，分别是输出文件类（写操作）ofstream、输入文件类（读操作）ifstream、可同时输入输出的文件类（读写操作）fstream。C++的文件操作是首先通过将 ifstream、ofstream、fstream 流类的对象与某个磁盘文件联系起来，创建一个文件流，然后调用这些类的成员函数实现文件的打开、读写和关闭操作。

3. 函数重载

函数重载是指两个或两个以上的函数具有相同的函数名，但参数类型不一致或参数个数不同。编译时编译器将根据实参和形参的类型及个数进行相应的匹配，自动确定调用哪一个函数。使得重载的函数虽然函数名相同，但功能却不完全相同。函数重载便于使用和记忆。

4. 带有默认参数的函数

C++中，允许函数提供默认参数，即在函数的声明或定义时给一个或多个参数指定默认值。在调用具有默认参数的函数时，如果没有提供实际参数，C++将自动把默认参数作为相应参数的值。

5. 内联函数

函数的调用，需要保存和恢复现场和地址，需要时间和空间的开销，会降低程序的执行效率。为解决这一问题，C++中对于功能简单、规模小、使用频繁的函数，可以将其设置为内联函数。内联函数在编译时，C++将用内联函数代码替换对它每次的调用。节省参数传递、控制转移的开销，从而提高了程序运行时的效率。内联函数是一种空间换时间的方案。

6. 引用

引用为一个变量的别名，可以将函数的参数和返回值定义为引用。引用只需传递一个对象的地址，从而提高函数的调用和运行效率。可以将函数的参数和返回值设置为引用。

7. 变量的生存期和作用域

作用域是一个标识符在程序正文中有效的区域。C++中标识符的作用域有函数原型作用域、局部作用域（块作用域）、类作用域、文件作用域和命名空间作用域。

变量的生存期是指变量从被创建分配内存开始到被释放内存为止的时间，不同存储的变量生存期不同。变量生存期分为静态生存期和动态生存期。

8. 常量的定义

C++语言除了#define 外，还可以用 const 来定义常量。但一般使用 const 来定义常量。

9. 动态内存申请和释放

在 C++中，使用 new 和 delete 在堆中申请和释放动态空间。

习　　题

1．什么是命名空间，如何访问命名空间的成员？

2．什么是内联函数，它有什么特点？哪些函数不能定义为内联函数？

3．什么是函数重载？在函数调用时，C++是如何匹配重载函数的？

4．设置函数参数的默认值有何作用？

5．什么叫引用，使用引用时需要注意哪些问题？

6．new 运算符的作用是什么？delete 运算符的作用是什么？

7．编写重载函数 min()，分别计算 2 个整数、3 个整数、4 个整数的最小值，并在主函数中测试之。

8．编写重载函数 area()和 perime(),分别计算圆、长方形、正方形的面积这周长，并在主函数中测试之。

9．建立一个磁盘文件 D:\data.txt，从键盘输入数据：12，17，25，34，98，65，71，82，45，

61 到文件中，然后从该文件中将这些数据读出到数组 b 中，并计算总和在屏幕上输出。

10. 编写两个程序。（1）建立一个磁盘文件 C:\student.dat，编写程序将 3 个学生的信息：学号、姓名、专业、高数成绩、英语成绩保存到该文件中。（2）用 Windows 的记事本打开文件 C:\student.dat，如下图所示，观察文件，然后按照相同的格式添加 5 个学生的信息，再编写一程序将文件 student.dat 中 8 个学生信息数据读出来，并显示在屏幕上。

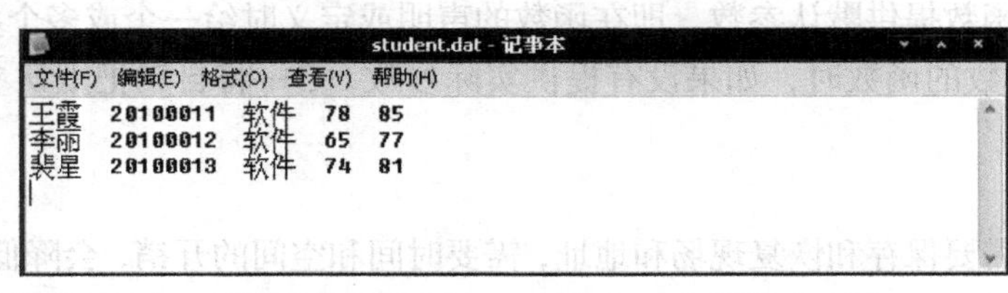

第 3 章 类和对象

类是一种自定义数据类型，是面向对象程序设计的核心，是对某一类对象的抽象。对象是类的实例，只有定义了对象，系统才会为其分配存储空间。从广义上讲，类和对象就是数据类型与变量的关系，类相当于一种数据类型，而对象就是用数据类型定义的变量。

本章主要介绍类和对象的定义，类成员的访问控制属性；构造函数、拷贝构造函数和析构函数的定义和使用，构造函数和析构函数的调用顺序；对象数组和对象指针的定义和使用方法；对象、对象指针、对象引用作为函数参数和返回值的传递方式；组合类的定义和应用等。

【学习目标】

（1）理解类的概念，掌握类的定义方法；

（2）理解对象与类的关系，掌握对象的创建和使用方法；

（3）掌握构造函数、析构函数的概念和使用方法；

（4）掌握拷贝构造函数的使用方法；

（5）掌握对象数组和对象指针的特点和使用方法；

（6）掌握函数调用中参数的传递方式；

（7）理解类的组合的特点。

3.1 类和对象的概念

抽象、封装、继承和多态是面向对象程序设计的 4 个主要特征。封装是将数据和代码捆绑在一起，是通过类来实现的。在 C++中，类是一种新的、非常常用的自定义数据类型，它是对一组具有共同属性特征和行为特征的实体（对象）的抽象，它将相关数据及对这些数据的操作组合在一起。对象是封装了数据和可以施加在这些数据上的操作的封装体，它是类的实际变量，即类的实例。

3.1.1 类的基本概念

类（class）是面向对象系统中最基本的组成元素，是一种自定义数据类型。在 C++中，类是一些具有相同属性和行为的对象的抽象。比如，人类是抽象出的一个类，它具有性别、年龄等属性，也有吃饭、睡觉等行为。

3.1.2 对象的基本概念

对象是某个特定类所描述的实例。现实世界中的任何一种事物都可以看成一个对象（Object），即万物皆对象。对象不仅能表示有形的实体，而且也能表示无形的（抽象的）规则、计划和事件。只有加入对象这样的物理实体，才能让软件中模拟出的世界更接近于现实世界。因此，我们说，类是对象的抽象，而对象是类的实例。例如，对于“人类”这一抽象概念下的类，“张三”这个具体的人就是其中一个实例（对象）。

3.2 类的定义

类的定义包括两个部分：类头和类体。类头由关键字“class”及其后面的类名构成；类体用于对类的数据成员和成员函数进行声明，并指定相应成员的访问级别。

3.2.1 类的定义格式

类的定义格式如下：

```
class   类名 {
   private:
       数据成员或成员函数
   protected:
       数据成员或成员函数
   public:
       数据成员或成员函数
};
```

说明：

（1）class 是声明类的关键字，class 后跟类名。类名是标识符，命名应符合标识符的规则。类名的首字符通常采用大写字母。

（2）类的成员包括数据成员和成员函数。数据成员代表对象的属性；成员函数实现对象的行为。

（3）类声明中的 private、protected 和 public 关键字称为访问权限符，它规定了类中成员的访问属性。C++中规定，一个访问权限符后面说明的所有成员都具有由这一访问权限符规定的访问属性，直到另一个不同的访问权限符出现。这 3 种关键字可以按任意顺序出现。为了使程序更加清晰，应将私有成员、保护成员和公有成员归类存放。默认时的访问权限为私有的（private）。对于一个具体的类，类声明中的 private、protected 和 public 3 个部分不一定都要有，但至少应该有其中一个部分。public 成员为类提供了外部接口。

（4）在 C++中，由于类是一种数据类型，系统不会为其分配存储空间，所以不能在类声明中给数据成员赋初值。

（5）类声明完成后一定要以“;”结束。

（6）类是抽象的名词，而不是具体的对象。因此，在定义类时不能对其数据成员进行赋值。

【例 3-1】 声明一个学生类。

分析：每个学生都有学号、姓名和性别；对于学生的基本操作有输入信息、输出信息等。因此，对应的学生类定义如下：

```
class Student                          //声明类
{
  private:                             //访问权限：私有成员
     char studentNo[10];               //属性，数据成员，表示学号
     char studentName[20];             //属性，数据成员，表示姓名
     char studentSex[6];               //属性，数据成员，表示性别
  public:                              //访问权限：公有成员
     Student();                        //行为，成员函数的原型声明，表示构造函数
     void input();                     //行为，成员函数的原型声明，表示输入学生信息
     void print();                     //行为，成员函数的原型声明，表示输出学生信息
};                                     //类声明结束
```

3.2.2 类的成员

对于 C++，类中共有两类成员：一类是代表对象属性的数据成员，另一类是代表实现对象行为的成员函数。例如，对于例 3-1 中所定义的 Student 类来说，数据成员有 studentNo、studentName 及 studentSex，而成员函数有 Student()、input()和 print()。

3.2.3 类成员访问控制权限

在 C++类中，可以定义 3 种不同访问控制权限的成员。这 3 种不同的访问权限符分别为 public（公有类型）、private（私有类型）和 protected（保护类型）。

1. public（公有类型）

public 声明成员为公有成员。具有这个访问控制级别的成员是完全公开的，即该成员不但可以被它所在类的成员函数及该类的友元函数访问，而且也可以被和该类对象处在同一作用域内的任何函数访问。

【例 3-2】 具有 public 访问权限的成员的应用。

```
#include "stdafx.h"
#include"iostream"
using namespace std;
class Human
{
  public:                              //声明类的公有成员
     int stature;
     int weight;
     void GetStature()
     {
        cout<<"Your stature is:"<<stature<<endl;
     }
     void GetWeight()
     {
        cout<<"Your weight is:"<<weight<<endl;
     }
};
int main()
{
  Human Tom;                           //定义类的对象
  Tom.stature=185;                     //通过对象访问类的公有数据成员
```

```
    Tom.weight=90;                      //通过对象访问类的公有数据成员
    Tom.GetStature();                   //通过对象访问类的公有成员函数
    Tom.GetWeight();                    //通过对象访问类的公有成员函数
    return 0;
}
```

由例 3-2 可知，public 成员访问不受限制，在程序中的任何地方都可以访问一个类的 public 成员。在类内，任何函数都可以访问 public 成员，如公有成员函数 GetStature()访问公有数据成员 stature；在类外，通过对象来访问 public 成员，如“Tom.stature=185;”和“Tom.GetStature();”。

2. private（私有类型）

private 声明成员为私有成员。具有这个访问控制级别的成员对类外是完全保密的，即只能被它所在类中的成员函数和该类的友元函数访问。

【例 3-3】 具有 private 访问权限的成员的应用。

```
#include "stdafx.h"
#include"iostream"
using namespace std;
class Human
{
  private:                              //声明类的私有数据成员
     int stature;
     int weight;
  public:                               //声明类的公有成员函数
     void SetStature(int s)
     {
        Stature=s;                      //类的成员函数访问类的私有数据成员
     }
     void GetStature()
     {
        cout<<"Your stature is:"<<stature<<endl;    //类的成员函数访问类的私有数据成员
     }
     void SetWeight(int w)
     {
        Weight=w;                       //类的成员函数访问类的私有数据成员
     }
     void GetWeight()
     {
        cout<<"Your weight is:"<<weight<<endl;      //类的成员函数访问类的私有数据成员
     }
};
int main()
{
    Human Tom;                          //定义类的对象
    //Tom.stature=185;                  //错误，不能通过对象访问类的私有数据成员
    // Tom.weight=90;                   //错误，不能通过对象访问类的私有数据成员
    Tom.SetStature(185);                //通过对象访问类的公有成员函数给 stature 赋值
    Tom.SetWeight(90);                  //通过对象访问类的公有成员函数给 Weight 赋值
    Tom.GetStature();                   //通过对象访问类的公有成员函数
    Tom.GetWeight();                    //通过对象访问类的公有成员函数
    return 0;
}
```

由例 3-3 可知，private 成员只能在类内访问，类外不能通过对象访问。在类内，任何函数都可以访问 private 成员，如公有成员函数 GetStature()访问私有数据成员 stature；在类外，不能通过对象来访问 private 成员，如"Tom.stature=185;"和"Tom.weight=90;"都是错误的。要对 stature、weight 赋值必须在 Human 类中定义 SetStature(int s)和 SetWeight(int w)两个函数来对它们进行设置。

3. protected（保护类型）

protected 声明成员为保护成员。具有这个访问控制级别的成员，外界是无法直接访问的。它只能被它所在类及从该类派生的子类的成员函数及友元函数访问。

【例 3-4】 具有 protected 访问权限的成员的应用。

```
#include "stdafx.h"
#include"iostream"
using namespace std;
class Human
{
  protected:                          //声明类的保护数据成员
     int stature;
     int weight;
  public:                             //声明类的公有成员函数
     void SetStature(int s)
     {
        Stature=s;                    //类的成员函数访问类的保护数据成员
     }
     void GetStature()
     {
        cout<<"Your stature is:"<<stature<<endl;    //类的成员函数访问类的保护数据成员
     }
     void SetWeight(int w)
     {
        Weight=w;                     //类的成员函数访问类的保护数据成员
     }
     void GetWeight()
     {
        cout<<"Your weight is:"<<weight<<endl;     //类的成员函数访问类的保护数据成员
     }
};
int main()
{
   Human Tom;                         //定义类的对象
   //Tom.stature=185;                 //错误，不能通过对象访问类的保护数据成员
   // Tom.weight=90;                  //错误，不能通过对象访问类的保护数据成员
   Tom.SetStature(185);               //通过对象访问类的公有成员函数给 stature 赋值
   Tom.SetWeight(90);                 //通过对象访问类的公有成员函数给 Weight 赋值
   Tom.GetStature();                  //通过对象访问类的公有成员函数
   Tom.GetWeight();                   //通过对象访问类的公有成员函数
   return 0;
}
```

由例 3-4 可知，protected 成员和 private 成员一样只能在类内访问，类外不能通过对象访问。但二者唯一的区别是 protected 成员能被派生类的成员访问，具体详见第 5 章——继承与派生。

由此可以总结出 public、protected 和 private 这 3 种访问限定符对应的类成员的可访问性，如表 3-1 所示。

表 3-1　public、protected 和 private 3 种类成员的可访问性

访问限定符	自身的类成员是否可访问	子类的类成员是否可访问	自身的类对象是否可访问
public	√	√	√
protected	√	√	×
private	√	×	×

3.2.4 成员函数的实现方式

类的成员函数也是函数的一种，它也有返回值和函数类型。它与一般函数的区别是：它属于一个特定的类，是类的一个成员，出现在类体中，并且它必须被指定为 private、public 或 protected 这 3 种访问权限中的一种。

在使用类的成员函数时，要注意它的访问权限（它能否被访问），以及它的作用域（类函数能在什么范围内被访问）。

类的成员函数的定义方式有两种。第一种方式是在类中进行函数原型说明，而函数体则在类外进行定义，这种情况通常用在代码较多的类的成员函数上。采用这种方式定义类函数时，必须用作用域符“::”表明该函数所属的类。这种类函数定义的一般形式为：

```
返回类型 类名::函数名（参数列表）
{
    //函数体
}
```

【例 3-5】 定义时钟类。

```
#include "stdafx.h"
#include "iostream"
using namespace std;
class Clock
{
    private:
        int hour,minute,second;
    public:
        void setTime(int newH,int newM,int newS);        //函数原型说明
        void showTime();                                  //函数原型说明
};
void Clock::setTime(int newH,int newM,int newS)          //定义成员函数
{
    hour=newH;
    minute=newM;
    second=newS
}
void Clock::showTime()                                    //定义成员函数
{
    cout<<hour<< "时"<<minute<<"分"<<second<<"秒"<<endl;
}
int main()
{
    Clock cc;
    cc.setTime (12,23,34);
```

```
    cc.showTime();
    return 0;
}
```

程序运行结果为如下。

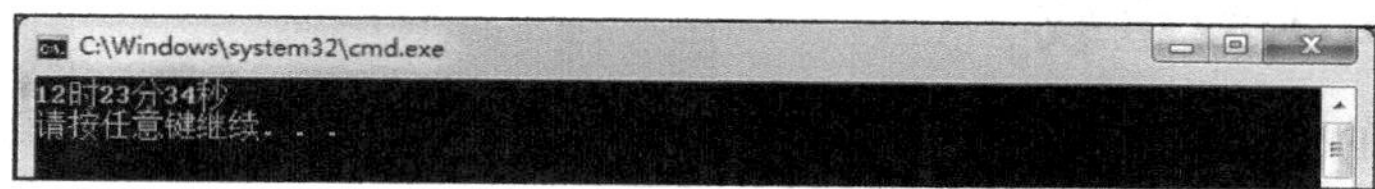

说明：

（1）在定义成员函数时，对函数所带的参数，既要说明其类型，也要指出参数名；

（2）在定义成员函数时，其返回值必须与函数原型声明中的返回类型相同。

第二种方式是在类内直接进行定义。这种方式一般用在代码比较少的成员函数中。

3.2.5　将成员函数设置为内联函数

成员函数也可以被设置为内联函数。将成员函数设置为内联函数的方式有两种：一种是在类内给出函数体定义的成员函数默认为内联函数；另一种是在类内给出函数原型声明，在类的体外给出函数的定义。第二种情况下，在类内声明时，需要在函数声明前加上 inline 关键字；在类外给出函数的定义，并且在定义函数时，不需要加关键字 inline。

【例 3-6】 内联函数应用举例，计算正方形的面积及周长。

```
#include "stdafx.h"
#include "iostream"
using namespace std;
class Square
{
   private:
      double length;
     public:
      Square(double x);
        void area()                    //函数体在类内定义，默认为内联函数
        {
           cout<<"正方形的面积为:"<<length*length<<endl;
        }
        inline void Perimeter();       //在类内进行内联函数声明
};
Square::Square(double x)
{
   length=x;
}
void Square::Perimeter ()              //在类外给出内联函数定义
{
   cout<<"正方形的周长为:"<<4*length<<endl;
}
int main()
{
   Square ss(2.0);
   ss.area ();
   ss.Perimeter ();
   return 0;
}
```

程序运行结果如下。

3.2.6 成员函数重载

我们在开瓶子的时候，经常会遭遇因各种瓶口规格不同而找不到合适工具的尴尬，于是有人发明了多功能开瓶器，不管啤酒瓶、汽水瓶，还是软木塞的红酒瓶都能轻松打开，这就像成员函数的重载。

成员函数重载是指在同一个类里，有两个以上的函数具有相同的函数名，可以对应着多个函数的实现。每种实现对应着一个函数体，但是形参的个数或者类型不同，编译器根据实参和形参的类型及个数的最佳匹配，自动确定调用哪一个成员函数。

【例 3-7】 成员函数重载。

创建一个类，在类中定义 3 个名为 subtract 的重载成员函数，分别实现两个整数相减、两个实数相减和两个复数相减的功能。

```
#include "stdafx.h"
#include <iostream>
using namespace std;
struct complex
{
      double real;
      double imag;
};
class Overloaded
{
   public:
      int subtract(int x,int y);
      double subtract(double x,double y);          //函数重载
      complex subtract(complex x,complex y);       //函数重载
};
int Overloaded::subtract (int x,int y)
{
   return x-y;
}
double Overloaded::subtract (double x,double y)
{
   return x-y;
}
complex Overloaded::subtract (complex x,complex y)
{
   complex c;
   c.real=x.real -y.real ;
   c.imag =x.imag -y.imag ;
   return c;
}

int main()
{
      int m,n;
      double x,y;
      complex a,b,c;
```

```
        Overloaded ol;
        m=32;
        n=23;
        x=31.1;
        y=22.2;
        a.real =12.3;
        a.imag =10.2;
        b.real =23.5;
        b.imag =1.2;
        cout<<m<<"-"<<n<<"="<<ol.subtract(m,n)<<endl;
        cout<<x<<"-"<<y<<"="<<ol.subtract(x,y)<<endl;
        c=ol.subtract (a,b);
        cout<<"<"<<a.real<<"+"<<a.imag
        <<"i>"<<"-"<<"<"<<b.real<<"+"<<b.imag <<"i>"
        <<"="<<"<"<<c.real<<"+"<<c.imag<<"i>"<<endl;
        return 0;
}
```

程序运行结果如下。

3.3　对象的创建与使用

类实际是一种抽象机制，它描述了一类问题的共同属性和行为。在 C++中，声明了类，只是定义了一种新的数据类型，只有当定义了类的对象后，才是生成了这种数据类型的特定实体（实例）。对象是类的实际变量，即一个具体的对象是类的一个实例。创建一个对象称为实例化一个对象或创建一个对象实例。

3.3.1　对象的定义

定义对象可以有以下几种方法。

（1）先声明类类型，然后在使用时再定义对象。

定义格式与一般变量定义格式相同：

```
类名 对象名列表;
```

例如，“Student stud1, stud2;”定义了 stud1 和 stud2 为 Student 类的两个对象。

（2）在声明类的同时，直接定义对象。例如：

```
class Student
{
   private:
      char sno[10];
      char name[12];
      char sex[2];
   public:
      int age;
      void Input();
      void Output();
}stud1,stud2;
```

表示定义 stud1 和 stud2 是类 Student 的对象。

（3）不出现类名，直接定义对象。例如：

```
class
{
   private:
      char sno[10];
      char name[12];
      char sex[2];
      int age;
   public:
      int age;
      void Input();
      void Output();
}stud1,stud2;
```

定义了两个无类名的类对象 stud1 和 stud2。

直接定义对象在 C++中是合法的、允许的，但却很少用，也不提倡用。在实际的程序开发中，一般都采用上面 3 种方法中的第 1 种方法。在小型程序中或所声明的类只用于本程序时，也可以用第 2 种方法。在定义一个对象时，编译系统会为这个对象分配存储空间，以存放对象中的成员。

说明：

（1）必须先定义类，然后再定义类的对象。多个对象之间用逗号分隔。

（2）声明了一个类就是声明了一种新的数据类型，它本身不能接收和存储具体的值，只有定义了类的对象后，系统才为其对象分配存储空间。

（3）在声明类的同时定义的类对象是一种全局对象，它的生存期一直到整个程序运行结束。

3.3.2 对象成员的访问

访问对象成员的方法有以下 3 种。

1. 通过对象名和成员运算符访问对象的成员

使用这种方式访问对象的数据成员的一般形式为：

```
对象名.数据成员
```

例如，对于 3.3.1 中定义的 Student 类的对象 stud1，在程序中可以写出“stud1.age=21;”（age 为公有数据成员），表示将整数 21 赋予对象 stud1 中的数据成员 age。其中“.”是成员运算符，用来对成员进行限定，指明所访问的是哪一个对象中的成员。

使用这种方式访问对象的成员函数的一般形式为：

```
对象名.成员函数名(实参列表)
```

例如，对于 3.3.1 中定义的 Student 类的对象 stud1，在程序中可以写出“stud1.Input();”（Input 为公有成员函数）。

必须注意，通过对象只能访问其公有（public）成员，而不能访问私有（private）成员或保护（protected）成员。

【例 3-8】 建立图书档案类，通过键盘输入每种图书的相关信息，并按价格从低到高的顺序排序输出。

```
class Book                                    //Book.h
{
   public:
      char title[20],auther[10],publish[30];   //书名、作者、出版社
```

```
        float price;                                  //价格
        void input();
        void output();
};

#include "stdafx.h"                                   //Book.cpp
#include <iostream>
using namespace std;
#include "Book.h"
int main()
{
    int i,j;
    Book bk[10],temp;
    cout <<"请输入书名、作者、出版社和价格"<<endl;
    for(i=0;i<10;i++)
      bk[i].input ();
    for(i=0;i<9;i++)
        for(j=i+1;j<10;j++)
        {
            if(bk[i].price >bk[j].price )
            {
                temp =bk[i];
                bk[i]=bk[j];
                bk[j]=temp ;
            }
        }
    cout <<"输出结果"<<endl;
    cout <<"书名 作者 出版社 价格"<<endl;
    for(i=0;i<10;i++)
      bk[i].output ();
    return 0;
}

void Book::input ()
{
    cin>>title>>auther>>publish>>price;
}
void Book::output ()
{
    cout<<title<<"    "<<auther<<"    "<<publish<<"    "<<price<<endl;
}
```

程序运行结果如下：

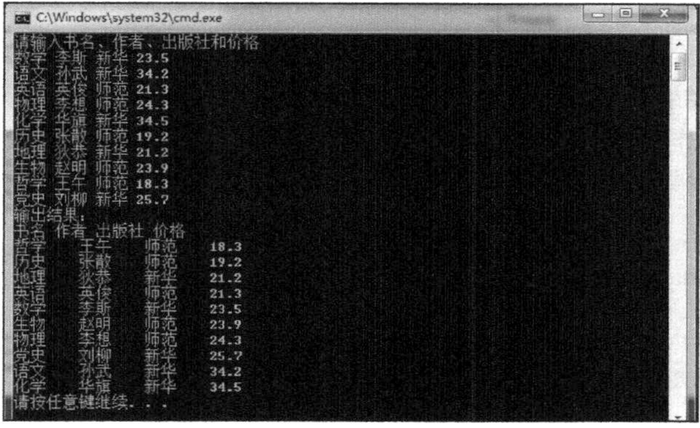

说明：

（1）本程序分为3个部分，第一部分是类Book的声明，放在头文件（.h）中；第二部分是主函数，在主函数中，先声明了两个整型变量i、j作为循环变量使用，紧接着声明了类Book的对象bk[10]和temp，并通过循环对每种图书输入相关信息，然后利用双重循环对每种图书按价格进行排序，最后通过循环输出每种图书的信息，语句“temp=bk[i];”等是对象间的赋值（将在3.9节介绍）；第三部分是图书类具体成员函数的实现。第二部分和第三部分放在.cpp文件中。

（2）对于结构比较复杂的程序，一般将类的声明放在头文件.h中，将成员函数的实现放在.cpp文件中。在.cpp中通过使用#include来包含头文件。

2. 通过指向对象的指针访问对象中的成员

使用这种方式访问对象的数据成员的一般形式为：

```
指向对象的指针->数据成员
```

使用这种方式访问对象的成员函数的一般形式为：

```
指向对象的指针->成员函数名(实参列表)
```

【例3-9】 改写例3-8中的主函数，通过指向对象的指针访问对象的数据成员和成员函数。

```
int main()
{
    int i,j;
    Book bk[10],*p1,*p2,temp;
    cout <<"请输入书名、作者、出版社和价格"<<endl;
    for(i=0;i<10;i++)
    {
        p1=&bk[i];                      //p1 指向 bk[i]
        p1->input ();                   //通过指向对象的指针访问对象的成员函数
    }
    for(i=0;i<10;i++)
    {
        p1=&bk[i];
        for(j=i+1;j<9;j++)
        {
        p2=&bk[j];
        if(p1->price >p2->price )       //通过指向对象的指针访问对象的数据成员
        {
            temp =*p1 ;
            *p1=*p2 ;
            *p2=temp ;
        }
        }
    }
    cout <<"输出结果: "<<endl;
    cout <<"书名 作者 出版社 价格"<<endl;
    for(i=0;i<10;i++)
    {
        p1=&bk[i];
        p1->output ();
    }
        return 0;
}
```

3. 通过对象的引用变量来访问对象中的成员

如果为一个对象定义了一个引用变量，它们是共占同一段存储单元的，实际上它们是同一个对象，只是用不同的名字表示而已。因此完全可以通过引用变量来访问对象中的成员。

定义一个对象的引用变量的方法为：

```
类型  &引用变量名=对象名;
```

【例 3-10】 通过对象的引用变量来访问对象的数据成员和成员函数。

```
#include "stdafx.h"
#include "stdafx.h"
#include<iostream>
using namespace std;
class Time
{
   public :
     int hour;
     int minute;
     int second;
     void showTime();
};
int main()
{
   Time t1;
   t1.hour=2;
   t1.minute =12;
   t1.second =34;
   Time &t2=t1;                          //定义 t1 对象的引用变量 t2
   cout<<t2.hour<<endl;                  //通过引用变量访问对象的数据成员
   cout<<t2.minute<<endl;
   cout<<t2.second<<endl;
   t2.showTime();                        //通过引用变量访问对象的成员函数
   return 0;
}
void Time::showTime()
{
  cout<<hour<<"时"<<minute<<"分"<<second<<"秒"<<endl;
}
```

程序运行结果如下。

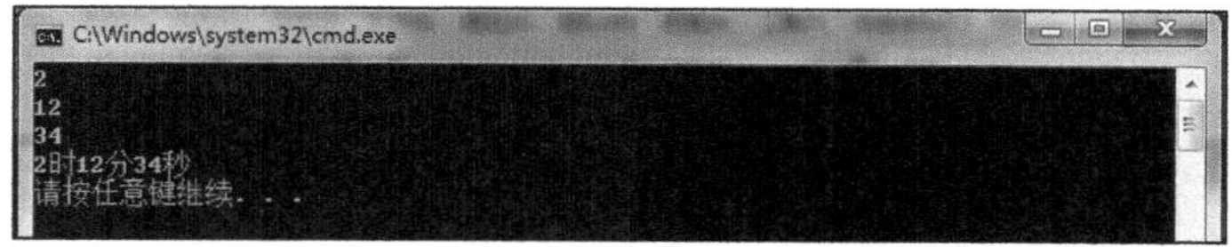

3.4 构造函数

构造函数（Constructor）是一种特殊的成员函数，它是用来完成在声明对象的同时，对对象中的数据成员进行初始化。

3.4.1 构造函数的定义和功能

构造函数的定义格式如下：

```
类名（形参列表）;
```

构造函数可以在类内也可在类外定义。在类外定义构造函数的形式如下：

```
类名::类名（形参列表）
{
 //函数体;
}
```

说明：

（1）构造函数的名称必须与类名相同。

（2）构造函数没有返回值类型，也不能指定为 void。

（3）构造函数可以有任意个任意类型的参数。

（4）如果没有显式定义构造函数，系统会自动生成一个默认的构造函数。这个构造函数不含参数，也不对数据成员进行初始化，只负责为对象分配存储空间。

（5）如果显式地为类定义了构造函数，系统将不再为类提供默认构造函数。

（6）定义对象时，系统会自动调用构造函数。

（7）构造函数可以重载。

（8）构造函数一般被定义为公有访问权限。

【例 3-11】 构造函数的使用。

```
#include "stdafx.h"
#include "iostream"
using namespace std;

class Date
{
   private:
      int year;
      int month;
      int day;
   public:
      Date(int y,int m,int d);     //声明构造函数
      void Output();
};

Date::Date(int y,int m,int d)       //定义构造函数
{
   year=y;
   month=m;
   day=d;
}
void Date::Output()
{
   cout<<year<<"/"<<month<<"/"<<day<<endl;
}
int main()
{
   Date  today(2012,10,10);
```

```
    today.Output();
    return 0;
}
```

程序运行结果如下。

```
2012/10/10
请按任意键继续. . .
```

3.4.2　默认构造函数

在实际应用中，通常每一个类都会定义构造函数，但如果没有定义构造函数，系统会自动生成一个默认的构造函数。这个构造函数不含参数，也不会对数据成员进行初始化，只负责为对象分配存储空间。默认构造函数的形式如下：

```
类名::构造函数名(){}
```

此时要特别注意，数据成员的值是随机的，程序运行时容易出错。

3.4.3　无参构造函数

构造函数可以不带参数，例如：

```
class Point
{
   private:
      int x;
      int y;
   public:
      Point();
   void Output()
      {
         cout<<"x="<<x<<","<<"y="<<y;
      }
};
Point::Point()
{
      x=1;
      y=2;
}
```

3.4.4　构造函数的重载

在一个类中可以定义多个构造函数，以便为类的对象提供不同的初始化方法，供用户选择使用。这些构造函数具有相同的名字，但参数的个数或参数的类型存在差别，这称为构造函数的重载。

【例 3-12】 构造函数重载。

```
#include "stdafx.h"
#include "iostream"
using namespace std;

class Date
{
```

```
    private:
        int year;
        int month;
        int day;
    public:
        Date();                          //无参的构造函数
        Date(int y,int m,int d);         //含参的构造函数
        void Output();
};
Date::Date()
{
        year=2012;
        month=10;
        day=11;
}
Date::Date(int y,int m,int d)
{
        year=y;
        month=m;
        day=d;
}
void Date::Output()
{
        cout<<year<<"/"<<month<<"/"<<day<<endl;
}
int main()
{
        Date today(2012,10,10);
        Date tomorrow;
        today.Output();
        tomorrow.Output();
        return 0;
}
```

程序运行结果如下。

3.4.5 带默认参数的构造函数

对于有参数的构造函数，在定义对象的时候必须给构造函数传递参数，但是在实际应用中，有些参数的值在大多数情况下是固定不变的，这时就可以使用带有默认参数的构造函数。

带默认参数的构造函数的原型定义形式如下：

```
类名(参数 1=默认值，参数 2=默认值，…);
```

所谓的默认参数即为该参数设置一个默认的值，可以为全部或者部分参数设置默认值。

【例 3-13】 带默认参数的构造函数。

```
#include "stdafx.h"
#include "iostream"
using namespace std;

class Date
```

```
{
    private:
      int year;
      int month;
      int day;
    public:
      Date(int y=2012,int m=1,int d=1);     //声明带默认参数的构造函数
      void Output();
};
Date::Date(int y,int m,int d)
{
   year=y;
   month=m;
   day=d;
}
void Date::Output()
{
     cout<<year<<"/"<<month<<"/"<<day<<endl;
}
int main()
{
     Date today(2012,10,10);          //使用给定值初始化对象
     Date longago;                    //使用默认值初始化对象
     today.Output();
     longago.Output();
     return 0;
}
```

程序运行结果如下。

说明：

（1）默认参数只能在原型声明中指定，不能在构造函数的定义中指定。

（2）在构造函数原型声明中，所有给默认值的参数都必须在不给默认值的参数的右面。

（3）在对象定义时，若省略构造函数的某个参数的值，则其右面所有参数的值都必须省略，而采用默认值。

（4）构造函数带有默认参数时，在定义对象时要注意避免二义性。例如：

```
Date(int y=2012,int m=1,int d=1);
Date();
```

3.4.6　构造函数与初始化列表

构造函数也可以采用构造初始化列表的方式对数据成员进行初始化。例如，可以把例 3-12 中的构造函数 Date(int y,int m,int d)的定义改写为：

```
Date::Date(int y,int m,int d):year(y),month(m),day(d)
{
}
```

它与例 3-12 的定义等价。

3.5 析构函数

析构函数（Destructor）与构造函数相反，当对象的生存期结束（删除对象）时，系统就会自动执行析构函数清除其数据成员所分配的内存空间。具体地说，如果出现以下几种情况时，系统就会执行析构函数。

（1）如果在一个函数中定义了一个对象，当这个函数被调用结束时，该对象应该释放，在对象释放前会自动执行析构函数。

（2）由于具有 static 属性的对象（静态对象，将在第 4 章介绍）在函数调用结束时该对象并不释放，因此也不调用析构函数。只在 main 函数结束或调用 exit 函数结束程序时，其生存期将结束，这时才调用其析构函数。

（3）如果定义了一个全局对象，在 main 函数结束或调用 exit 函数结束程序时，其生存期将结束，这时才调用其析构函数。

（4）如果用 new 运算符动态地建立了一个对象，当用 delete 运算符释放该对象时，调用该对象的析构函数。

需要注意的是，析构函数的作用并不是删除对象，而是在撤销对象占用的内存之前完成一些清理工作，使这部分内存可以被程序分配给新对象使用。程序设计者事先设计好析构函数，以完成所需的功能，只要对象的生存期结束，程序就自动执行析构函数来完成这些工作。

析构函数的定义格式为：

```
~类名();
```

说明：

（1）析构函数名是由“~”加类名组成的。

（2）析构函数没有参数、没有返回值，而且不能重载。

（3）一个类有且仅有一个析构函数，且应为 public。

（4）在对象的生存期结束前，由系统自动调用析构函数。

（5）如果没有定义析构函数，系统会自动生成一个默认的析构函数，这个析构函数不做任何事情。

【例 3-14】 析构函数应用。

```
#include "stdafx.h"
#include<string>
#include"iostream"
using namespace std;

class Student
{
   private:
      string name;
      int number;
   public:
      Student(string na,int nu);
      ~Student();                         //析构函数原型声明
      void Output();
};
Student::Student(string na, int nu)
```

```
{
  name=na;
  number=nu;
}
Student::~Student()                    //析构函数定义
{
   cout<<"destruct..."<<endl;
}
 void Student::Output()
{
      cout<<"姓名"<<":"<<name<<endl;
      cout<<"学号"<<":"<<number<<endl;
}
int main()
{
      Student S1("Tom",100021);
      S1.Output();
      return 0;
}
```

程序运行结果如下。

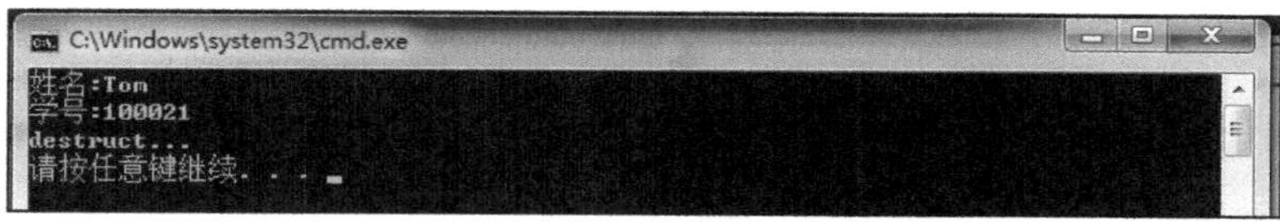

3.6　构造函数和析构函数的调用顺序

在使用构造函数和析构函数时，需要特别注意它们的调用时间和调用顺序。一般情况下，调用析构函数的次序正好与调用构造函数的次序相反，也就是最先被调用的构造函数，其对应的析构函数最后被调用，而最后被调用的构造函数，其对应的析构函数最先被调用。

下面归纳一下什么时候调用构造函数和析构函数。

（1）全局对象（即在所有函数之外定义的对象）的构造函数在文件中的所有函数（包括 main 函数）执行之前调用。但如果一个程序中有多个文件，而不同的文件中都定义了全局对象，则这些对象的构造函数的执行顺序是不确定的。当 main 函数执行完毕或调用 exit 函数时（此时程序终止），调用其析构函数。

（2）局部对象（在函数中定义的对象）在建立对象时调用其构造函数。如果函数被多次调用，则在每次建立对象时都要调用构造函数。在函数调用结束、对象释放前先调用析构函数。

（3）如果在函数中定义了静态（static）局部对象，则只在程序第一次调用此函数建立对象时调用一次构造函数，在调用结束时对象并不被释放，因此也不调用析构函数，只在 main 函数结束或调用 exit 函数结束程序时，才调用析构函数。

【例 3-15】 构造函数与析构函数执行顺序。

```
#include "stdafx.h"
#include "iostream"
```

```
using namespace std;

class Time
{
   private:
     int hour;
     int minute;
     int second;
   public:
      Time(int h,int m,int s);
      ~Time();
};
Time::Time(int h,int m,int s)
{
      hour=h;
      minute=m;
      second=s;
      cout<<"Time Constructor  "<<hour<<":"<<minute<<":"<<second<<endl;
}
Time::~Time ()
{
      cout<<"Time Destructor  "<<hour<<":"<<minute<<":"<<second<<endl;
}
class Date
{
   private:
      int year;
      int month;
      int day;
   public:
      Date(int y,int m,int d);                          //声明构造函数
      ~Date();                                          //声明析构函数
}yesteday(2012,10,10);                                  //定义全局对象
Date::Date(int y,int m,int d)                           //定义构造函数
{
    year=y;
     month=m;
     day=d;
     Time time(11,11,11);
                 //在类 Date 定义的构造函数中定义类 Time 的对象（局部）
     static Time time1(12,12,12);
                 //在类 Date 定义的构造函数中定义类 Time 的静态对象（局部）
     cout<<"Date Constructor  "<<year<<":"<<month<<":"<<day<<endl;
}
Date::~Date ()
{
     cout<<"Date Destructor  "<<year<<":"<<month<<":"<<day<<endl;
}

int main()
{
      cout<<"enter main"<<endl;
      Date today(2012,10,11);
      cout<<"edit main"<<endl;
```

```
    return 0;
}
```

程序运行结果如下。

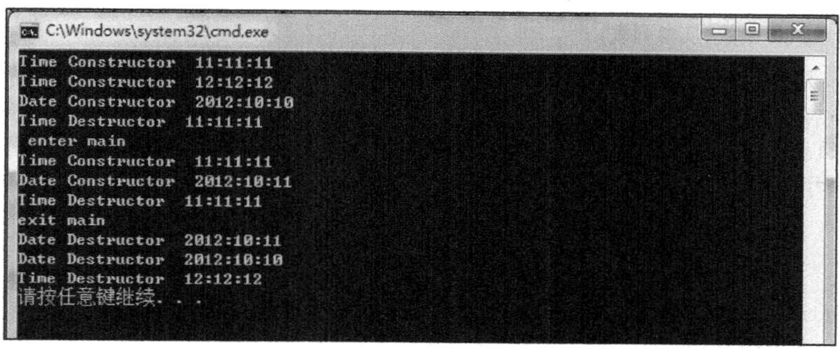

从程序的运行结果可以看出：

（1）全局对象 yesteday（用 2012、10、10 三个参数值初始化其 year、month、day 三个数据成员）的构造函数最先被调用（在 main 函数之前），由于在类 Date 的构造函数中先后定义了类 Time 的两个对象 time（用 11、11、11 三个参数值分别初始化其 hour、minute、second 三个数据成员）、time1（用 12、12、12 三个参数值分别初始化其 hour、minute、second 三个数据成员），所以在执行 Date 构造函数时顺序调用了 Time 的构造函数两次，分别初始化对象 time 和 time1。由于 time 对象是一般局部对象，所以在 yesteday 对象的构造函数执行结束前，将调用 time 对象的析构函数。而 time1 对象是静态局部对象，所以在 yesteday 对象的构造函数执行结束前，将不会被析构。

（2）yesteday 对象定义完成后，系统开始执行 main 函数中的程序代码，创建类 Data 的局部对象 today，创建时调用其构造函数，通过 2012、10、11 三个参数值初始化对象 today 的 year、month、day 三个数据成员。在调用构造函数时，由于 time1 是静态对象，在调用 yesteday 的构造函数时，已对其完成构造，所以这里只调用 time 对象的构造函数对其数据成员进行初始化，并在构造函数执行结束前，对其析构。

（3）在 main 函数结束（程序终止执行）前，将分别析构在 main 函数里定义的局部对象 today、全局对象 yesteday 和静态局部对象 time1。

3.7　对象数组与对象指针

3.7.1　对象数组

数组中每个元素的数据类型不但可以是基本数据类型，也可以是用户自定义数据类型。对象数组的元素是对象，它不仅具有数据成员，而且也具有成员函数。

定义对象数组、使用对象数组的方法与基本数据类型相似，因为类本质上也是一种数据类型。在执行对象数组说明语句时，系统不仅为对象数组分配适合的内存空间，以存放数组中的每个对象，而且还会自动调用匹配的构造函数完成数组内每个对象的初始化工作。

声明对象数组的格式为：

```
类名　数组名[数组长度]；
```

与基本类型的数组一样，在使用对象数组时，也只能引用单个数组元素，并且通过对象数组元素只能访问其公有成员。访问对象数组元素的数据成员的格式为：

```
数组名[下标].数据成员;
```

访问对象数组元素的成员函数的格式为：

```
数组名[下标].成员函数(实参列表);
```

【例 3-16】 对象数组使用。

```
#include "stdafx.h"
#include <iostream>
using namespace std;
class Box
{
    public :
      Box(int h=10,int w=12,int len=15); //声明有默认参数的构造函数
      int volume( );
    private :
      int height;
      int width;
      int length;
};
Box::Box(int h,int w,int len): height(h),width(w),length(len)
{ }
int Box::volume( )
{
   return (height * width * length);
}
int main( )
{
    Box a[3]=
    {                       //定义对象数组
    Box(),                  //调用构造函数 Box，用默认参数初始化第 1 个元素的数据成员
    Box(15,18,20),          //调用构造函数 Box，提供第 2 个元素的实参
    Box(16,20,26)           //调用构造函数 Box，提供第 3 个元素的实参
   };
cout<<"volume of a[0] is "<<a[0].volume( )<<endl;
cout<<"volume of a[1] is "<<a[1].volume( )<<endl;
cout<<"volume of a[2] is "<<a[2].volume( )<<endl;
return 0;
}
```

程序运行结果如下。

3.7.2 对象指针

在C语言中，已经介绍过指针的概念，并且我们知道，如果在程序中定义了一个变量，在编译时系统就会根据这个变量的数据类型给它分配合适的内存单元。

由于通过地址能找到所需变量的内存单元，也就是说地址指向该变量的内存单元。因此将

地址形象化地称为“指针”。一个变量的地址称为该变量的指针。在 C++中，既可以通过对象名来访问对象，也可以通过指向该对象的指针来访问该对象。对象指针是 C++语言十分重要的特性之一。

声明对象指针的格式为：

```
类名 *对象指针名;
```

与用对象名访问对象成员一样，使用对象指针也可以访问对象的成员。用对象指针访问对象数据成员的格式为：

```
对象指针名->数据成员;
```

用对象指针访问对象成员函数的格式为：

```
对象指针名->成员函数(实参列表);
```

同一般变量的指针一样，对象指针在使用之前必须先进行初始化。可以让它指向一个已定义的对象，也可以用 new 运算符动态建立堆对象。

【例 3-17】 对象指针应用。

```
#include "stdafx.h"
#include <iostream>
using namespace std;
class Square
{
    private:
      double length;
    public:
     Square(double len);
     void Outpout();
};
Square::Square (double len):length(len)
{
}
void Square::Outpout()
{
    cout<<"Square Area:"<<length * length<<endl;
}

int main()
{
    Square s(2.5),*s1;
    s1=&s;
    s1->Outpout ();
    Square *s2=new Square(3.5);
    s2->Outpout ();
    delete s2;
    return 0;
}
```

程序运行结果如下。

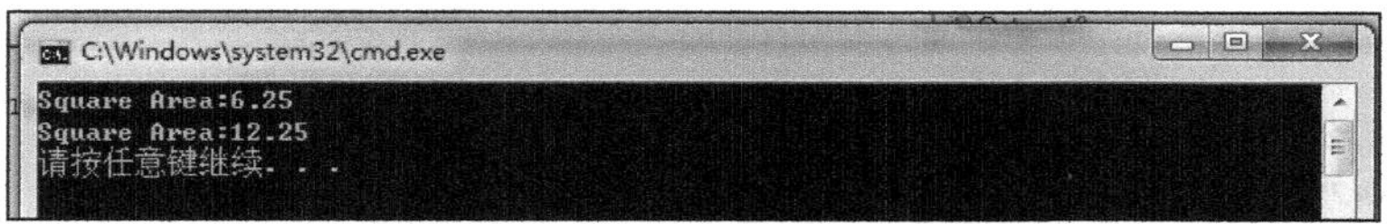

也可以通过对象指针来访问对象数组，这时对象指针指向对象数组的首地址。

【例 3-18】 改写例 3-16 的主函数，通过对象指针引用 Box 类的对象数组。

修改后的 main 函数如下：

```
int main( )
{
    Box a[3]=
    {               //定义对象数组
     Box(),         //调用构造函数 Box，用默认参数初始化第 1 个元素的数据成员
     Box(15,18,20),      //调用构造函数 Box，提供第 2 个元素的实参
     Box(16,20,26)       //调用构造函数 Box，提供第 3 个元素的实参
    };
    Box *p=a;
    for(int i=0;i<3;i++,p++)
    {
      cout<<"volume of a["<<i<<"] is "<<p->volume()<<endl;
    }
  return 0;
}
```

说明：主函数中定义对象数组 a[3]，并将对象数组 a 的首地址赋给指针变量 p，通过指针变量 p 的移动，让指针 p 分别指向 a[0]、a[1]、a[2]的地址。

3.7.3 this 指针

this 指针是一个隐含于每一个成员函数中的特殊指针。它是指向一个正操作该成员函数的对象。当对一个对象调用成员函数时，编译程序先将对象的地址赋予 this 指针，然后调用成员函数。每次成员函数存取数据成员时，C++编译器将根据 this 指针所指向的对象来确定应该引用哪一个对象的数据成员。

通常 this 指针在系统中是隐含存在的，也可以把它显式表示出来。

【例 3-19】 this 指针应用。

```
#include <iostream>
using namespace std;
class A
{
   public:
    int get(){return i;}
      void set(int x)
      {
        this->i=x;
        cout<<"this 指针保存的内存地址为:"<<this<<endl;
      }
   private:
     int i;
};

int main()
{
     A a;
     a.set(9);
     cout<<"对象 a 所在的内存地址为:"<<&a<<endl;
     cout<<"对象 a 所保存的值为:"<<a.get()<<endl;
     cout<<endl;
```

```
    A b;
    b.set(999);
    cout<<"对象 b 所在的内存地址为:"<<&b<<endl;
    cout<<"对象 b 所保存的值为:"<<b.get()<<endl;
    return 0;
}
```

程序运行结果如下。

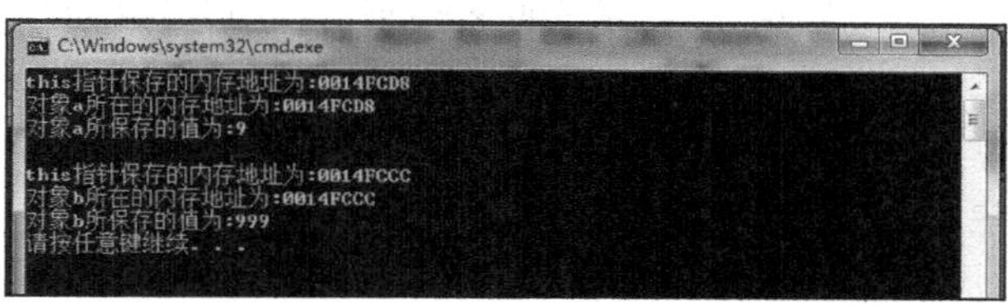

说明：通过这个输出结果可以看到，对象 a 的内存地址和 this 指针的一模一样（都是 0014FCD8）；而当运行到对象 b 的时候，它的内存地址又和它所对应的 this 指针指向的内存地址一模一样了（都是 0014FCCC）。这就说明了 this 指针变量记录的是当前对象的内存地址，即 this 指针指向当前的对象。

使用 this 指针要注意的事项如下。

（1）在定义指针的时候注意连续声明多个指针是容易犯的错误，如 int * a，b；这种声明是声明了一个指向 int 型变量的指针 a 和一个 int 型的变量 b，而不要混淆成是声明了两个 int 型指针。

（2）要避免使用未初始化的指针。很多运行时的错误都是由未初始化的指针导致的，而且这种错误又不能被编译器检查出来，所以很难被发现。这时的解决办法就是尽量在使用指针的时候定义它。如果没定义的话，一定要记得对其初始化。

（3）指针赋值时一定要保证类型匹配，由于指针类型确定指针所指向对象的类型，因此初始化或赋值时必须保证类型匹配，这样才能在指针上执行相应的操作。

3.8　向函数传递对象

C++语言中，对象作为函数的参数和返回值的传递方式有 3 种：值传递、指针传递和引用传递。其方法与传递其他类型的数据一样。

3.8.1　使用对象作为函数参数

把作为实参的对象的值复制给形参创建的局部对象，这种传递是单向的，只从实参到形参。因此，函数对形参值做的改变不会影响到实参。

【例 3-20】 对象作为函数参数应用。

```
#include "stdafx.h"
#include <iostream>
using namespace std;
class Square
{
   private:
       double length;
   public:
       Square(double len);
```

```
        void Add(Square s);
        void Outpout();
};
Square::Square (double len):length(len)
{
}
void Square::Add (Square s)
{
    s.length =s.length +1.0;        //给形参对象的length数据成员加1
}
void Square::Outpout()
{
     cout<<"Square Area:"<<length * length<<endl;
}

int main()
{
    Square s(2.5);
    cout<<"add before"<<endl;
    s.Outpout ();
    s.Add (s);
    cout<<"add after"<<endl;
    s.Outpout ();
    return 0;
}
```

程序运行结果如下。

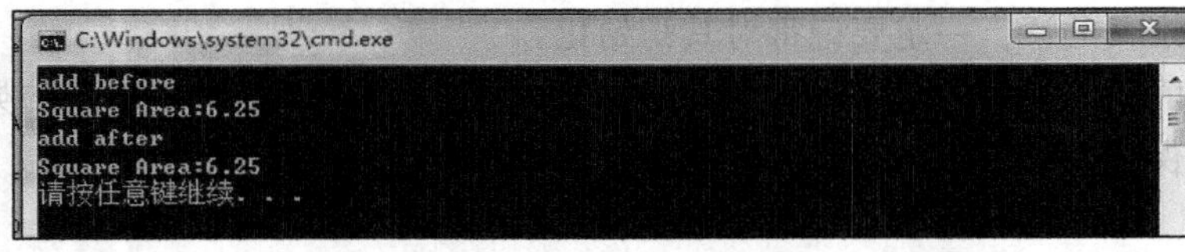

从运行结果可以看出对象作为函数参数，形参对象值的改变不会影响到实参对象。

3.8.2 使用对象指针作为函数参数

对象指针作为参数传递的是地址，也就是说实参向形参传递的是实参所指向对象的地址。即实参对象指针变量和形参对象指针变量指向同一内存地址，因而作为形参的对象，其值若改变，也就是改变了实参对象的值，所以指针传递是一种双向传递。

【例3-21】 修改例3-20，验证对象指针作为函数参数是属于双向传递。

```
#include "stdafx.h"
#include <iostream>
using namespace std;
class Square
{
    private:
        double length;
    public:
        Square(double len);
        void Add(Square *s);
        void Outpout();
};
Square::Square (double len):length(len)
```

```
{
}
void Square::Add (Square *s)
{
    s->length =s->length +1.0;       //给形参对象的 length 数据成员加 1
}
void Square::Outpout()
{
    cout<<"Square Area:"<<length * length<<endl;
}

int main()
{
    Square s(2.5);
    cout<<"add before"<<endl;
    s.Outpout ();
    s.Add (&s);
    cout<<"add after"<<endl;
    s.Outpout ();
    return 0;
}
```

程序运行结果如下。

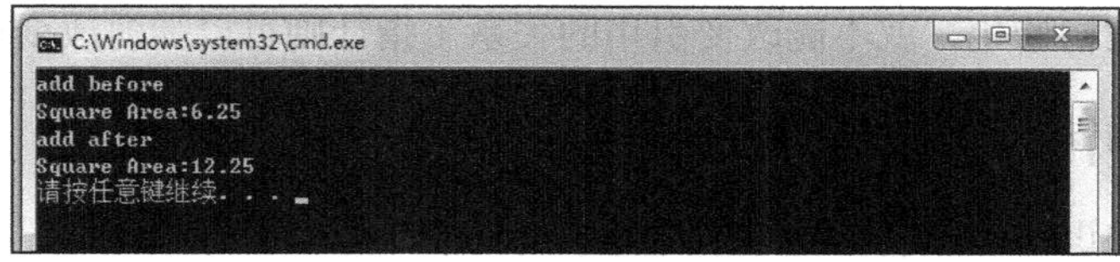

从运行结果可以看出对象指针作为函数参数，形参对象值的改变将会影响到实参对象。

3.8.3　使用对象引用作为函数参数

使用对象引用作为函数参数非常普遍，它不但有指针作为参数的优点，而且比指针作为参数更简单、更直接。

由于采用了引用方式进行参数传递，因而形参对象就相当于是实参对象的“别名”，对形参的操作其实就是对实参的操作。

【例 3-22】 修改例 3-21，用对象引用进行参数传递。

```
#include "stdafx.h"
#include <iostream>
using namespace std;
class Square
{
    private:
      double length;
    public:
      Square(double len);
      void Add(Square &s);
      void Outpout();
};
Square::Square (double len):length(len)
{
}
```

```
void Square::Add (Square &s)
{
     s.length =s.length+1.0;           //给形参对象的 length 数据成员加 1
}
void Square::Outpout()
{
     cout<<"Square Area:"<<length * length<<endl;
}

int main()
{
     Square s(2.5);
     cout<<"add before"<<endl;
     s.Outpout ();
     s.Add (s);
     cout<<"add after"<<endl;
     s.Outpout ();
     return 0;
}
```

在使用引用时，应该注意遵循如下规则。

（1）引用被创建的同时必须被初始化（指针则可以在任何时候被初始化）。

（2）不能有 NULL 引用，引用必须与合法的存储单元关联（指针则可以是 NULL）。

（3）一旦引用被初始化，就不能改变引用的关系（指针则可以随时改变所指的对象）。

3.8.4 三种传递方式比较

从上面所学的知识中，我们发现如下几种情况。

（1）值传递是单向的，形参的改变并不能引起实参的改变。而指针和引用传递是双向的，可以将改变由形参“传给”实参。

（2）引用是 C++中的概念，初学者容易把引用和指针混淆一起。“int m；int &n = m；”n 相当于 m 的别名或者绰号，对 n 的任何操作就是对 m 的操作。所以 n 既不是 m 的拷贝，也不是指向 m 的指针，其实 n 就是 m 本身。引用的主要功能是传递函数的参数和返回值。学完这 3 种传递方式后大家会发现“引用传递”的性质像“指针传递”，而书写方式像“值传递”。实际上“引用”可以做的任何事情“指针”也都能够做。

（3）指针能够毫无约束地操作内存中的任何东西。指针虽然功能强大，但是用起来十分危险，所以如果的确只需要借用一下某个对象的“别名”，那么就用“引用”，而不要用“指针”，以免发生意外。

（4）使用引用作为函数参数与使用指针作为函数参数相比，前者更容易使用、更清晰，而且当参数传递的数据较大时，引用传递参数的效率高且所占存储空间更小。

下面这个简单的例子很好地对 3 个传递方式进行了比较，希望能帮助大家更好地理解这 3 种传递方式。

【例 3-23】 3 种传递方式比较。

```
#include "stdafx.h"
#include <iostream>
using namespace std;
   //值传递
     void change1(int n)
```

```
    {
        cout<<"\n"<<"值传递--函数操作地址"<<&n;
            //显示的是拷贝的地址而不是源地址
        n++;
    }

  //引用传递
    void change2(int &n)
    {
      cout<<"\n"<<"引用传递--函数操作地址"<<&n;
      n++;
    }
  //指针传递
    void change3(int *n)
    {
       cout<<"\n"<<"指针传递--函数操作地址"<<&*n  ;
       *n=*n+1;
    }
int  main()
  {
     int n=10;
     cout<<"实参的地址"<<&n;
     change1(n);
     cout<<"\n"<<"after change1() n="<<n;
     change2(n);
     cout<<"\n"<<"after change2() n="<<n;
     change3(&n);
     cout<<"\n"<<"after change3() n="<<n<<"\n";
     return 0;
  }
```

程序运行结果如下。

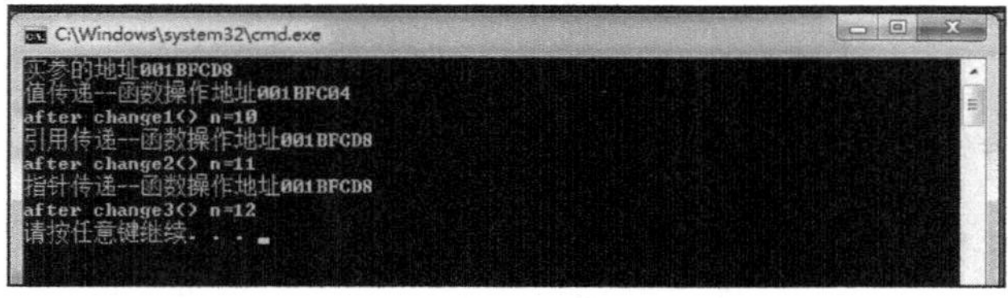

说明：从代码效率上看，用对象值传递的方式的效率相对低一些，它需要创建新的对象来接收实参传来的值；用对象指针传递的方式的效率会略高一些，而当用对象引用形式时效率就更高，因为它就是实参本身。

3.9　对象的赋值和复制

如果对一个类定义了两个或多个对象，则这些同类的对象之间就可以互相赋值，或者说，一个对象的值可以赋予另一个同类的对象。这里所指的对象的值是指对象中所有数据成员的值。对象之间的赋值也是通过赋值运算符“=”进行的。本来，赋值运算符“=”只能用来对单个的变量赋值，现在被扩展为两个同类对象之间的赋值，这是通过对赋值运算符的重载实现的。实际上这个过程是通过成员复制来完成的，即将一个对象的成员值一一复制给另一个对象的对应成员。

3.9.1 对象赋值语句

对象赋值的一般形式为：

```
对象名 1=对象名 2;
```

注意

对象名 1 和对象名 2 必须是属于同一个类的两个对象。

例如：

```
Person p1, p2;  //定义两个同类的对象
p2=p1;          //将 p1 各数据成员的值赋给 p2
```

【例 3-24】 对象赋值。

```
#include "stdafx.h"
#include <iostream>
using namespace std;
class Cube
{
  public:
    Cube(int=10,int=10,int=10);   //声明有默认参数的构造函数
    int volume();
  private:
    int height;
    int width;
    int length;
};
Cube::Cube(int h,int w,int len)
{
  height=h;
  width=w;
  length=len;
}
int Cube::volume()
{
  return(height * width * length);    //返回体积的值
}
int main()
{
   Cube Cube1(20,20,20),Cube2;    //定义两个对象 Cube1 和 Cube2
   cout<<"The volume of Cube1 is "<<Cube1.volume()<<endl;
                                  //输出 Cube1 的体积
   cout<<"The volume of Cube2 is "<<Cube2.volume()<<endl;
                                  //输出 Cube2 的体积
   Cube2=Cube1;                   //将 Cube1 的值赋给 Cube2
   cout<<"Cube2=Cube1 "<<endl;
   cout<<"The volume of Cube2 is "<<Cube2.volume()<<endl;
                                  //输出 Cube2 的体积
  return 0;
}
```

程序运行结果如下。

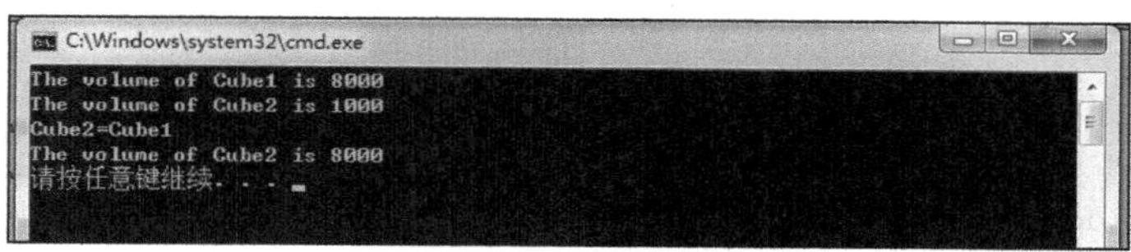

说明：

（1）对象的赋值只对其中的数据成员赋值，不对成员函数赋值。数据成员是占存储空间的，不同对象的数据成员占有不同的存储空间，赋值的过程是将一个对象的数据成员在存储空间的状态复制给另一个对象的数据成员的存储空间。而不同对象的成员函数是同一个函数代码段，不需要、也无法对它们赋值。

（2）类的数据成员中不能包括动态分配的数据，否则在赋值时可能出现意想不到的严重后果。

3.9.2 拷贝构造函数

通过前面的学习我们了解到，对象在创建时不仅可以由构造函数初始化，也可以通过已有的同类的对象通过赋值的方式初始化。而通过赋值方式进行初始化的过程，实际上是通过类的拷贝构造函数来完成的。

拷贝构造函数是一种特殊的构造函数，它具有一般构造函数的所有特性，但其形参是本类对象的引用。其作用是使用一个已经存在的对象（由拷贝函数的参数指定）去初始化同类的一个新对象。

拷贝构造函数定义格式如下：

```
构造函数名（类名 &）;
```

例如：

```
class B
{
      …
   Public:
      B();                  //构造函数
      B(const B&);          //拷贝构造函数
}
```

拷贝构造函数的参数采用引用方式。如果把一个真实的类对象作为参数传递到拷贝构造函数，会引起无穷递归。

使用拷贝构造函数时应注意以下问题。

（1）并不是所有的类声明都需要拷贝构造函数，仅当准备用传值的方式传递类对象时，才要拷贝构造函数。

（2）拷贝构造函数的名字必须与类名相同，并且没有返回值。

（3）拷贝构造函数只有一个参数，必须是本类对象的引用。

（4）每一个类必须有一个拷贝构造函数。如果用户在定义类时没有给出拷贝构造函数，系统会自动产生一个缺省的拷贝构造函数。

【例 3-25】 拷贝构造函数应用。

设计一个复数类，两个数据成员分别表示复数的实部和虚部。定义两个构造函数，一个是具有两个参数双精度实型的普通构造函数，另一个是拷贝构造函数，两个构造函数分别在不同的情况下初始化对象。定义 add 函数完成两个复数的加法。

```
#include "stdafx.h"
#include "iostream"
using namespace std;
class Complex
{
   public:
     Complex(double r,double i);
     Complex(Complex &c);
     Complex add(Complex c);
     void Output();
   private:
     double real,image;
};
Complex::Complex(double r,double i):real(r),image(i)
{
     cout<<"调用两个参数的构造函数"<<endl;
}
Complex::Complex(Complex &c)
{
    real = c.real;
    image = c.image;
    cout<<"调用拷贝构造函数"<<endl;
}
void Complex::Output()
{
     cout<<"("<<real<<","<<image<<")"<<endl;
}
Complex Complex::add(Complex c)
{
    Complex  y(real + c.real,image + c.image);
    return  y;
}
void f(Complex n)
{
     cout<<"n=";
     n.Output();
}
int main()
{
     Complex a(3.0,4.0),b(5.6,7.9);
     Complex c(a);
     cout<<"a=";
     a.Output();
     cout<<"c=";
     c.Output();
     f(b);
     c = a.add(b);
     c.Output();
     return 0;
}
```

程序运行结果如下。

分析：

（1）程序开始定义了两个复数类对象 a 和 b，所以调用复数类的构造函数，输出前两行。

（2）执行语句 Complex c(a)，用一个已知对象初始化另一个对象，系统调用拷贝构造函数，输出第三行。

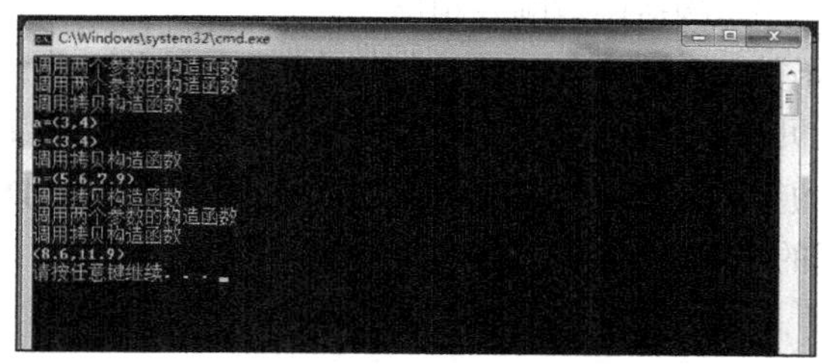

（3）执行语句 f(b)，将实参 b 传给形参 n，也会调用拷贝构造函数。

（4）执行语句 c = a.add(b)，首先实参 b 传递给形参 c 会调用拷贝构造函数，接着在 add 函数中定义了一个复数类对象 y，系统会调用构造函数。

（5）最后，成员函数 add 的返回值是一个对象，系统会创建一个临时对象，将局部对象 y 赋值给临时对象，这时也要调用拷贝构造函数。

总结：调用拷贝构造函数的情况有以下 3 种。

（1）明确表示由一个对象初始化另一个对象。

（2）当对象作为函数实参传递给函数形参时。

（3）当对象作为函数的返回值，创建一个临时对象时。

3.10　类的组合

在本章前面的各节中，我们所介绍类的数据成员的类型都是 C++的基本类型。而在实际应用中，类的数据成员不但可以是基本类型，而且也可以是自定义类型，当然也可以是类的对象。

所谓类的组合就是指一个类内嵌其他类的对象作为本类的成员。两者之间是包含与被包含的关系。

当创建类的对象时，如果这个类具有内嵌对象成员，那么各个内嵌对象应首先被自动创建。因此，在创建类的对象时，既要对本类的基本类型数据成员进行初始化，同时也要对内嵌对象成员进行初始化。

组合类构造函数的定义格式为：

```
类名::类名（形参表）：内嵌对象 1（形参表），内嵌对象 2（形参表），……
{
  //类的初始化
}
```

需要注意以下几点。

（1）类的构造函数的形参表中的形参，不但要考虑对本类基本类型数据成员的初始化工作，而且也要考虑内嵌对象的初始化工作。也就是说，类的形参列表应该由对象成员所需形参和本类基本类型数据成员所需形参两部分组成。

（2）在创建一个组合类的对象时，不仅它自身的构造函数将被调用，而且其内嵌对象的构造函数也将被调用。这时构造函数调用的顺序为：

① 调用内嵌对象的构造函数，调用顺序按照内嵌对象在组合类的声明中出现的先后顺序依次调用，与初始化表中排列顺序无关；

② 执行本类构造函数的函数体；

③ 析构函数的调用顺序与构造函数刚好相反。

（3）若调用缺省构造函数（即无形参的），则内嵌对象的初始化也将调用相应的缺省构造函数。

（4）组合类同样有拷贝构造函数。若无则调用默认的拷贝构造函数。

【例 3-26】 类的组合应用。定义点类 Point 和求两点间距离的类 Distance，观察两个类的构造函数和析构函数被调用的顺序。

```
#include "stdafx.h"
#include<iostream>
#include<cmath>
using namespace std;
class Point
{
  private:
     float x,y;
  public:
     Point(float xx,float yy)
     {
        cout<<"point 构造函数被调用"<<endl;
        x=xx;
        y=yy;
     }
     Point(Point &p)
     {
        x=p.x;
        y=p.y;
        cout<<"point 拷贝构造函数被调用"<<endl;
     }
     ~Point()
     {
        cout<<"Point 析构函数被调用"<<endl;
     }
     float GetX()
     {
        return x;
     }
     float GetY()
     {
        return y;
     }
};
class Distance
{
   private:
      Point p1,p2;
      double dist;
   public:
      Distance(Point a,Point b);    //构造函数
      Distance(Distance & d);       //拷贝构造函数
      ~Distance();
      double GetDis();
};
Distance::Distance(Point a,Point b):p1(a),p2(b)
```

```
{
        double x=double(p1.GetX()-p2.GetX());
        double y=double(p1.GetY()-p2.GetY());
        dist=sqrt(x*x+y*y);
        cout<<"Distance 构造函数被调用"<<endl;
}
Distance::Distance(Distance & d):p1(d.p1 ),p2(d.p2 )
{
        cout<<"Distance 拷贝构造函数被调用"<<endl;
        dist=d.dist ;
}
Distance::~Distance ()
{
        cout<<"Distance 析构函数被调用"<<endl;
}
        double Distance::GetDis()
{
        return dist;
}
int main()
{
      Point pa(2,2),pb(5,5);
      Distance da(pa,pb);
Distance db(da);
      cout<<"通过 da 得到点(2,2)到点(5,5)的距离为:  "<<da.GetDis ()<<endl;
      cout<<"通过 db 得到点(2,2)到点(5,5)的距离为:  "<<db.GetDis ()<<endl;
      return 0;
}
```

程序运行结果如下。

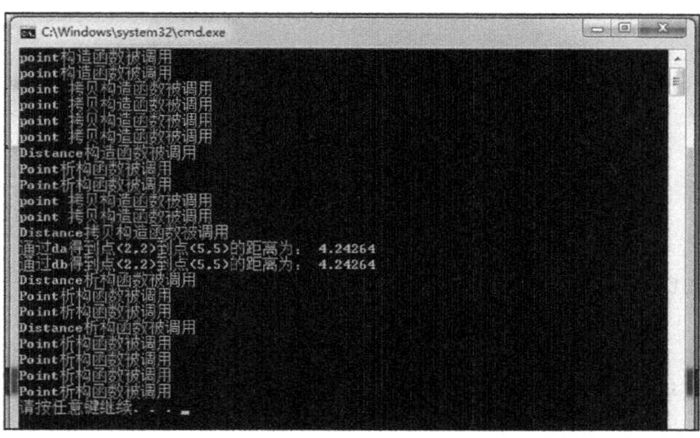

分析：

（1）main()中的第一条语句“Point pa(2,2),pb(5,5);”声明了两个 Point 对象 pa 和 pb，所以 Point 的构造函数被调用 2 次。

（2）第二条语句“Distance da(pa,pb);”把 Point 类的对象 pa 和 pb 传递给形参，并且在 Distance 的构造函数中用 Point 的对象 a、b 对 da 对象的 p1 和 p2 对象成员初始化，所以 Point 的拷贝构造函数被调用了 4 次。在对内嵌类对象 p1、p2 初始化完成后，开始对本类对象进行初始化，所以调用 Distance 的构造函数 1 次。当 Distance 构造函数执行结束前，Point 类的对象 a、b 被删除，因而调用 Point 的析构函数 2 次。

（3）第三条语句“Distance db(da);”调用 Distance 的拷贝构造函数完成对 db 对象的初始化。按照内嵌类对象先构造的原则，先对 db 对象的 Point 类对象成员 p1、p2 进行初始化，所以先调用 Point 类的拷贝构造函数 2 次，再调用 Distance 类的拷贝构造函数 1 次。

（4）第四条、第五条语句“cout<<"通过 da 得到点(2,2)到点(5,5)的距离为："<<da.GetDis ()<<endl;" "cout<<"通过 db 得到点(2,2)到点(5,5)的距离为："<<db.GetDis ()<<endl;”分别输出点（2,2）和点（5,5）之间的距离。

（5）程序运行结束前，按照与构造相反的次序析构各对象。

3.11 程序实例

【例 3-27】 实现一个简单的学生成绩管理系统。

通过该系统，可以进行学生信息的插入、删除和输出。

分析：为了方便对学生信息的操作，应定义一个结构体 Student_s，包括学号、姓名和成绩；设计一个学生类 Student_c，其中数据成员 Student_struct[MAXSIZE]表示最多存放 MAXSIZE 个学生，每个元素代表一个学生；total 为当前线性表中元素的个数，也就是学生的人数。

程序代码如下：

```
#include "stdafx.h"
#include "iomanip"
#include "iostream"
using namespace std;
#define MAXSIZE 50
struct Student_s
{
      long no;
      char name[10];
      float score;
};

class Student_c
{
   private:
     Student_s Student_struct[MAXSIZE];
     int total;
   public:
     Student_c();
     int Insert_seq(int i,Student_s x);                //插入第 i 个学生的信息
     int Delete_seq(int i);                            //删除第 i 个学生
     void Print_seq();                                 //打印所有学生信息
};
void menu();
int main()
{
    Student_c Student_Object;
    int n;
    bool m=true;
    while(m)
```

```
    {
      menu();
      cin>>n;
      switch(n)
      {
       case 1:
       {
         int i;
         Student_s x;
         cout<<"请输入插入位置：";
         cin>>i;
         cout<<"请输入学生的学号、姓名和成绩："<<endl;
         cin>>x.no >>x.name >>x.score ;
         Student_Object.Insert_seq(i,x);
         cout<<"插入后的情况："<<endl;
         Student_Object.Print_seq();
         break;
       }
       case 2:
       {
         int i;
         cout<<"请输入删除位置：";
         cin>>i;
         Student_Object.Delete_seq(i);
         cout<<"删除后的情况："<<endl;
         Student_Object.Print_seq();
         break;
         }
         case 0:m=false;
      }
      }
      return 0;
}
void menu()
{
   cout<<endl;
   cout<<"1.插入"<<endl;
   cout<<"2.删除"<<endl;
   cout<<"0.退出"<<endl;
   cout<<endl;
   cout<<"请选择：";
}

Student_c::Student_c ()
{
     total=0;
}
int Student_c::Insert_seq (int i,Student_s x)
{
    int j;
    if(total==MAXSIZE)
    {
      cout<<"table is full"<<endl;
```

```
            return -1;
        }
        if(i<1||i>(total+1))
        {
            cout<<"place is wrong!"<<endl;
            return 0;
        }
    for(j=total-1;j>=i-1;j--)
    {
          Student_struct[j+1]=Student_struct[j];
    }
    Student_struct[i-1]=x;
    ++total;
    return 1;
    }
    int Student_c::Delete_seq (int i)
    {
        int j;
        if(i<1||i>total)
        {
            cout<<"this element don't exist!"<<endl;
            return -1;
        }
        for(j=i;j<=total-1;j++)
        {
            Student_struct[j-1]=Student_struct[j];
        }
        --total;
        return 1;
    }
    void Student_c::Print_seq ()
    {
          int i;
          for (i=0;i<=total-1;i++)
          {
              cout<<Student_struct[i].no<<setw(10)<<Student_struct[i].name
                     <<setw(10)<<Student_struct[i].score <<endl;
          }
          cout<<endl<<endl;
    }
```

程序运行结果如下。

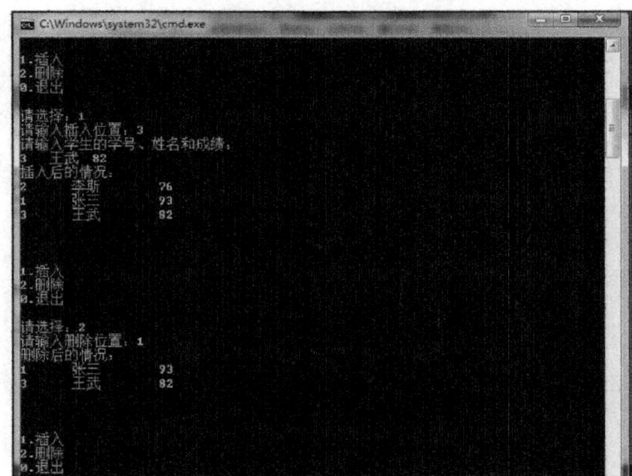

小　　结

1. 类和对象

类是面向对象程序设计的核心，它是一种自定义数据类型，是实现抽象类型的工具，是对某一种对象的抽象。对象是类的实例，定义了类后，才能定义类的对象。只有定义了对象，系统才会为其分配存储空间。

同类型的对象之间可以相互进行赋值，当通过一个对象给另一个同类型的对象赋值时，所有的数据成员都会逐位复制，但如果类中存在指针类型的数据成员，则不能简单地将一个对象的值赋予另一个对象，否则会产生错误。

2. 构造函数和析构函数

构造函数是用来给对象的数据成员赋初值，也就是初始化对象。析构函数的功能是在对象删除之前，用来做一些内存释放等清理工作。

构造函数的名字必须与类名相同，构造函数没有返回值，可以重载。如果没有对类定义构造函数，系统会自动生成一个只负责对象创建，不做任何初始化的默认构造函数。

析构函数的名字必须是“~”加上类名，不能被重载，不能有参数和返回值。如果没有对类定义析构函数，系统会自动生成一个默认的析构函数。

当系统声明了多个对象时，这些对象的析构函数和构造函数两者的调用次序相反，最先构造的对象最后被析构，最后构造的对象最先被析构。

3. 对象数组和对象指针

对象数组是指数组的每一个元素都是对象的数组，它不仅具有数据成员，而且还有成员函数。

对象指针是用于存放对象地址的变量，访问一个对象既可以通过对象名访问，也可以通过对象的地址访问。

C++为非静态成员函数提供了一个名字为 this 的局部指针变量，称为自引用指针。当对象调用成员函数时，系统就将 this 指针初始化为指向该对象的指针，然后调用成员函数。当成员函数处理数据时隐含使用 this 指针。当不同对象调用同一成员函数时，将根据 this 指针所指向的对象来确定应该引用哪一个对象的数据成员。

4. 函数参数的传递机制

对象作为参数传递给函数的方法与传递其他类型参数的数据相同。在向函数传递对象时，是通过传值方式进行的，因此作为形参的对象，其数据的改变不会影响实参对象。

对象指针作为参数传递给函数，是通过传址方式进行的，因此作为形参的对象，其数据的改变将影响实参对象。

对象引用作为参数传递给函数，形参是实参的别名，因此作为形参的对象，其数据的改变将影响实参对象。

5. 对象的赋值和复制

如果对一个类定义了两个或多个对象，则这些同类的对象之间就可以互相赋值，或者说，一个对象的值可以赋给另一个同类的对象。赋值的过程是将一个对象的数据成员在存储空间的状态复制给另一对象的数据成员的存储空间。

拷贝构造函数，是一种特殊的构造函数，其形参是本类对象的引用，其作用是使用一个已经存在的对象，去初始化同类的一个新对象。

6. 类的组合

类的组合是指一个类内嵌其他类的对象作为本类的成员。当创建类的对象时，如果类具有内嵌对象成员，那么在创建类的对象时，既要对本类的基本类型数据成员进行初始化，同时也要对内嵌对象成员进行初始化。

习　题

1. 在类的定义中，包含几类成员？分别是什么？

2. C++中类成员的访问控制权限有哪几种？各有何特点？

3. 什么是构造函数和析构函数？其作用各是什么？对构造函数和析构函数有哪些要求？

4. 在C++中，对析构函数有哪些要求？

5. 在C++中，函数的参数传递有几方式？分别是什么？

6. 什么是this指针？它有什么作用？

7. 什么是拷贝构造函数？什么情况下调用此函数？

8. 什么是组合类？创建和删除组合类时，构造函数和析构函的调用顺序是什么？

9. 设计一个名为Rectangle的矩形类，其属性为矩形的左上角和右下角两个点的坐标，能计算和输出矩形的周长和面积。

10. 声明一个datatype类，能处理包含字符型、整型和浮点型3种类型的数据，给出其构造函数。

11. 一矩形体育场如下图所示，现在需在其周围建一矩形过道，并在四周围安上栅栏。栅栏价格为50元/米，过道造价为240元/米^2。过道宽为3米，体育场的长宽由键盘输入。请编写程序计算并输出过道和栅栏的造价。

12. 定义一个员工类，员工信息由编号、姓名、性别、年龄、职务、职称、岗位、薪酬等组成，要求利用队列实现员工的增加、删除和输出等功能。

13. 设计一个复数类，要求对其构造函数进行重载。

第 4 章 类与对象的其他特性

C++是适合于编写大型复杂程序的语言，数据的共享和保护机制是 C++的重要特性之一。本章主要介绍类的静态成员的定义和使用，实现类成员数据的共享机制；友元函数、友元类的定义和使用，实现不同类或对象的成员函数、类的成员函数与一般函数之间的数据共享机制；类的作用域和对象的生存期；C++中常量对象、常量成员和常量引用等的定义和使用。

【学习目标】

（1）掌握类的静态成员（静态数据成员和静态成员函数）的定义和使用方法；

（2）掌握友元函数、友元类的作用、定义和使用方法；

（3）了解类的作用域，理解对象的类型和生存期；

（4）掌握各种常量的特点、定义和使用方法。

4.1 类的静态成员

静态成员解决了同一个类的不同对象之间数据成员和成员函数的共享问题。

4.1.1 静态数据成员

如果为一个类建立了多个对象，那么每一个对象都分别有自己的数据成员。不同对象的数据成员有各自的值，互不相干，很好地实现了数据的封装与隐藏。但在有些情况下，我们可能希望有某一个或几个数据成员为同一个类的所有对象共有，也就是实现数据共享，若是采用类的普通数据成员的定义，这一目的是无法达到的。

当然这个问题可以通过定义一个或几个全局变量来解决，但如果在一个程序文件中有多个函数，那么在任何一个函数中都可以改变全局变量的值，这样全局变量的安全性就得不到保证，会破坏了类的封装性，也做不到信息隐藏。因此在实际程序编写中，很少使用全局变量。

如何才能既实现数据的共享，又不会破坏数据的封装与隐藏呢？C++通过静态数据成员来解决这个问题。静态数据成员是类的所有对象共享的数据成员，而不只是某个对象的数据成员。使用静态数据成员的好处在于不但实现了数据共享，而且可以节省所使用的内存空间。系统给静态数据成员单独分配了一块存储区域，不论定义了多少个类的对象，静态数据成员的值对每个对象都是一样的。只要对静态数据成员的值更新一次，就可以保证所有对象都会存取更新后的值，这样可以提高时间效率。

4.1.2 静态数据成员的定义

静态数据成员是一种特殊的数据成员类型，它的定义以关键字 static 开头。

静态数据成员定义的格式为：

```
static 类型名 静态数据成员名;
```

【例 4-1】 定义一个学生类 Student，其中包含的数据成员为学生姓名、学号、成绩，以及学生总人数。

程序代码如下：

```
class Student
{
  Private:
     char stu_name[10];
     int stu_no;
     float score;
     static int total;     //静态数据成员的定义
  public:
    Student(char *name, int no, float sco);
    void Print( );
};
```

说明：

（1）静态数据成员和普通数据成员一样遵从 public、protected、private 访问规则。

（2）静态数据成员属于本类的所有对象共享，不属于特定的类对象，在没有产生类对象时其作用域就可见，即在没有产生类的实例时，就可以操作它。

4.1.3 静态数据成员的初始化

静态数据成员不能在类的构造函数中初始化，因为静态数据成员为类的各个对象共享，如果可以在类的构造函数中初始化，那么每创建一个类的对象，静态数据成员就要被重新初始化一次，这显然不是所期望的。

静态数据成员也不可在类的体内进行赋初值，因为若在一个对象里给它赋初值，其他对象里的该数据成员也会发生变化。静态数据成员的初始化工作只能在类外，并且在对象生成之前进行。

静态数据成员的初始化与一般数据成员初始化不同，其格式为：

```
类型 类名::静态数据成员=初始化值;
```

说明：

（1）静态数据成员初始化在类体外进行，而且前面不加 static，以免与一般静态变量或对象相混淆。

（2）初始化时不加该成员的访问权限控制符。

（3）初始化时使用作用域运算符来标明它所属类，因此，静态数据成员是类的成员，而不是对象的成员。

【例 4-2】 类的静态数据成员初始化举例。

```
#include "stdafx.h"
#include"iostream"
#include<math.h>
using namespace std;
class Myclass
```

```
{
  private:
    int A, B, C;
    static int Sum;
  public:
    Myclass(int a,int b,int c);
    void GetNumber();
    void GetSum();
};
int Myclass::Sum = 0;                          //静态数据成员的初始化
Myclass::Myclass(int a, int b, int c)
{
    A=a;
    B=b;
    C=c;
    Sum+=A+B+C;
}
void Myclass::GetNumber()
{
     cout<<"Number="<<A<<","<<B<<","<<C<<endl;
}
void Myclass::GetSum()
{
     cout<<"Sum="<<Sum<<endl;
}
int main()
{
     Myclass M(3, 7, 10),N(14, 9, 11);
     M.GetNumber();
     N.GetNumber();
     M.GetSum();
     N.GetSum();
     return 0;
}
```

程序运行结果如下。

从输出结果可以看到，Sum 的值对 M 对象和 N 对象是相同的。这是因为在初始化 M 对象时，将 M 对象的 3 个 int 型数据成员的值求和后赋予了 Sum，于是 Sum 保存了该值。在初始化 N 对象时，对将 N 对象的 3 个 int 型数据成员的值求和后又加到 Sum 已有的值上，于是 Sum 将保存最后的值。所以，不论是通过对象 M，还是通过对象 N 来引用，Sum 的值都是一样的，即为 54。

4.1.4　静态数据成员的使用

静态数据成员属于类，而不属于任何一个对象，因此在类外需要通过类名对它进行访问。静态数据成员的访问形式为：

```
类名::静态数据成员;
```

当然它也可以通过对象名引用，通过对象名访问的形式为：

```
对象名.静态数据成员;
```

【例 4-3】 类的静态数据成员使用。

```
#include "stdafx.h"
#include <iostream>
#include <string>
using namespace std;
class Date
{
    private:
      int month;
      int day;
      int year;
    public:
        static int n;
        Date(int m,int d,int y)          //带参数的构造函数
        {
            month=m;
            day=d;
            year=y;
            n++;
        }
        Date(const Date& d)              //拷贝构造函数
        {
            month=d.month;
            day=d.day;
            year=d.year;
            n++;
        }
      ~Date( )                           //析构函数
      {
          n--;
      }
      void display( )
      {
          cout<<year<<"-"<<month<<"-"<<day<<endl;
      }
};
int Date::n=0;
int main( )
{
    Date date1(5,20,2010);
    cout<<"Date 对象的个数为:"<< Date::n <<endl;
    cout<<"Date 对象的个数为:"<<date1.n <<endl;
    Date date2=date1;
    cout<<"Date 对象的个数为:"<< Date::n <<endl;
    cout<<"Date 对象的个数为:"<<date2.n <<endl;
    date1.display( );
    date2.display( );
    return 0;
}
```

程序运行结果如下。

```
C:\Windows\system32\cmd.exe
Date对象的个数为:1
Date对象的个数为:1
Date对象的个数为:2
Date对象的个数为:2
2010-5-20
2010-5-20
请按任意键继续. . .
```

说明：在类 Date 中定义了一个静态数据成员 n，用它来表示当前类 Date 的对象的个数。在类的构造函数和拷贝构造函数中，让静态数据成员 n 执行加 1 操作。在类的析构函数中让静态数据成员 n 执行减 1 操作。

4.1.5 静态成员函数

同数据成员可以定义为静态数据成员一样，成员函数也可以定义为静态的，定义格式为:

```
static 返回类型 静态成员函数名(参数表);
```

同普通成员函数一样，静态成员函数可以在类内定义，也可以在类外定义。在类外定义时，和普通成员函数的定义格式相同，而不要使用 static 前缀。

同静态数据成员一样，静态成员函数是类的一部分，而不是对象的一部分。如果要在类外调用公用的静态成员函数，要使用类名和域运算符“::”，其格式为：

```
类名::静态成员函数名（实参表）;
```

当然也允许通过对象名来调用静态成员函数，格式为：

```
对象名.静态成员函数名（实参表）;
```

但这并不意味着此函数是属于某一对象的。

与非静态数据成员不同，静态成员函数的作用不是为了对象之间的沟通，而是为了能处理静态数据成员。

我们已经知道，当调用一个对象的非静态成员函数时，系统会把该对象的起始地址赋予成员函数的 this 指针。而静态成员函数不属于某一对象，因此它没有 this 指针。由此可以得出静态成员函数不能访问类的默认非静态成员（包括非静态数据成员和非静态成员函数），只能访问本类中的静态成员（包括静态数据成员和静态成员函数）。

如以下语句：

```
class A
{
  int y;
  static x;
 public:
  static void Output()
  {
       cout<<x<<endl;  //正确，x 已声明为 static，则引用本类中的静态成员合法
       cout<<y<<endl;  //错误，y 是非静态数据成员，不合法
  }
 };
```

那么，静态成员函数就真的完全不能引用本类中的非静态成员吗？答案是否定的。

【例 4-4】 静态成员函数访问本类非静态成员应用。

```
#include "stdafx.h"
#include <iostream>
using namespace std;
class Point
{
```

```
    public:
      Point(int a,int b)
      {
        x=a;
        y=b;
      }
      static void f1(Point m);
    private:
       int x;
       static int y;
};
void Point::f1(Point m)
{
  cout<<"x="<<m.x<<endl;     //静态成员函数中通过对象来引用非静态成员
  cout<<"y="<<y<<endl;
}
int Point::y=0;               //静态数据成员初始化
int main()
{
   Point P1(5,5),p2(10,15);
   Point::f1(P1);
   Point::f1(p2);
   Return 0;
}
```

程序运行结果如下。

由例 4-4 可以看出，静态成员函数不能引用本类的非静态成员并不是绝对的，只是不能进行默认访问，因为无法知道应该去找哪个对象。如果一定要引用本类的非静态成员，应该加对象名和成员运算符“.”，通过对象来调用非静态成员。

而如果程序中没有实例化的对象，则只能通过“类名::”访问静态成员函数；如果有实例化对象，则既可以通过类名方式访问静态成员函数，也可以用对象名访问静态成员函数，但我们更习惯于用“类名::”访问静态成员函数。

通过下例可以具体了解有关引用非静态成员的具体方法。

【例 4-5】 静态成员函数应用。

```
#include "stdafx.h"
#include <iostream>
using namespace std;
class Student                  //定义 Student 类
{
     int num;
     int age;
     float score;
     static float sum;           //静态数据成员
     static int count;           //静态数据成员
   public:
     Student(int n,int a,float s):num(n),age(a),score(s){ }
                                         //定义构造函数
```

```
    void total( );
    static float average( );            //声明静态成员函数
};
void Student::total()                   //定义非静态成员函数
{
    sum+=score;                         //计算总分
    count++;                            //累统计总人数
}
float  Student::average( )              //定义静态成员函数
{
   return(sum/count);
}

float Student::sum=0;                   //对静态数据成员初始化
int Student::count=0;                   //对静态数据成员初始化

int main( )
{
 Student stu[10]={                      //定义对象数组并初始化
   Student(10010,18,93),
   Student(10020,19,68),
   Student(10030,19,79),
   Student(10040,19,82),
   Student(10050,17,62),
   Student(10060,19,86),
   Student(10070,20,72),
   Student(10080,19,87),
   Student(10090,19,65),
   Student(10100,20,98)
   };
 int n;
 cout<<"请输入学生个数(1--10):";
 cin>>n;                                //输入需要求前面多少名学生的平均成绩
 for(int i=0;i<n;i++)
    stu[i].total( );
 cout<< n<<"位学生的平均成绩为 "<<Student::average( )<<endl;
                                        //调用静态成员函数
 return 0;
}
```

程序运行结果如下。

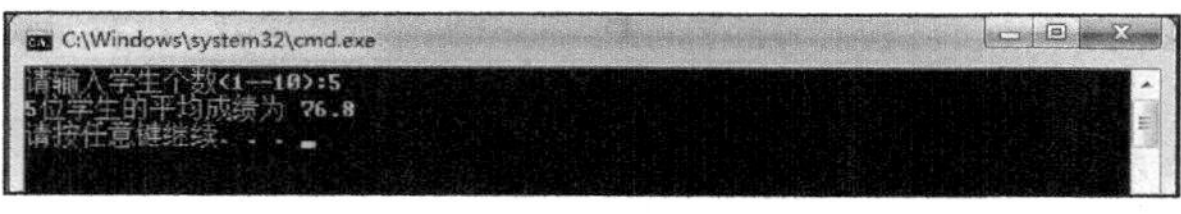

4.2　友　　元

类具有封装和信息隐藏的特性。只有类的成员函数才能访问类的私有成员，而其他函数是无法访问类的私有成员的。非成员函数可以访问类的公有成员，但若将数据成员都定义为公有的，这将破坏数据隐藏的特性。而且，我们应该看到在某些特殊情况下，特别是在对某些成员函数进行多次调用时，由于参数传递，类型检查和安全性检查等都需要时间开销，将会影响程序的运行效率。

C++提供了用友元机制来解决上述问题。友元既可以是不属于任何类的一般函数，也可以是另一个类的成员函数，还可以是整个一个类。

对于一个类而言，它的友元是一种定义在该类外部的或者普通函数或者另一个类的成员函数或者另一个类，但需要在该类体内进行说明，在说明时前面需加关键字 friend。它的友元虽然不是该类的成员函数，但是可以访问该类的私有成员。友元的作用在于提高程序的运行效率，但是，它破坏了类的封装性和隐藏性，使得非成员函数可以访问类的私有成员。

当友元是一个函数时，我们称该函数为友元函数；当友元是一个类时，我们称该类为友元类。

4.2.1 友元函数

友元函数不是当前类中的成员函数，它既可以是一个不属于任何类的一般函数，也可以是另外一个类的成员函数。将一个函数声明为一个类的友元函数后，它不但可以通过对象名访问类的公有成员，而且可以通过对象名访问类的私有成员和保护成员。

1. 非成员函数作为友元函数

声明非成员函数作为友元函数的语句格式为：

```
friend 返回值类型  函数名（参数表）；
```

【例 4-6】 非成员函数作为友元函数应用。

```
#include "stdafx.h"
#include <iostream>
#include <string>
using namespace std;

class Date
{
     int month;
     int day;
     int year;
  public:
    Date(int y,int m,int d);
    Date(Date &d);
    void display();
    friend void modifyDate(Date& date,int year,int month,int day);
         //声明类 Date 的友元函数
};
void modifyDate(Date& date,int year,int month,int day) //友元函数定义
{
   date.year=year;
   date.month=month;
   date.day=day;
}
int main( )
{
    Date date1(2012,12,21);
    Date date2=date1;
    date1.display( );
```

```
    date2.display( );
    modifyDate(date1,2010,12,21);
    modifyDate(date2,2011,12,21);
    date1.display( );
    date2.display( );
    return 0;
}

    Date::Date(int y,int m,int d)
 {
      month=m;
      day=d;
      year=y;
      }
Date::Date(Date &d)
{
    year=d.year;
    month=d.month;
    day=d.day;
}
void Date::display()
{
     cout<<year<<"-"<<month<<"-"<<day<<endl;
}
```

程序运行结果如下。

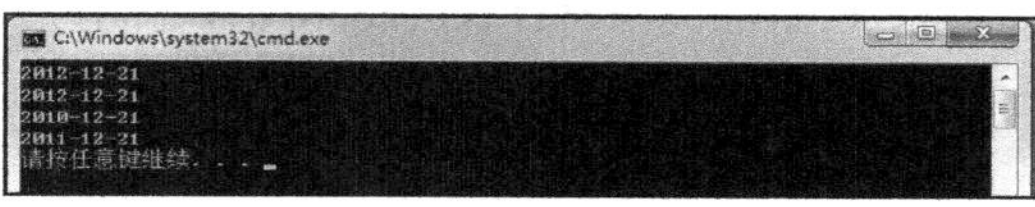

说明：类 Date 的数据成员都是私有的，因此不能通过类 Date 的对象修改各个数据成员的值。这里通过类 Date 的友元函数 modifyDate 来修改私有数据成员。把 modifyDate 函数的声明写在类 Date 内，加上关键字 friend 指示其为类 Date 的友元函数，在类外实现函数的定义。

2. 类的成员函数作为友元函数

一个类的成员函数作为另一个类的友元函数的语句格式为：

```
friend 返回值类型 类名::函数名（参数表）;
```

【例 4-7】 类的成员函数作为另一个类的友元函数应用。

```
#include "stdafx.h"
#include "iostream"
using namespace std;
class Time;
class Date
{
     int year;
     int month;
     int day;
  public:
    Date(int y,int m,int d);
    void Calcutetime(Time t);
};
class Time
{
      int hour;
      int minute;
```

```
        int second;
    public:
      Time(int h,int m,int s);
      friend void Date::Calcutetime(Time t);   //友元函数
};
int main()
{
      Date date(2012,12,21);
      Time time(18,42,25);
      date.Calcutetime(time);
      return 0;
}
Date::Date(int y,int m,int d):year(y),month(m),day(d){}
Time::Time(int h,int m,int s):hour(h),minute(m),second(s){}
void Date::Calcutetime (Time t)
{
      int mon[12]={31,28,31,30,31,30,31,31,30,31,30,31};
      int i,days=0,totaltime;
      for(i=1;i<month;i++)
        days=days+mon[i-1];
      if((year%4==0 && year %100!=0 ||year %400==0)&&month >=3)
        days=days+1;
      days+=day-1;
      totaltime=((days*24+t.hour)*60+t.minute)*60+t.second ;
       cout<<year <<'-'<<month <<'-'<<day <<"    ";
       cout<<t.hour <<':'<<t.minute <<':'<<t.second <<endl;
       cout<<"total time:  "<<totaltime<<"  seconds"<<endl;
}
```

程序运行结果如下。

说明：由于将类 Date 中的成员函数 Calcutetime 声明为类 Time 的友元函数，因此在 Calcutetime 函数中不仅可以访问本类的私有数据成员 year、month 和 day，而且可以通过对象 time 访问类 Time 中的私有数据成员 hour、minute 和 second。

关于友元函数的几点说明如下。

（1）由于友元函数不是类的成员函数，所以对友元函数指定访问权限无效，因此可以把友元函数的说明放在 private、public、protected 的任意段中。

（2）使用友元函数可以提高程序的执行效率。

（3）友元函数要慎用，因为它可以在类外通过对象直接访问类的私有或保护成员，破坏了类的信息隐蔽性。

4.2.2 友元类

使用友元函数可以使函数能够访问某个类中的私有（private）和保护（protected）成员。如果希望 A 类中的所有成员函数都能够访问 B 类中所有私有和保护成员，可以将 A 类中的每个成员函数声明为 B 类的友元函数，但这样做显得比较烦琐。为此，C++提供了友元类，也就是一个类可以声明为另一个类的友元类。若 A 类声明为 B 类的友元类，那么，A 类中的每一个成员函数都可以访问 B 类中的任何类型的成员。

声明友元类的语句格式为：

```
friend class 类名;
```

【例 4-8】 友元类应用。

```
#include "stdafx.h"
#include <iostream>
#include <string>
using namespace std;
class DateFriend;                  //类声明
class Date
{
   private:
      int month;
      int day;
      int year;
   public:
     Date(int m,int d,int y) ;
     friend class DateFriend;        //定义友元类
};
class DateFriend
{
  public:
    void modifyDate(Date& date,int month,int day,int year);
    void display(const Date& date);
};
int main( )
{
      Date date1(12,20,2012);
      Date date2(12,21,2012);
      DateFriend dateFriend;
      dateFriend.display(date1);
      dateFriend.display(date2);
      dateFriend.modifyDate(date1,12,12,2012);
      dateFriend.modifyDate(date2,12,12,2012);
      dateFriend.display(date1);
      dateFriend.display(date2);
      return 0;
}
Date::Date(int m,int d,int y)
{
   month=m;
   day=d;
   year=y;
}
void DateFriend::modifyDate(Date& date,int month,int day,int year)
{
   date.month=month;
   date.day=day;
   date.year=year;
}
void DateFriend::display(const Date& date)
{
     cout<<date.year<<"-"<<date.month<<"-"<<date.day<<endl;
}
```

程序运行结果如下。

```
2012-12-20
2012-12-21
2012-12-12
2012-12-12
请按任意键继续. . .
```

说明：类 Date 没有提供数据成员的修改功能。为了能够对其私有数据成员进行操作，程序中定义了一个友元类 DateFriend 来完成类 Date 私有成员的修改和显示。在类 Date 中使用 friend 关键字声明一个友元类 DateFriend，在 DateFriend 中通过 modifyDate 函数修改 Date 对象的私有数据成员，通过 display 函数显示 Date 对象的私有数据成员。

4.3 类的作用域和对象的生存期

4.3.1 类的作用域

作用域是指一个标识符的有效范围。C++中标识符的作用域有函数原型作用域、块作用域、类作用域和文件作用域。

类作用域是指在类的定义中由一对花括号所括起来的部分，包括数据成员和成员函数。

在类的作用域中，类的成员函数可以不受限制地访问本类的成员（数据成员和成员函数）。在类的作用域之外，类的成员通过对象的句柄访问，句柄可以是对象名、对象引用或对象指针。

在类的成员函数中定义的标识符有函数作用域。如果类的成员函数中定义了与类作用域内变量同名的另一个变量，那么在函数作用域内，函数作用域内的变量将隐藏类作用域内的变量。要在函数中访问这种被隐藏的类作用域变量，就需要在其前面添加类名和作用域运算符（“::”）。

圆点成员选择运算符（“.”）与对象名或对象引用结合使用，即可访问对象成员。箭头成员选择运算符（“->”）与对象指针结合使用，也可访问对象成员。

【例 4-9】 类的作用域应用。

```
#include "stdafx.h"
#include "stdafx.h"
#include <iostream>
using namespace std;
class Count
{
   public:
    int x;
    void Calcute(int x)
    {
     int y;
     y=x+2;
        //形参 x 与类的数据成员 x 同名，因此在函数中，类的数据成员被隐藏
     Count::x =y*2;                    //由于类的数据成员 x 被隐藏，要访问它需类作用符
     }
     void print()
     {
         cout<<x<<endl;
     }
```

```
};
int main ()
{
    Count count;                  //定义 Count 类的对象 count
    Count *count_Ptr = &count;    //定义 Count 类的指针 coun_Ptr,并指向 count 对象

    count &count_Ref = count;
                                  //定义 Count 类的引用 coun_Ref,它是 count 对象的别名
    cout<<"使用对象名"<<endl;
    count.x=1;
    cout<<"调用 Calcute 函数前 x=";
    count.print();
    count.Calcute (count.x);
    cout<<"调用 Calcute 函数后 x=";
    count.print();
    cout<<"使用引用";
    count_Ref.x = 2;
    cout<<"调用 Calcute 函数前 x=";
    count_Ref.print();
    count.Calcute (count_Ref.x);
    cout<<"调用 Calcute 函数后 x=";
    count.print();
    cout<<"使用指针";
    count_Ptr->x = 3;
    cout<<"调用 Calcute 函数前 x=";
    count_Ptr-> print();
    count.Calcute (count_Ptr->x);
    cout<<"调用 Calcute 函数后 x=";
    count.print();
    return 0;
}
```

程序运行结果如下。

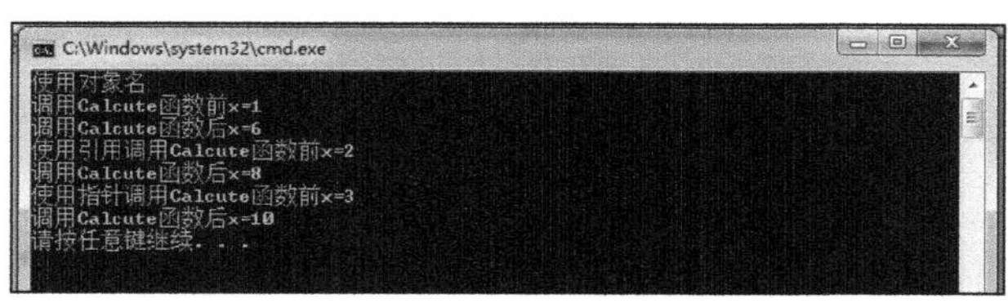

说明：

（1）例 4-9 中，将类 Count 的数据成员 x 设为 public，目的是演示如何利用句柄（如名称、引用或指针）访问 public 成员。

（2）在函数 Calcute 中，该函数的形参 x 与类的数据成员 x 同名，因此在函数中，数据成员 x 被隐藏，要访问它需使用类作用符“::”。

4.3.2 对象的生存期

对象的生存期是指对象从被创建开始到被释放为止的时间。按生存期的不同，对象可分为局部对象、静态对象、全局对象和动态对象 4 种。

1．局部对象

局部对象是指定义在一个程序块或函数体内的对象。当定义对象时，系统自动调用构造函数，该对象被创建，对象的生存期开始。当退出该对象所在的函数体或程序块时，调用析构函数，释放该对象，对象的生存期结束。

2．静态对象

静态对象是指以关键字 static 标识的对象。当定义对象时，系统自动调用构造函数，该对象被创建，对象的生存期开始。当程序结束时调用析构函数，该对象被释放，对象的生存期结束。因此，静态对象的生存期从定义该对象时开始，到整个程序结束时终止。

3．全局对象

全局对象是指定义在函数体外的对象。它的作用域从定义时开始到程序结束时终止。当程序开始时，系统自动调用构造函数，该对象被创建，对象的生存期开始。当程序结束时调用析构函数，该对象被释放，对象的生存期结束。因此，全局对象的生存期从程序开始运行时开始，到整个程序结束时终止。

4．动态对象

动态对象是指以运算符 new 创建，以运算符 delete 释放的对象。当程序执行运算符 new 时创建该动态对象，对象的生存期开始。当执行运算符 delete 时释放该动态对象，对象的生存期结束。因此，动态对象的生存期从运算符 new 创建时开始，到以运算符 delete 释放时终止。

【例 4-10】 对象生存期应用。

```
#include "stdafx.h"
#include "iostream"
using namespace std;
class ObjectLife
{
     char cha;
   public:
     ObjectLife(char c)
     {
       cha=c;
       cout<<"construct    "<<cha<<endl;
     }
    ~ObjectLife()
     {
       cout<<"destruct     "<<cha<<endl;
     }
};
ObjectLife A('A');                                  //定义全局对象
void fun()
{
   cout<<"inside fun"<<endl;
   static ObjectLife B('B');                        //定义静态对象
   ObjectLife C('C');                               //定义局部对象
   cout<<"outside fun"<<endl;
}
int main()
{
   cout<<"inside main"<<endl;
   ObjectLife *D= new ObjectLife('D');              //定义动态对象
```

```
    fun();
    delete D;                                    //释放动态对象
    cout<<"outside main"<<endl;
    return 0;
}
```

程序运行结果如下。

说明：在该程序中分别定义了全局对象 A、静态对象 B、局部对象 C 和动态对象 D。从运行结果可以看出，当程序开始运行时，首先创建全局对象 A，然后进入 main 函数。在 main 中按照顺序首先创建动态对象 D，然后调用 fun 函数。在 fun 函数里，分别创建静态对象 B 和局部对象 C，并在离开函数 fun 时，释放局部对象 C。返回 main 函数后，接着执行释放动态对象 D。最后在终止程序运行时释放静态对象 B 和全局对象 A。

4.4　常量类型

数据隐藏保证了数据的安全性，但不同形式的数据共享又在不同程度上破坏了数据的安全性。因而，对于既需要共享，又需要防止值被改变的数据，应该声明其为常量。常量在程序运行过程中其值是不可改变的，因而可以有效保护数据。

在 C++中，常量的定义使用类型修饰符 const。由于常量的值在程序运行过程中不能被更新，因此，定义或说明常量时必须对其进行初始化。

常量包含简单数据类型常量、对象类型常量（常量对象）、引用类型常量（常量引用）、常量对象成员（包括常量成员函数和常量数据成员）、数组常量（常量数组）和指针常量（常量指针）等。本节介绍常量对象、常量成员、常量引用、常量指针和指向常量的指针。

4.4.1　常量对象

常量对象的特点是它的数据成员的值在对象的整个生存期内都不能被修改。

常量对象的定义格式如下：

```
<类名> const <对象名>;
```

或者

```
Const <类名> <对象名>;
```

（1）定义常量对象时，要同时对其进行初始化，并且该对象不能再被更新；

（2）修饰符 const 可以放在类名后面，也可以放在类名前面。

4.4.2 常量成员

类的常量成员包括常量成员函数和常量数据成员。

1. 常量成员函数

常量成员函数的定义要使用const关键字，其定义格式为：

```
<返回值类型> 函数名（参数表）const;
```

说明：

（1）const是函数类型的一部分，在实现部分也要带该关键字。

（2）const关键字可用于区分重载函数。

（3）常量成员函数不能更新类的数据成员的值，也不能调用该类中没有用 const 修饰的成员函数，只能调用常量成员函数。

【例4-11】 常量成员函数、常量对象应用。

```
#include "stdafx.h"
#include "iostream"
using namespace std;

class Rectangle
{
    int w,h;
  public:
    int getValue1() const;
    int getValue();
    void setValue(int a,int b);
    void setValue(int x,int y)  const;
                  //const关键字可以用于对重载函数的区分
    Rectangle(int x,int y);
    Rectangle(){}
};
int main()
{
    Rectangle const a(3,4);               //定义常量对象
    a.setValue(10,20);                    //常量对象可以调用常量成员函数
    Rectangle c(2,6);                     //定义普通对象
    c.setValue (10,20);
    cout<<a.getValue()<<endl;             //错误，常量对象不能调用非常量成员函数
    cout<<a.getValue1 ()<<endl;
    cout<<c.getValue()<<endl;
    cout<<c.getValue1() <<endl;
    return 0;
}
int Rectangle::getValue1() const
{
   return w*h;
}

 int Rectangle::getValue()
{
    return w+h;
}
 void Rectangle::setValue(int a,int b)
```

```
 {
    w=a;h=b;                                    //可以更新数据成员
    getValue1();                                //正确，非常量成员函数可以调用常量成员函数
 }
 void Rectangle::setValue(int a,int b) const
 {
    w=a;h=b;                                    //错误，常量成员函数不能更新任何数据成员
    getValue();                                 //错误，常量成员函数不能调用非常量成员函数
    getValue1();                                //正确，常量成员函数可以调用常量成员函数
 }
Rectangle::Rectangle(int x,int y)
{
    w=x;
    h=y;
}
```

编译该程序将提示下列错误。

错误列表
4 个错误 | 0 个警告 | 0 个消息
说明
1 error C2662: "Rectangle::getValue" : 不能将 "this" 指针从 "const Rectangle" 转换为 "Rectangle &"
4 error C2662: "Rectangle::getValue" : 不能将 "this" 指针从 "const Rectangle" 转换为 "Rectangle &"
3 error C3490: 由于正在通过常量对象访问 "h" ，因此无法对其进行修改
2 error C3490: 由于正在通过常量对象访问 "w" ，因此无法对其进行修改

从该程序段可以看出如下所述几点。

（1）常量对象只能调用类的常量成员函数，不能调用类的非常量成员函数。

（2）常量成员函数内，不能修改类的数据成员。

（3）常量成员函数只能调用类的其他常量成员函数，不能调用类的非常量成员函数。

（4）const 关键字可以用于区分重载函数。

（5）非常量成员函数不但可以调用非常量成员函数，也可以调用常量成员函数。

（6）const 是函数类型的一个组成部分，因此在函数的定义部分也要带 const 关键字。

【例 4-12】 对例 4-11 修改后的结果。

```
#include "stdafx.h"
#include "iostream"
using namespace std;

class Rectangle{
     int w,h;
   public:
     int getValue() const;
     int getValue();
     Rectangle(int x,int y);
     Rectangle(){}
};
int main()
{
     Rectangle const a(3,4);
     Rectangle c(2,6);
     cout<<a.getValue()<<endl;
     cout<<c.getValue()<<endl;
     return 0;
}
int Rectangle::getValue() const
```

```
{
    return w*h;
}

int Rectangle::getValue()
{
    return w+h;
}
Rectangle::Rectangle(int x,int y)
{
    w=x;
    h=y;
}
```

程序运行结果如下。

2. 常量数据成员

与一般数据类型一样，类的数据成员也可以是常量。使用 const 关键字说明的数据成员为常量数据成员。若在一个类中定义了常量数据成员，那么除构造函数外的任何函数都不能对该数据成员赋值。而且构造函数对该数据成员进行初始化时，只能通过初始化列表进行。

【例 4-13】 常量数据成员应用。

```
#include "stdafx.h"
#include "iostream"
using namespace std;
class A
{
    const int a;                          //常量数据成员
    static const int b;                   //静态常量数据成员
  public:
    A();
    A(int i);
    void Output();
};
const int A::b =20;                       //静态常量数据成员在类外初始化
A::A ()
{
    a=10;                                 //错误，常量数据成员不能在函数内赋值
}
A::A(int i):a(i)                          //正确，常量数据成员通过初始化列表初始化
{}
void A::Output ()
{
   cout<<a<<":"<<b<<endl;
}
int main()
{
    A a1(10),a2;
    a1.Output ();
    a2.Output();
    return 0;
}
```

编译该程序将提示下列错误。

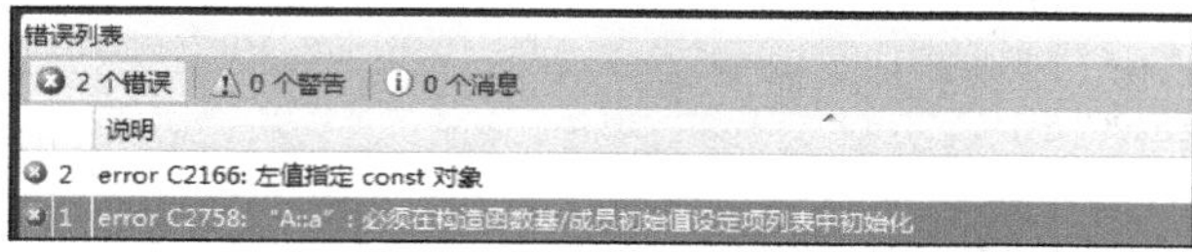

从该程序段可以看出如下所述几点。

（1）常量数据成员只能通过构造函数的初始化列表初始化。

（2）静态常量数据成员的初始化工作与静态非常量数据成员的初始化方法相同，必须在类外进行。

【例 4-14】 对例 4-13 修改后的结果。

```
#include "stdafx.h"
#include "iostream"
using namespace std;
class A
{
      const int a;
      static const int b;
  public:
      A();
      A(int i);
      void Output();
}
 const int A::b =20;
 A::A ():a(15)
 {
 }
 A::A(int i):a(i)
 {}
 void A::Output ()
 {
      Cout<<a<<":"<<b<<endl;
 }
int main()
{
      A a1(10),a2;
      a1.Output ();
      a2.Output();
      return 0;
}
```

程序运行结果如下。

4.4.3　常量引用

在声明引用时用 const 修饰，那么被声明的引用就是常量引用。常量引用所引用的对象不能被改变。若用常量引用作为函数的形参，那么就不会发生实参被不小心更改的情况了。

常量引用的声明格式如下：

```
const 类型说明符 &引用名;
```

【例 4-15】 常量引用应用。

```
#include "stdafx.h"
#include "iostream"
using namespace std;
void Output(const int &i)
{
    i++;                        //错误，常量引用作为形参，其值不能被改变
    cout<<i<<endl;
}

int main()
{
   int i=12;
   Output(i);
   return 0;
}
```

编译该程序将提示下列错误。

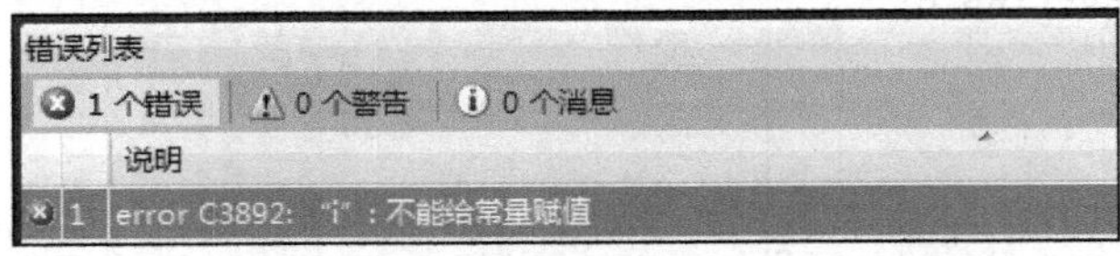
错误列表
1 个错误 | 0 个警告 | 0 个消息
	说明
1	error C3892: "i"：不能给常量赋值

4.4.4 常量指针与指向常量的指针

const 与指针的配合使用有两种方式：一种是用 const 修饰指针指向的变量，即修饰指针所指向的变量的内容，称为指向常量的指针；另一种是用 const 修饰指针，即修饰存储在指针里的地址，称为常量指针。

1. 常量指针

常量指针的定义格式如下：

```
类型名 * const 指针名;
```

例如：

```
int x=3;
int * const w=&x;
```

上述语句表明，w 为一个指向 int 型变量 x 的常量指针。它必须有一个初始值（地址），并且只能指向这个初始变量，不能“被改变”指向其他变量，即指针所指向的地址不能被改变，但变量的值可以被改变。

例如：

```
double y=4.3;
double * const m=&y;
double z=3.4;
m=&z;                    //错误，不能改变常量指针指向的变量
*m=3.4;                  //正确，可以改变常量指针指向变量的值
```

2. 指向常量的指针

指向常量的指针的定义格式如下：

```
const 类型名 * 指针名;
```

例如：

```
const int *w;
```

上述语句表明，w 为一个指向 const int 类型的指针。它指向一个整型常量，这个常量的值不能被改变，但 w 指向的变量可以被改变，即指针所指向的地址可以被改变。

例如：

```
const double *m;
double y=4.3;
m=&y;
*m=3.4;                 //错误，不能改变指向常量的指针指向变量的内容
double z=3.4;
m=&z;                   //正确，可以改变指向常量的指针指向的变量
```

在实际应用中，指向常量的指针和常量引用常用作函数的形参，这样的参数称为常量参数。使用常量参数表明该函数不能更新某个参数所指向或所引用的对象，在参数传递过程中就不需要执行拷贝构造函数，将会改善程序的运行效率。

【例 4-16】 指向常量的指针作为函数参数应用。

```
#include "stdafx.h"
#include "iostream"
using namespace std;
class aa
{
   public:
    int s[6];
    aa(){};
    aa(aa &p)     //拷贝构造函数
    {
      cout<<"copy construct..."<<endl;
    }
    void input(const int *p,int n);
};
void aa::input(const int *p,int n)
{
    for(int i=0;i<n;i++)
      s[i]=*(p+i);
}
void print(const aa *sa)
  {
    for (int i=0; i<6 ;i++)
      cout<<(*sa).s[i]<<endl;
  }
int main()
{
   int array[6];
   aa wa;
   cout<<"请输入数组元素的内容："<<endl;
   for (int i=0; i<6;i++)
   cin>>array[i];
   wa.input (array,6);
   cout<<"请输出数组元素的内容："<<endl;
   print (&wa);
   return 0;
}
```

程序运行结果如下。

从程序的运行结果可以看出，本例print函数调用过程中没有使用拷贝构造函数，既节省内存空间，又减少对象赋值过程的时间花费，提高了程序的运行效率。因此，对于不允许改变实参对象值的调用过程，把形参定义为指向常量的指针，将可以很好地提高程序的执行效。

小 结

1. 类的静态成员

静态成员包括静态数据成员和静态成员函数，它可以解决类的所有对象的信息共享问题。使用静态数据成员可以实现类的数据成员的共享。静态数据成员的值可以修改，并且对类的每个对象都相同。其存储空间的分配不在构造函数内完成，空间回收也不在析构函数内完成。它的主要目的是定义类的各个对象所公用的数据。静态成员函数不属于类的特定对象，其可以在不生成类的对象的情况下，直接存取类的静态数据成员，而不能存取类的非静态数据成员。它在同一个类中只有一个函数的地址映射，节约了系统开销。静态成员函数不含this指针，并且只能访问类的其他静态成员，而不能访问类的非静态成员。

2. 友元

友元机制允许在类外对某个对象的所有成员（包括私有、保护和公有）进行访问。友元既可以是不属于任何类的一般函数，也可以是另一个类的成员函数，还可以是另一个完整的类。当一个非成员函数声明为一个类的友元函数后，它就可以访问该类的所有对象的所有成员；当一个类的成员函数声明为另一个类的友元函数后，它就不仅可以访问自己所在类的所有成员，而且还可以访问friend语句所在类中所有对象的所有成员；当一个类声明为另一个类的友元时，这个类中的所有成员函数不仅可以访问自己所在类的所有成员，而且还可以访问friend语句所在类中所有对象的所有成员。

3. 类的作用域和对象的生存期

作用域指明标识符的有效范围。类的作用域是在类的定义中由一对花括号所括起来的部分。

对象的生存期是指对象从创建到结束的时间，对象在声明时被创建，在释放时被终止。局部对象是定义在一个程序块或函数体内的对象，定义对象时，系统自动调用构造函数创建对象，对象的生存期开始；退出程序块或函数体时，系统自动调用析构函数，释放该对象，对象的生存期结束。静态对象的生存期从定义对象时开始，到程序运行结束时终止。全局对象的生存期从程序开始运行时开始，到程序运行结束时终止。动态对象是指通过运算符new创建，通过运算符delete释放的对象，它的生存期从通过new创建时开始，到通过delete释放时终止。

4. 常量类型

提出常量的概念是为了保证数据的安全性。常量在程序运行过程中其值是不可改变的。

如果将一个对象定义为常量对象，那么它的所有数据成员的值在对象的整个生存期内都不能被改，因此在定义时要对数据成员进行初始化。

类的常量成员包括常量成员函数和常量数据成员。常量成员函数不能改变类的数据成员的值，也不能调用该类中非常量成员函数，只能调用该类的常量成员函数。常量数据成员不能通过任何函数对其赋值，构造函数对其进行初始化时，只能通过初始化列表进行。

常量引用所引用的对象不能被改变。若在函数调用中，不希望被调用函数改变实参的值，那么就应该用常量引用来作函数的形参。

常量指针的特点是不能改变指针所指向的变量，即指针所指向的地址，但可以改变所指向变量的值。

指向常量的指针的特点是可以改变指针所指向的变量，即指针所指向的地址，但不能改变所指向变量的值。

习　　题

1. 静态数据成员是一种什么样的数据成员类型？

2. 如何对静态数据成员进行初始化？

3. 类的友元有哪几种？

4. 对象有哪几种生存期？

5. 常量对象的特点是什么？

6.（1）建立一个类，该类具有 const 和非 const 成员函数。（2）创建这个类的 const 和非 const 对象，并用不同类型的对象调用不同类型的成员函数。

7. 编写一个类，统计目前存在多少个该类的对象。

8. 编写一个学生类，学生信息包括姓名、学号、年龄、性别和成绩；统计学生的总人数及总成绩，并输出。

9. 编写一个学生类。（1）输出每个学生的姓名、学号、成绩；（2）统计并输出学生的总人数、总成绩、平均成绩、最高成绩、最低成绩。

10. 定义复数类和二维向量类，复数具有实部和虚部，二维向量有两个向量。利用友元类将复数转换为二维向量。

第5章 继承与派生

继承性是面向对象程序设计中最重要的机制，也是面向对象设计重要性能之一，它允许程序员在保持原有类特性的基础上，进行更加具体而详细的说明，从而实现对类的扩充。通过C++语言中的继承机制，可以扩充和完善旧的程序设计缺陷以适应新的需求，这样不仅可以节省程序开发的时间和资源，并且实现了代码的重用。通过软件的重用性，进一步鼓励人们使用已有的、得到确认并经过测试的高质量代码。

继承性是面向对象程序设计方法的最主要特征之一，对于派生新类的过程一般包括3步，即吸收基类的成员、改造已有类成员和添加新的派生类成员。本章围绕继承和派生的过程，主要讨论派生类的声明、继承方式、访问权限、派生类的构造和析构函数，并对多重继承的构造函数和析构函数执行的顺序进行较为详细的说明；同时，在较为复杂的继承和派生关系中，针对多重继承中出现的二义性问题，讨论如何唯一标识和访问类成员以及使用虚基类解决同名成员的唯一标识问题。最后，还对子类型和赋值兼容规则做详尽的讨论。

【学习目标】

（1）理解基类和派生类的概念；

（2）掌握派生类的声明、生成过程、继承方式和访问权限；

（3）掌握派生类的构造函数和析构函数；

（4）掌握多重继承的构造函数和析构函数、构造顺序和析构顺序及多重继承中的二义性；

（5）掌握虚基类的概念；

（6）理解子类型和赋值兼容规则。

5.1 类的继承与派生概念

派生和继承的概念源于人们认识客观世界的过程，是自然界普遍存在的一种现象。例如，“狗”和“黑狗”。当人们谈及“狗”时，知道它有4条腿，1条尾巴，喜欢吃骨头，为哺乳动物。如谈论“黑狗”时，人们又如何理解呢？通常人们把“黑狗”看作哺乳动物，也有4条腿，1条尾巴，喜欢吃骨头，只不过增加了一个新的特征，即它的毛是黑色的。也就是说“黑狗就是毛色是黑色的狗”。在这里“狗”和“黑狗”之间存在一条重要内在的联系。“黑狗”是一类特殊的“狗”，“黑狗”从“狗”哪里继承了“狗”的全部特征，同时又增加了一个新特征。

下面用C++语言来描述以上问题。可以定义描述“狗”的类dog和“黑狗”的类blackdog，为了准确描述这两个类之间的关系，C++提供了一种继承和派生机制，在这种机制下，类 blackdog 自动拥有类 dog 的所有成员，该类的每一个对象都是类 dog 的对象，也就是实现了“每一个黑狗都是狗”。

所谓继承（Inheritance）就是在一个已存在的类的基础上建立一个新类，实质就是利用已有的数据类型定义出新的数据类型。在继承关系中：

（1）被继承的类称为基类（或父类，Base class）；

（2）定义出来的新类称为派生类（子类，Derived class）。

基类和派生类反映了类与类的继承关系，派生类继承了基类，派生类的成员中包含了基类的所有成员，并且派生类还有自己的成员，派生类同样也可以作为基类再派生新的类。派生是用来生成新类的一种方法，所生成的新类与原类有一种从属的关系。基类和派生类是相对而言的。一个基类可以派生出一个或多个派生类，而每个派生类又可作为基类再派生出新的派生类，如此一代一代地派生下去，便形成了类的继承和派生层次结构。

类的继承和派生层次结构，可以有助于人们对自然界的事物进行分类、分析和认识。这些均可以体现在面向对象程序中。继承是软件可重用性的一种形式，新派生类通过继承从现有类中吸取其属性和行为，并对其进行覆盖或改写，产生新类所需要的功能。同样地，新类也可以派生出其他更“新”的类。图 5-1 所示为交通工具继承关系。

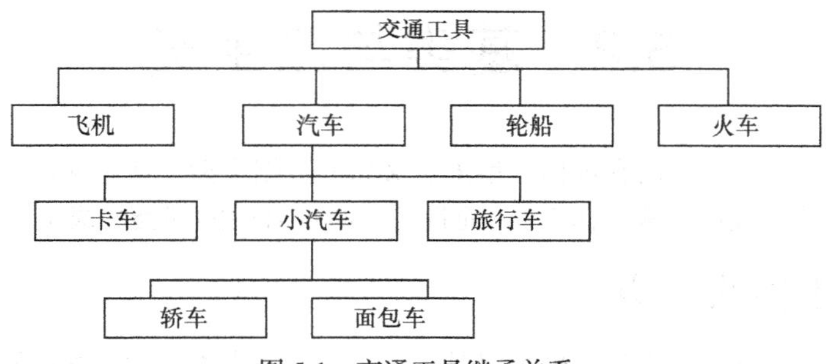

图 5-1　交通工具继承关系

这个分类关系树反映了交通工具的继承和派生关系。最顶层交通工具是抽象关系最高的，具有普遍和一般意义。下层飞机、汽车、轮船、火车具有上层交通工具的特征，同时又增加了一些自己的新特征。汽车“继承”了交通工具的属性和行为，同时它也可以“派生”出新类，比如卡车、小汽车和旅行车。而最下层最为具体化和特殊化，又分为轿车和面包车。从这个类继承结构图中看，从上到下，是一个由抽象到具体的过程，上下层之间的关系可以看作基类和派生类之间的关系。

类的继承和派生是面向对象程序设计方法和 C++语言最重要的特征之一，在人们认识世界过程中，是遵循由一般到特殊的演绎过程，这使得允许创建新类，但不是从头创建，程序员可以使用其他人已经创建并调试过的类。关键是类的使用，而不是更改已存在的代码。

当从现有类中派生出新类时，派生类可以有以下几种变化：

（1）增加新的数据成员；

（2）增加新的成员函数；

（3）重新定义已有成员函数；

（4）改变现有成员的属性；

（5）改变基类成员的访问权限。

由此可见，基类定义了对象的一个集合，派生类通过添加新的成员限制该定义，形成这个集合的一个子集。在 C++中，派生类使用了两种基本的面向对象的技术：

（1）性质约束，即对基类性质加以约束；

（2）性质扩展，即增加派生类的特征。

C++中的继承关系可以分为单继承和多重继承两种，如图 5-2 所示。

（1）如果一个派生类只有一个直接的基类，那么称这种继承为单继承；

（2）如果某个类的直接基类有两个或两个以上，则称该继承为多重继承。

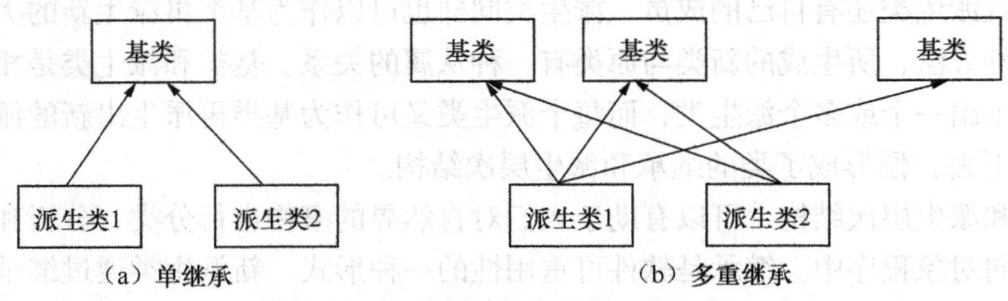

图 5-2　类的单继承和多重继承的结构图

5.2　基类与派生类

通过继承机制，可以利用已有数据类型来定义新的数据类型。所定义的新的派生类，不仅拥有新定义的成员（数据成员、成员函数），而且还同时拥有旧的基类的成员。

5.2.1　派生类的声明

派生类可以是单继承的派生类，也可以是多重继承的派生类，两者的区别仅在于所继承基类数不同。这里，仅以单继承的派生类为例。

在 C++中，派生类的一般性声明语法如下：

```
class <派生类名> : <继承方式> <基类名>
{
  private:
      派生类成员声明;
  protected:
      派生类成员声明;
  public:
      派生类成员声明;
};
```

其中：

（1）class：类声明的关键字，说明下面声明的是一个新类；

（2）派生类名：新生成的类名；

（3）继承方式：冒号“:”后面的内容指明派生类是由哪个基类继承而来的，并且指出继承的方式是什么。继承方式包含以下 3 种。

- public（公有继承方式）；

- private（私有继承方式）；
- protected（保护继承方式）。

如果省略说明继承方式，则默认的继承方式为 private（私有继承方式）。类的继承方式指定了派生类成员以及类外对象对于从基类继承来的成员的访问权限，这部分将在后面详细介绍。

（4）派生类新增的成员定义在一对大括号内。派生类是在基类的基础上产生的。派生类的成员包括如下 3 种。

- 吸收基类成员：派生类继承了基类的除了构造函数和析构函数以外的全部数据成员和函数成员。
- 新增成员：增添新的数据成员和函数成员，体现了派生类与基类的不同和个性，是派生类对基类的发展。
- 对基类成员进行改造，包含两层含义：一是对基类成员的访问控制方式进行改造；二是定义与基类同名的成员，即同名覆盖。

（5）在大括号的最后加分号“;”，以表示该派生类定义结束。

【例 5-1】 从基类 Point 公有派生 Rectangle 类：

```
class Point{                              //基类 Point 类的声明
    private:                              //私有数据成员
    float x,y;
    public:                               //公有函数成员
    Point(int a,int b);
    void showxy() ;
    ~Point() ;
};
class Rectangle:public Point{             //派生类 Rectangle 的声明，采用公有继承方式
    private:                              //新增私有数据成员
    float H,W;
    public:                               //新增公有函数成员
    Rectangle(int a,int b,int h,int w);
    void Show();
    ~Rectangle() ;
};
```

5.2.2　派生类的生成过程

在 C++程序设计中，声明了派生类，并给出该派生类的成员函数的实现，整个派生类的定义就完成了，此后就可以由生成的对象处理实际问题。派生类生成的过程主要经历了 3 个步骤：吸收基类成员；改造基类成员；新增加派生类成员。其中，吸收基类成员就是实现代码的重用过程，而改造基类成员和新增派生类成员，其实就是对原有代码进行扩充的过程，两者相辅相成。下面通过例 5-2 对上述 3 个过程进行分析。

【例 5-2】 派生类的生成过程。

```
class Point{
    protected:
    float x,y;      //点的坐标 x,y
    public:
    Point(int a,int b) {x=a; y=b; cout<<"Point..."<<endl; } //构造函数
    void showX() {cout << "x="<<x<<endl;}                   //输出 X 点坐标
```

```
        void showY() {cout << "y="<<y<<endl;}                  //输出 Y 点坐标
        void Show() {cout<<"x="<<x<<",y="<<y<<endl;}           //输出 X，Y 坐标
        ~Point() {cout<<"Delete Point"<<endl;}                 //析构函数
    };
    class Rectangle:public Point{
        private:
        float H,W;   //矩形的高和宽
        public:
        Rectangle(int a,int b,int h,int w):Point(a,b)           //构造函数
            {H=h;W=w;cout<<"Rectangle..."<<endl;}
        void ShowH() {cout<<"H="<<H<<endl;}                    //输出矩形高
        void ShowW() {cout<<"W="<<W<<endl;}                    //输出矩形宽
        void Show() {cout<<"H="<<H<<",W="<<W<<endl;}           //输出矩形高和宽
        ~Rectangle() {cout<<"Delete Retangle! "<<endl;}        //析构函数
    };
```

1．吸收基类成员

在类的继承中，派生类首先将基类中的成员全部接收，但构造函数和析构函数将不被继承，这一点需要特别注意。比如，派生类 Rectangle 继承了基类 Point 类中除构造和析构函数之外的所有成员：x、y、showX()、showY()和 show()。经过继承，基类 Point 中这些成员便存在于派生类中。

2．改造基类成员

对基类成员的改造包括两个方面。一是对基类成员的访问控制方式进行改造，主要依靠声明派生类的继承方式来控制，将在后续 5.2.3 节中介绍；二是对基类数据成员或成员函数的覆盖，即在派生类中声明一个与基类数据成员或成员函数同名的成员，如 show()。如果在派生类中声明了与基类成员相同的新成员，派生类的新成员将覆盖基类的同名成员。此时，如果在派生类或派生类对象中直接调用该成员名就只能访问到派生类中声明的同名成员，这被称为同名覆盖。

例如：

```
Rectangle r; //定义派生类 Rectangle 的对象 r
r.show();    //派生类对象 r 访问类 Rectangle 中定义的成员函数 show()
```

如果要想访问基类中成员函数 show()，则需要使用作用域分辨符加以限定，如 r.Point::show()。

3．新增派生类成员

可以根据实际需要，在派生类中添加新的数据成员和函数成员，以增强派生类的功能。新添加的类成员反映派生类与基类的不同特征，如派生类 Rectangle 类中添加的私有数据成员 H 和 W。

5.2.3 继承方式和派生类的访问权限

在声明派生类之后，派生类就继承了基类的数据成员和成员函数，但是这些成员并不都能直接被派生类所访问。采用不同的继承方式，决定了基类成员在派生类中的访问属性。在 C++程序设计中，提供了 3 种继承方式：公有继承（public）、私有继承（private）和保护继承（protected）。对于不同的继承方式，会导致基类成员原来的访问属性在派生类中发生变化。表 5-1 为不同继承方式下，基类成员各访问属性的变化情况。

表 5-1　访问属性与继承的关系

继承方式	访问属性		
	public	protected	private
public	public	protected	不能访问
protected	protected	protected	不能访问
private	private	private	不能访问

在 C++程序设计中，访问来自两个方面：一方面是派生类的新增成员对从基类继承来的成员的访问；另一方面是派生类外部（非类成员），通过派生类对象对从基类继承来的成员的访问。

1. 公有继承（public inheritance）

当类的继承方式为 public（公有），基类的公有成员（public）和保护成员（protected）在派生类中保持原有访问属性，其私有成员（private）仍为基类私有。

采用公有继承声明的派生类可以访问基类中的公有成员和保护成员，而基类的私有成员则不能被访问。其他外部使用者只能通过派生类对象访问继承来的基类中的公有成员。表 5-2 为公有继承中派生类及派生类对象对基类的访问属性。

表 5-2　公有继承中派生类及派生类对象对基类的访问属性

基类成员	基类成员在派生类中的访问属性（类内）	基类成员在派生类对象中的访问属性（类外）
公有成员	公有	公有
保护成员	保护	不能被访问
私有成员	不能被访问	不能被访问

【例 5-3】 公有继承。

```
#include<string>
#include<iostream>
using namespace std;
class employee
{
  public:
    string id;              //职工编号
    string name;            //职工姓名
  private:
    double wage;            //职工工资
  protected:
    int age;                //职工年龄
 public:
    void display( )
    {
      cout<<"编号:"<< id<<endl;
      cout<<"姓名:"<< name <<endl;
      cout<<"年龄:"<< age <<endl;
      cout<<"工资:"<<wage<<endl;
    }
    void setemployee(string id_str,string name_str,int age_in,double wage_fl)
    {
```

```
        id= id_str;
        name= name_str;
        age=age_in;
        wage=wage_fl;
    }
};
class technicist: public employee    //公有继承，派生类technicist
{
  private:
    string grade;      //派生类新增的数据成员
  public:
    void display( )   //派生类的成员函数
    {
        cout<<"编号:"<< id<<endl;           //正确！在派生类内访问基类的公有成员
        cout<<"姓名:"<< name <<endl;        //正确！在派生类内访问基类的公有成员
        cout<<"年龄:"<< age <<endl;         //正确！在派生类内访问基类的保护成员
//      cout<<"工资:"<<wage<<endl;          //错误！在派生类内访问基类的私有成员
        cout<<"级别:"<<grade<<endl;         //正确！在派生类内访问新增数据成员
    }
    void set_technicist(string grade_str)
    {
        grade=grade_str;
    }
};
int main()
{
      technicist technicist1;
      technicist1.setemployee("20050001","张伟",30,3500);
      technicist1.set_technicist("工程师");
//    cout<<"编号:"<< technicist1.age<<endl;  //错误！派生类对象访问公有继承来的基类保护成员
      technicist1.display( );
      return 0;
}
```

程序运行结果如下。

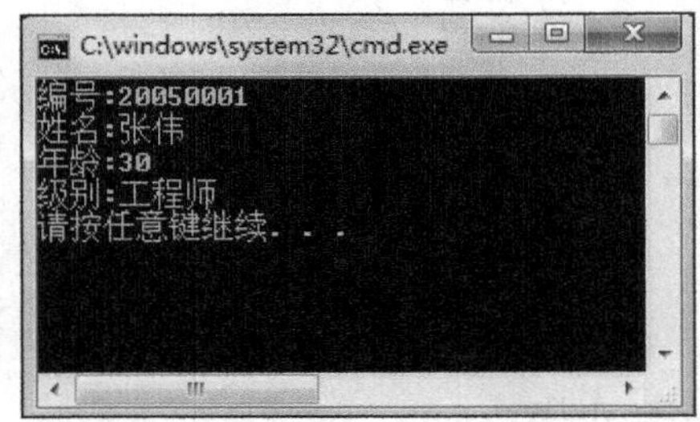

说明：在例5-3中，首先声明了基类employee。派生类technicist继承了基类employee除构造和析构函数外的全部成员。因此，在派生类中，实际所拥有的成员就是从基类继承过来的成员与派生类新声明的成员总和。由于该继承方式为公有继承，基类中的公有成员和保护成员在派生类中保持原有访问属性，派生类的成员函数及对象可以访问到基类的公有成员（如基类的id和name），但是无法访问基类的私有数据（如基类的wage）。基类原有外部接口（如setemployee()）

成为派生类外部接口的一部分。派生类自己新增成员之间可以相互访问。technicist 类继承了 employee 类的特性，一方面实现了代码重用，另一方通过新增数据成员（如 grade），实现了基类功能的扩充。在主函数中通过定义一个派生类对象，调用从基类继承来的外部接口 setemployee()，实现派生类对象的初始化。最后通过派生类对象，访问派生类公有函数 display()，输出技术人员信息。

2. 私有继承（private inheritance）

当类的继承方式为 private（私有），基类的公有成员（public）和保护成员（protected）都以私有成员身份出现在派生类中，而基类私有成员（private）在派生类中仍不可访问。也就是说，基类的公有成员（public）和保护成员（protected）被继承后作为派生类的私有成员（private），派生类的其他成员可以直接访问它们。

无论是通过派生类的成员还是派生类的对象，都无法访问从基类继承的私有成员。表 5-3 为私有继承中派生类及派生类对象对基类的访问属性。

表 5-3　私有继承中派生类及派生类对象对基类的访问属性

基类成员	基类成员在派生类中的访问属性（类内）	基类成员在派生类对象中的访问属性（类外）
公有成员	私有	不能被访问
保护成员	私有	不能被访问
私有成员	不能被访问	不能被访问

【例 5-4】 私有继承。

```
#include<string>
#include<iostream>
using namespace std;
class employee
{
  public:
    string id;          //职工编号
    string name;        //职工姓名
  private:
    double wage;        //职工工资
  protected:
    int age;            //职工年龄
  public:
    void display( )
    {
      cout<<"编号:"<< id<<endl;
      cout<<"姓名:"<< name <<endl;
      cout<<"年龄:"<< age <<endl;
      cout<<"工资:"<<wage<<endl;
    }
    void setemployee(string id_str,string name_str,int age_in,double wage_fl)
    {
      id= id_str;
      name= name_str;
      age=age_in;
      wage=wage_fl;
    }
```

```
};
class technicist: private employee    //私有继承，派生类 technicist
{
  private:
    string grade;   //派生类新增的数据成员
  public:
    void display( )  //派生类的成员函数
    {
      cout<<"编号:"<< id<<endl;          //正确！在派生类内访问基类的公有成员
      cout<<"姓名:"<< name <<endl;       //正确！在派生类内访问基类的公有成员
      cout<<"年龄:"<< age <<endl;        //正确！在派生类内访问基类的保护成员
    // cout<<"工资:"<<wage<<endl;        //错误！在派生类内访问基类的私有成员
      cout<<"级别:"<<grade<<endl;        //正确！在派生类内访问新增数据成员
    }
    void set_technicist(string grade_str)
    {
      grade=grade_str;
    }
};
int main()
{
    technicist technican1;
  // technicist1.setemployee("20050001","张伟",30,3500);
  //错误！私有继承，setemployee()在派生类为私有，类外派生类对象不能进行访问
  //由于是私有继承，不可用该语句对派生类对象进行初始化
    technicist1.set_technicist("工程师"); //正确！派生类对象可以访问派生类新增的公有成员函数
    return 0;
}
```

3. 保护继承（protected inheritance）

当类的继承方式为 protected（保护），基类的公有成员（public）和保护成员（protected）都以保护成员身份出现在派生类中，而基类的私有成员（private）仍不可访问。也就是说，基类的保护成员只能被基类的成员函数或派生类的成员函数访问，不能被派生类以外的成员函数访问。表 5-4 为保护继承中派生类及派生类对象对基类的访问属性。

表 5-4　　保护继承中派生类及派生类对象对基类的访问属性

基类成员	基类成员在派生类中的访问属性（类内）	基类成员在派生类对象中的访问属性(类外）
公有成员	保护	不能被访问
保护成员	保护	不能被访问
私有成员	不能被访问	不能被访问

【例 5-5】 保护继承。

```
#include "stdafx.h"
#include<string>
#include<iostream>
using namespace std;
class employee
{
  public:
```

```
      string id;              //职工编号
      string name;            //职工姓名
    private:
      double wage;            //职工工资
    protected:
      int age;                //职工年龄
    public:
      void display( )
      {
        cout<<"编号:"<< id<<endl;
        cout<<"姓名:"<< name <<endl;
        cout<<"年龄:"<< age <<endl;
        cout<<"工资:"<<wage<<endl;
      }
      void setemployee(string id_str,string name_str,int age_in,double wage_fl)
      {
        id= id_str;
        name= name_str;
        age=age_in;
        wage=wage_fl;
      }
  };
  class technicist: protected employee    //保护继承，派生类 technicist
  {
    private:
      string grade;     //派生类新增的数据成员
    public:
      void display( )  //派生类的成员函数
      {
        cout<<"编号:"<< id<<endl;           //正确！在派生类内访问基类的公有成员
        cout<<"姓名:"<< name <<endl;        //正确！在派生类内访问基类的公有成员
        cout<<"年龄:"<< age <<endl;         //正确！在派生类内访问基类的保护成员
  //    cout<<"工资:"<<wage<<endl;          //错误！在派生类内访问基类的私有成员
        cout<<"级别:"<<grade<<endl;         //正确！在派生类内访问新增数据成员
      }
      void set_technicist(string grade_str)
      {
        grade=grade_str;
      }
  };
  int main()
  {
      technicist technicist1;
   //   technicist1.setemployee("20050001","张伟",30,3500);
   //错误！保护继承，setemployee()在派生类为保护，类外派生类对象不能进行访问
   //由于是保护继承，不可用该语句对派生类对象进行初始化
     technicist1.set_technicist("工程师"); //正确！派生类对象可以访问派生类新增的公有成员函数
     return 0;
  }
```

从例 5-3 ~ 例 5-5 可以看出，不同的继承方式会使基类的成员（包括数据成员和成员函数）在派生类中具有不同的访问控制属性。按访问属性的不同，派生类成员可以归纳为以下 4 种。

（1）不可访问成员。该成员是从基类的私有成员继承下来。派生类或派生类对象都无法访问它们。如果从派生类继续向下派生新类，也是无法进行访问的。

（2）私有成员。该成员可以通过私有继承从基类继承下来，也可以是新增私有成员。在派生类内部可以访问，但是在派生类对象中无法访问。当继续继承派生时，就变成了新的派生类中不可访问成员。

（3）保护成员。该成员可能是派生类新增保护成员，也可能是从基类中继承下来的。派生类内部成员可以对其访问，派生类对象无法对其进行访问。进一步派生时，可以通过私有继承成为私有成员，也可以通过公有继承或保护继承成为保护成员。

（4）公有成员。派生类、派生类对象都可以对其进行访问。继续派生时，可能成为私有成员（私有继承）、保护成员（保护继承）或者公有成员（公有继承）。

5.3 派生类的构造函数和析构函数

基类的构造函数和析构函数是不能被继承的，需要在派生类中重新定义。由于派生类继承了基类的成员，在初始化时，也要同时初始化基类成员。可通过调用基类的构造函数完成初始化。

5.3.1 派生类构造函数

派生类对象初始化是通过派生类的构造函数来完成的。通过继承，派生类的数据成员由所有基类的数据成员与派生类新增的数据成员共同组成。如果派生类新增成员中包含有内嵌对象，派生类的数据成员中还间接包括了这些对象的数据成员。因此，初始化派生类对象时，就需要对基类的数据成员、新增派生类数据成员和内嵌成员对象的数据成员进行初始化。这里，仅以单重继承的派生类为例。

在 C++中，派生类构造函数的一般性声明语法如下：

```
<派生类名>::<派生类名>（基类形参，内嵌对象形参，本类形参）:<基类名>（参数表），<内嵌对象 1>（参数表 1），<内嵌对象 2>（参数表 2），…，<内嵌对象 n>（参数表 n）
{
    本类成员初始化赋值语句;
    …
};
```

其中：

（1）派生类的构造函数名与派生类名相同；

（2）冒号之后，列出需要使用参数进行初始化的基类名和内嵌成员对象名及各自的参数表，各项之间用逗号分隔；

（3）对于基类成员，如使用默认构造函数，可以不给出基类名和参数表；

（4）对于内嵌对象成员，如使用默认构造函数，也无需写出对象名和参数表。

【例 5-6】 派生类构造函数向基类构造函数传递参数。

```
#include<iostream>
using namespace std;
class vehicle  //基类
{
   private:                //私有数据成员
     int wheels;           //轮子数量
     float weight;         //重量
   public:
     vehicle(int wheels1,float weight1)   //基类构造函数
     { wheels=wheels1; weight= weight1;}
};
class car:public vehicle  //公有派生
{
   private:
     int passenger_num;  //新增数据成员，载客人数
   public:
     car(int wheels2,float weight2,int num):vehicle(wheels2,weight2)
         //派生类构造函数
     { passenger_num=num;}
};
int main()
{
     car car1(4,5,4);
     return 0;
}
```

例 5-6 中，基类 vehicle 公有派生出 car 类，在派生类 car 的构造函数中通过调用基类构造函数完成基类 vehicle 数据成员 wheels 和 weight 的初始化。

【例 5-7】 派生类构造函数向基类构造函数和内嵌对象构造函数传递参数。

```
#include <iostream>
using namespace std;
class X{
   private:
     int x;
   public:
     X(int i){x=i;}          //类 X 构造函数
};
class A{
     int a;
   public:
     A(int i=0):a(i){}       //类 A 构造函数
};
class B:public A{            //公有继承
     int b;                  //新增数据成员
     X x;                    //新增内嵌成员对象
   public:
     B(int i,int j,int k):A(i),x(j),b(k){}
       // B 的构造函数，对基类 A、内嵌对象 x 和新增数据成员 b 的初始化
};
int main()
{
     B b(1,2,3);
```

```
        return 0;
}
```

例 5-7 中，基类 A 公有派生出 B 类，在 B 类中包括新增数据成员 b 和内嵌对象 x。在 B 类构造函数中，通过调用基类 A 的构造函数 A（i），给 A 类的私有数据成员 a 赋初值，然后调用内嵌对象 x 的构造函数 x（j），给对象 x 的私有数据成员 x 赋初值。

派生类构造函数在实际使用时应注意以下两个问题。

（1）如果基类中有缺省的构造函数或者没有构造函数，派生类构造函数的初始化列表中可以省略基类的构造函数。下面举例说明这一点。

【例 5-8】 分析下面程序的输出结果。

```
#include <iostream>
using namespace std;
class A
{
   private:
     int a;
   public:
     A(){a=0;}          //基类 A，缺省构造函数
     A(int i){a=i;}     //基类 A，带参数构造函数
     void print(){cout<<a<<":";}
};
class B:public A
{
   private :
     int d1,d2;
   public:
     B(){d1=0;d2=0;}
     B(int i){d1=i;d2=0;}
     B(int i,int j,int k):A(i),d1(j),d2(k){}
     void print() {A::print();cout<<d1<<":"<<d2<<endl;}
};
int main()
{
     B b1;
     B b2(2);
     B b3(1,2,3);
     b1.print();
     b2.print();
     b3.print();
     return 0;
}
```

程序运行结果如下。

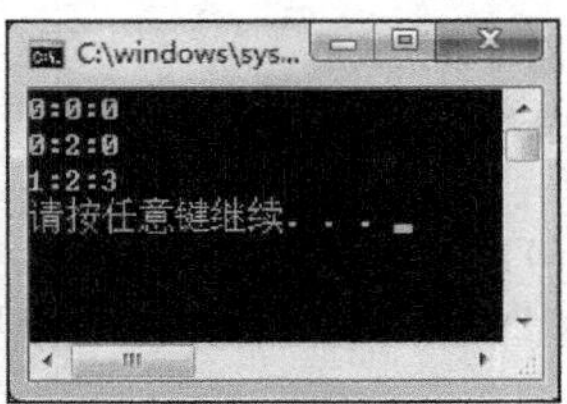

说明：在该程序中派生类 B 内定义了 3 个构造函数，前两个构造函数没有显式调用基类构造函数，是由于在派生类对象初始化过程中隐式地调用了基类缺省的构造函数。由于基类 A 缺省构

造函数不需要任何参数，则在派生类的构造函数所定义的初始化列表中可以省略 A 的构造函数。第三个构造函数，显式地调用了基类 A 带参数的构造函数。

（2）当基类的构造函数使用一个或多个参数时，则派生类必须定义构造函数，并提供将参数传递给基类的构造函数的途径。例如：

```
class A
{
   private:
    int a1,a2;
   public:
    A(int i ,int j)  {a1=i; a2=j;} //带 2 个参数的构造函数
};
classs B:public A  //公有继承
{
   private:
    int b1;
    A a;
    B(int i,int j,int m,int n,int k):A(i,j),a(m,n)  //派生类 B 的构造函数
      {b1=k;}
};
```

说明：派生类 B 的构造函数有 5 个形参，其中，前两个参数传递给基类 A 的构造函数，对基类 A 的私有数据成员 a1、a2 赋初值，第三个、第四个参数传递给 B 的内嵌对象 a 的构造函数，对内嵌对象 a 的私有数据成员 a1、a2 赋初值，第五个参数是传递给派生类 B 新增数据成员 b1。

5.3.2 派生类析构函数的构建

当对象被删除时，派生类的析构函数被执行。在派生过程中，由于基类的析构函数也不能被继承，因此在执行派生类的析构函数时，基类的析构函数也将被调用。析构函数没有类型，也无参数，与构造函数相比，情况相对比较简单。如果未显示定义某个类的析构函数，系统会自动为每一个类都生成一个默认的析构函数。

派生类析构函数的定义方法与没有继承关系的类中析构函数的定义方法完全相同，只需在派生类析构函数体中把派生类新增成员（非成员对象）的清理工作做好，系统就会自己调用基类及成员对象的析构函数来对基类及成员对象进行清理。

【例 5-9】 析构函数。

```
#include <iostream>
using namespace std;
class A
{
   private:
     int a1,a2;
   public:
     A(){ a1=0;a2=0;}           //基类 A 默认构造函数
     A(int i,int j){a1=i;a2=j;}
     void print() {cout<<a1<<","<<a2<<",";}
     ~A() {cout<<"A destructor called."<<endl;}
};
class B:public A
{
   private:
     int b;
```

```
    public:
        B() {b=0;}      //派生类构造函数
        B(int i,int j,int k):A(i,j){b=k;}   //派生类构造函数
        void print() {A::print();cout<<b<<endl;}
        ~B() {cout<<"B destructor called."<<endl;}
};

int main()
{
        B b1(1,2,3);
        b1.print();
        return 0;
}
```

程序运行结果如下。

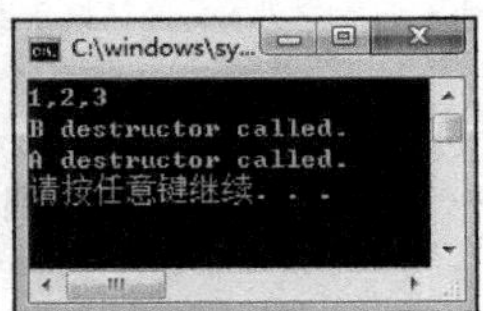

5.3.3 派生类构造函数和析构函数的执行顺序

1. 派生类构造函数的执行顺序

派生类构造函数执行顺序一般是：先祖先（基类），再客人（内嵌对象），后自己（派生类本身）。具体顺序如下：

（1）先调用基类的构造函数；

（2）然后按照数据成员（包括内嵌对象、常量、引用等必须初始化的成员）的声明顺序，依次调用数据成员的构造函数或初始化数据成员；

（3）最后执行派生类构造函数的函数体。

注意

构造函数的执行顺序只与成员声明的顺序有关，而与初始化表中各项的排列顺序无关。常量成员、引用成员、内嵌对象，只能通过初始化表的方法初始化。

2. 派生类析构函数的执行顺序

派生类析构函数执行顺序与构造函数正好相反：先自己（派生类本身），再客人（内嵌对象），后祖先（基类）。具体顺序如下：

（1）先执行派生类的析构函数，对派生类新增普通成员进行清理；

（2）然后按着内嵌对象声明的相反顺序，依次调用内嵌对象的析构函数，对派生类新增的对象成员进行清理；

（3）最后调用基类的析构函数，对所有从基类继承来的成员进行清理。

注意

派生类析构函数执行时将自动调用基类及内嵌对象的析构函数。
下面举例说明派生类构造函数和析构函数的的执行顺序。

【例 5-10】 派生类构造函数和析构函数的执行顺序。

```
#include <iostream>
```

```
using namespace std;
class A
{
   private:
     int a;
   public:
     A(int i):a(i){ cout<<"construction A "<<a<<endl;}
     ~A() {cout <<"destructing A "<<endl;}
};
class B1
{
   private:
     int b1;
   public:
     B1(int i):b1(i){cout<<"construction B1 "<<b1<<endl;}
    ~B1() {cout <<"destructing B1 "<<endl;}
};
class B2
{
   private:
     int b2;
   public:
     B2(int i):b2(i){cout<<"construction B2 "<<b2<<endl;}
     ~B2() {cout <<"destructing B2 "<<endl;}
};
class C:public A
{
   private:
     int c;
     B1  b1;  //内嵌对象
     B2  b2;  //内嵌对象
   public:
     C(int  i,int  j1,int  j2,int  k):A(i),b2(j2),b1(j1),c(k){cout<<"construction  C
"<<c<<endl;}
    ~C() {cout <<"destructing C "<<endl;}
};
int main()
{
     C c1(1,2,3,4);
     return 0;
}
```

程序运行结果如下。

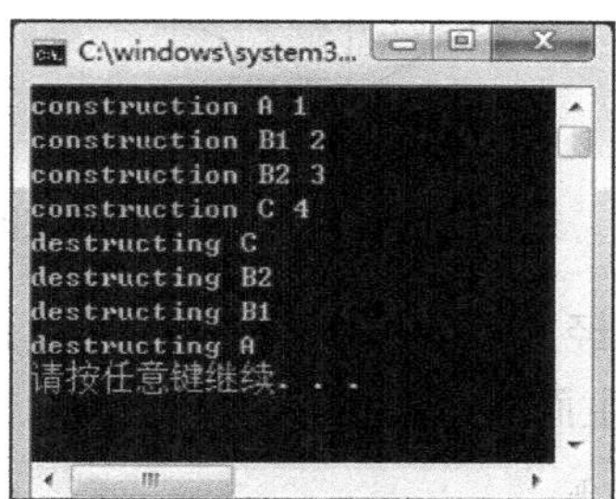

分析：在例 5-10 中定义了 4 个类，A 类公有派生 C 类，C 类除了新增私有数据成员 c 外，又含有两个内嵌对象 b1、b2。派生类 C 的构造函数调用了基类 A 的构造函数和内嵌对象的构造函

数，分别对基类和内嵌对象的数据成员进行初始化。考虑 C 类的对象 c1 执行过程情况。首先是调用基类的构造函数，然后调用内嵌对象的构造函数，再调自己的构造函数。而内嵌对象的构造函数调用顺序是按照内嵌对象在类中声明的顺序，先 b1，后 b2，与初始化列表中排列的顺序无关。析构函数的执行次序刚好与构造函数的执行次序相反。

5.4 多重继承

到目前为止，我们所讨论都是单继承，也就是说每个派生类只有一个基类。C++支持一个派生类从多个基类继承的方式。本节讨论多重继承问题。

多重继承是单继承的扩展。所谓多重继承是指派生类具有多个基类，派生类与每一个基类之间的关系可以看作是一个单继承。在现实生活中，很多继承均表现为多重继承。例如，两用沙发，它既是一个沙发，又是一张床。假如人们已经定义了沙发类和床类，那么两用沙发同时继承了沙发和床两个类的特征。

5.4.1 多重继承的声明

在派生类的声明中，基类可以有一个或多个。如果基类名有多个，则这种继承方式为多重继承。在多重继承时，派生类得到多个已有基类的特性。

在 C++中，多重继承的一般性声明语法如下：

```
class <派生类名> : <继承方式 1> <基类名 1>, <继承方式 2> <基类名 2>, …, <继承方式 n> <基类名 n>
{
    派生类新增加的成员;
};
```

其中：

（1）<继承方式 1>，<继承方式 2>，…，<继承方式 n>是 3 种继承方式：public（公有）、private（私有）和 protected（保护），如果没有显式地指出继承方式，系统默认继承方式为 private（私有）；

（2）各个基类之间用逗号隔开；

（3）派生类继承了多个基类的成员，基类中的成员按照继承方式来确定其在派生类中的访问方式。

多重继承中派生类与多个基类之间关系如图 5-3 所示。

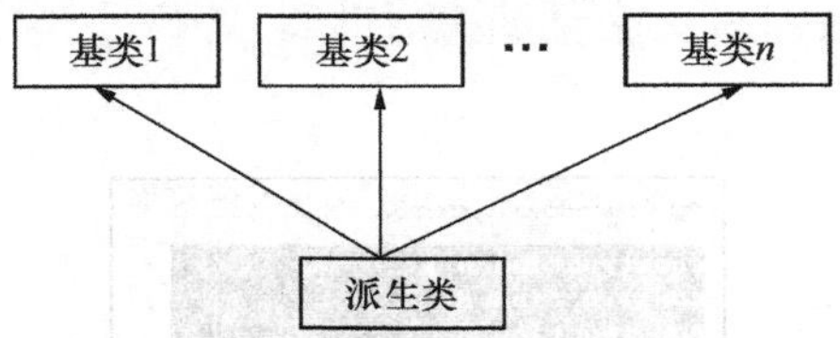

图 5-3 多重继承中派生类与多个基类的关系

例如，假设 Base1、Base2 是已经声明的类，下面语句声明了一个名为 MultiDerived 的派生类，该派生类从基类 Base1、Base2 派生而来。

```
class Base1
{
    …
};
```

```
class Base2
{
        …
};
class MultiDerived : public Base1,protected Base2
{
…
};
```

声明中的 Base1、Base2 是已有基类名，MultiDerived 是继承已有基类的特征的新派生类名。派生类 MultiDerived 对基类 Base1 继承方式是公有继承，对基类 Base2 继承方式是保护继承。

5.4.2　多重继承的构造函数和析构函数

在多重继承的情况下，派生类的构造函数一般性声明语法如下：

```
<派生类名>::<派生类名>(基类形参,内嵌对象形参,本类形参):<基类名 1>(参数表),<基类名 2>(参数表),…,<基类名 n>(参数表),<内嵌对象 1>(参数表 1),<内嵌对象 2>(参数表 2),…,<内嵌对象 n>(参数表 n)
{
     本类成员初始化赋值语句;
     …
};
```

其中：

（1）多重继承下派生类构造函数与单继承下派生类构造函数相似，具体说明参照单继承的构造函数；

（2）多重继承下派生类构造函数必须同时负责该派生类所有基类构造函数的调用；

（3）派生类的参数个数必须包含完成所有基类初始化所需的参数个数。

在多重继承下，派生类的析构函数与单继承下的析构函数相同，这里不再进行讲述。

多重继承的构造函数的执行顺序与单继承的执行顺序相同，即先祖先（基类），再客人（内嵌对象），后自己（派生类本身）。

多重继承的析构函数的执行顺序与构造函数执行正好相反，即先自己（派生类本身），再客人（内嵌对象），后祖先（基类）。

需要特别注意以下两点。

（1）处于同一层次的各基类构造函数的执行顺序取决于定义派生类时所指定的各基类顺序，与派生类构造函数中所定义的成员初始化列表的各项顺序无关。

（2）内嵌对象构造函数的执行顺序只与成员对象声明的顺序有关，而与初始化表中各项的排列顺序无关。

【例 5-11】 多重继承派生类构造函数和析构函数。

```
#include <iostream>
using namespace std;

class A1      //基类 A1 的声明
{int x1;
public:
     A1(int i)   {x1=i;cout<<"constructing A1 "<<x1<<endl;}   //构造函数，带参数
     ~A1() {cout<<"destructing A1 "<<x1<<endl;}               //析构函数
};
```

```
class A2 //基类 A2 的声明
{int x2;
public:
    A2(int j)   {x2=j;cout<<"constructing A2 "<<x2<<endl;}  //构造函数，带参数
    ~A2() {cout<<"destructing A2 "<<x2<<endl;}               //析构函数
};

class A3  //基类 A3 的声明
{public:
    A3(){cout<<"constructing A3 *"<<endl;}      //默认构造函数
    ~A3() {cout<<"destructing A3 "<<endl;}      //析构函数
};
class B: public A2, public A1, public A3        //派生类 B，公有继承 A2、A1、A3
{public:
    B(int a, int b, int c, int d): A1(a),memberA2(d),memberA1(c),A2(b)
{cout<<"constructing B"<<endl;}                //派生类的构造函数
~B(){cout<<"destructing B"<<endl;}             //派生类的析构函数
private:
    A1 memberA1;   //内嵌对象成员 memberA1
    A2 memberA2;   //内嵌对象成员 memberA2
    A3 memberA3;   //内嵌对象成员 memberA3
};
int main()
{
    B obj(1,2,3,4);
    return 0;
}
```

程序运行结果如下。

```
C:\windows\system32\cmd.exe
constructing A2 2
constructing A1 1
constructing A3 *
constructing A1 3
constructing A2 4
constructing A3 *
constructing B
destructing B
destructing A3
destructing A2 4
destructing A1 3
destructing A3
destructing A1 1
destructing A2 2
请按任意键继续. . .
```

说明：程序定义了4个类A1、A2、A3和B，派生类B以公有继承方式多重继承A2、A1、A3。在派生类中新增3个私有内嵌成员对象，声明的顺序分别为类A1的成员对象memberA1、类A2的成员对象memberA2、类A3的成员对象memberA3。类A1、类A2定义了带参的构造函数，类A3定义一个无参的默认构造函数。在派生类B构造函数的初始化列表中分别调用了基类A1和A2的构造函数以及内嵌成员对象memberA1和memberA2的构造函数，而没有调用基类A3的构造函数和内嵌成员对象memberA3的构造函数。

下面考虑B类的构造函数执行情况。它应该是先调用基类的构造函数，然后调用内嵌对象的构造函数。基类的构造函数的调用顺序是按照派生类声明时的顺序，因此，应该是先A2，再A1，

后 A3。而内嵌对象的构造函数的调用顺序应该是按照成员在类中声明的顺序，应该为先 memberA1，再 memberA2，后 memberA3。程序的运行结果证明了以上的分析。

在派生类的构造函数声明中，未显式列出 A3 的类名和 A3 类的内嵌对象 memberA3，系统就会自动调用该类默认的构造函数。假如一个基类中同时声明了默认的构造函数和带参数的构造函数，那么在派生类的构造函数声明中，既可以显示列出基类名和相应的参数，也可以不列出。

A1 类、A2 类、A3 类、B 类中都定义了析构函数。派生类 B 析构时，首先执行派生类 B 的析构函数，派生类默认的析构函数又分别调用了成员对象（memberA3、memberA2、memberA1）及基类（A3、A1、A2）的析构函数。此时，析构函数的执行顺序与构造函数的执行顺序正好相反。

5.4.3 多重继承中的二义性

一般而言，在派生类中对基类成员的访问必须是唯一的。但是，由于多重继承方式下，派生类可能有多个直接基类或间接基类，这虽然充分体现了软件重用的优点，也可能造成对基类中某个成员的访问出现了不确定的情况，使得这种访问具有二义性。

在多重继承中，派生类对基类成员访问产生二义性问题主要有两种情况，类结构如图 5-4 所示。

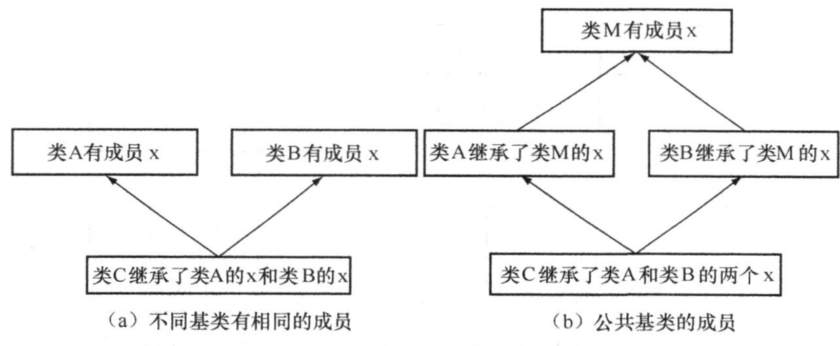

图 5-4 产生二义性的两种情况

在图 5-4 两种情况下，如果声明类 C 的对象，则通过对象访问 x 将产生二义性问题。下面具体介绍这两种情况及其解决方法。

1. 派生类的不同基类有同名成员

当派生类的不同基类有同名成员时，如图 5-4（a）所示，则派生类的对象访问同名的基类成员或者在派生类中访问同名基类成员时将产生二义性问题。下面举例对其进行深入的分析。

【例 5-12】 派生类的对象访问同名的基类成员产生二义性。

```
#include <iostream>
using namespace std;
class A
{
 public:
    void f(){cout<<"From  A"<<endl;}
};
class B
{
 public:
    void f(){cout<<"From  B"<<endl;}
    void g();
};
class C: public A, public B
```

```
{
 public:
      void g();
      void h();
};
int main()
{
      C c1;
      c1.f();     //产生二义性
      return 0;
}
```

例 5-12 中，类 A 和类 B 是类 C 的两个直接基类，其中，类 A 和类 B 中都有一个公有成员函数 f()，在类 C 中就有通过继承而来的两个同名成员函数 f()。其派生关系及派生类的结构如图 5-5 所示。其中，UML（Unified Model Language，统一建模语言）又称标准建模语言。在面向对象设计中经常用 UML 进行可视化建模。

该程序运行时将产生编译错误，原因是 c1.f()调用产生二义性的名字冲突。编译器无法确定 c1.f()是调用 A::f()还是 B::f()。

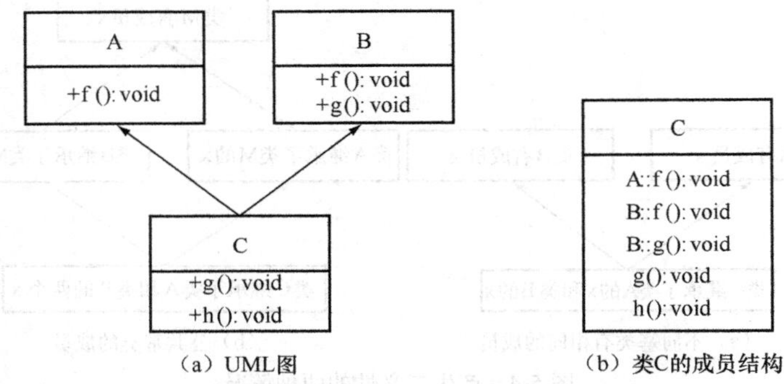

（a）UML图　　（b）类C的成员结构

图 5-5　多重继承情况下派生类 C 的继承关系 UML 图和成员构成图

【例 5-13】 在派生类中访问同名的基类成员产生二义性。

```
#include <iostream>
using namespace std;
class A
{
 public:
      void f(){cout<<"From  A"<<endl;}
};
class B
{
 public:
      void f(){cout<<"From  B"<<endl;}
 };
class C: public A, public B
{
 public:
    void h(){f();}    //产生二义性
};
int main()
{
      C c1;
```

```
    c1.h();     return 0;
}
```

在例 5-13 中，派生类 C 中的成员函数 h()调用 f()函数，但编译器无法确定此时是调用 A 的 f()还是 B 的 f()，从而出现二义性，产生编译错误。

解决派生类的不同基类有同名成员的二义性，有两种方法：使用作用域标识符和使用同名覆盖的原则。下面进行具体详细的介绍。

（1）使用作用域标识符，进行成员限定消除二义性。

使用作用域标识符“::”进行限定的一般格式为：

```
对象名.基类名::成员名
对象名.基类名::成员名（参数表）
```

如例 5-12 中，主函数中使用作用域标识符进行成员限定，告诉编译器调用的是哪个类的同名函数，即可消除二义性。

```
int main()
{
    C c1;
    c1.A::f();  //或 c1.B::f(); 消除了二义性。
    return 0;
}
```

如例 5-13 中，派生类 C 中的成员函数 h()调用 f()时使用作用域标识符进行成员限定。

```
class C: public A, public B
{
 public:
   void h(){A::f();}    //或 B::f();, 或 A::f();B::f();, 消除二义性。
};
```

（2）使用同名隐藏的原则。

在派生类中重新定义与基类同名的成员（如果是成员函数，在参数表也要相同，参数情况不同为重载），以隐蔽掉同名的基类成员。原因是同名隐藏规则，规定派生类的成员函数将隐藏基类中同名的成员。这样在访问同名成员时，使用的就是派生类中的成员，二义性问题得到解决。

【例 5-14】 同名隐藏原则。

```
#include <iostream>
using namespace std;
class A
{
   public:
      int x;
      void f(){cout<<"From  A"<<endl;}
};
class B
{
   public:
      int x;
      void f(){cout<<"From  B"<<endl;}
 };
class C: public A, public B
{
   public:
      int x;
      void f(){A::f();}    //或 B::f();, 消除二义性
```

```
};
int main()
{
    C c1;
    c1.x=4;
    c1.A::x=8;
    c1.B::x=12;
    c1.f();
    return 0;
}
```

在前面的例 5-12 中，也使用了同名覆盖原则。类 B 有一个成员函数 g()，类 C 中也有一个成员函数 g()，主函数中 c1.g()不存在二义性，它是 C:: g()，而非 B::g()。

2. 在派生类中引用公共基类中成员时出现二义性

在继承与派生的类层次结构中，被继承的多个基类如果有一个共同的基类，在派生类中访问这个共同基类的成员时也会产生二义性问题，如图 5-4（b）所示。下面通过例子进行具体的分析。

【例 5-15】 派生类的直接基类全部或部分从另一个共同基类派生而出产生的二义性。

```
#include <iostream>
using namespace std;
class L1
{
public:
    int m1;
    void f1(){cout<<"layer 1-> m1="<<m1<<endl;}
};

class L2_1:public L1
{
public:
    int m2_1;
};

class L2_2:public L1
{
public:
    int m2_2;
};

class L3:public L2_1,public L2_2
{
public:
    int m3;
    void f3(){cout<<"layer 3-> m3="<<m3<<endl;}
};

int main()
{
    L3 obj;
    obj.m3=4;
    obj.f3();
    obj.L2_1::m1=5;        //正确！使用直接基类
    obj.L2_1::f1();        //正确！使用直接基类
    obj.L2_2::m1=6;        //正确！使用直接基类
    obj.L2_2::f1();        //正确！使用直接基类
```

```
    // obj.m1=1;                    //错误！产生二义性
    // obj. f1();                   //错误！产生二义性
}
```

程序运行结果如下。

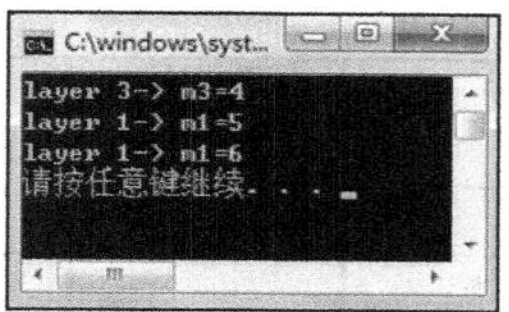

在例 5-15 中声明了 4 个类，分别为 L1、L2_1、L2_2 和 L3。其中，L1 公有派生 L2_1 和 L2_2 两个类，类 L3 通过公有继承方式多重继承类 L2_1 和类 L2_2。类 L1 声明了数据成员 m1 和成员函数 f1()，类 L2_1 和类 L2_2 分别声明了数据成员 m2_1 和 m2_2，类 L3 声明了数据成员 m3 和成员函数 f3()。它们的派生关系及派生类的结构如图 5-6 所示。

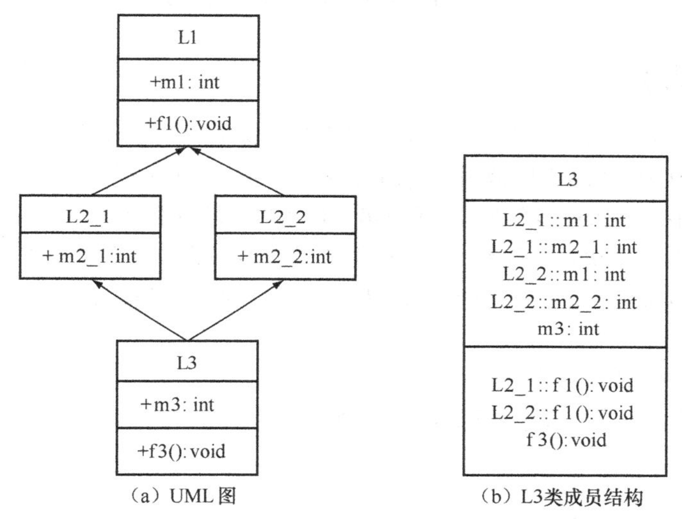

（a）UML 图　　（b）L3类成员结构

图 5-6　多层多继承情况下派生类 L3 继承关系的 UML 图和成员构成图

如图 5-6 所示，间接基类 L1 的成员 m1 和 f1()经过两次派生之后，通过两个不同途径以相同的名字出现在派生类 L3 中。这时，当通过派生类 L3 的对象或者在派生类 L3 中访问间接基类 L1 的成员时就会产生二义性。那么，对于同名成员 m1 和 f1()如何进行标识和访问来消除二义性呢？可以使用作用域标识符方法解决，如果用基类名 L1 来限定，无法表明是从类 L2_1 还是类 L2_2 继承过来的。因此，必须使用 L3 的直接基类 L2_1 或者 L2_2 来限定，才能够唯一标识和访问同名成员。例如：

```
L3 obj1;
obj1.m1;                //错误！存在二义性
obj1.f1();              //错误！存在二义性
obj1.L1::m1;            //错误！存在二义性
obj1.L1::f1();          //错误！存在二义性
obj1.L2_1::m1;          //正确！
obj1.L2_1::f1();        //正确！
obj1.L2_2::m1;          //正确！
obj1.L2_1::f1();        //正确！
```

上述使用作用域标识符虽然解决了访问基类 L1 的成员 m1 和 f1()的二义性问题，但是派生类 L3 对象在内存中同时拥有基类 L1 的成员 m1 和 f1()的两份拷贝，同一成员的多份拷贝增加了内存的开销，如图 5-7 所示。对于这一问题 C++提供了虚基类来解决，这部分内容在后续的 5.4.4 小节中加以详细介绍。

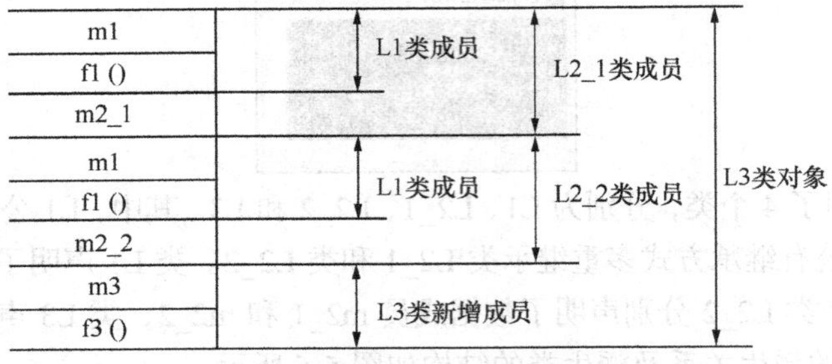

图 5-7　派生类对象 obj 的存储结构示意图

5.4.4　虚基类

由 5.4.3 节的例 5-15 可知，当某类的部分或全部直接基类是从另一个共同基类派生而来时，在这些直接基类中从上一级共同基类中继承来的成员就拥有相同的名称。在派生类的对象中，这些同名成员在内存中同时拥有多个副本。虽然可以使用作用域分辨符来唯一标识并访问它们，但增加了内存的开销。为了解决这一问题，C++提供了虚基类技术。具体做法是，将共同基类设置为虚基类，这样从不同的途径继承过来的同名成员只有一个副本，这样就不会再会引起二义性问题。

1. 虚基类的声明

虚基类一般性声明语法如下：

```
class <派生类名>: virtual <继承方式> <基类名>
{
    //......
};
```

其中：

（1）virtual 是虚基类的关键字；

（2）在多重继承方式下，虚基类关键字的作用范围只是对紧跟其后的基类起作用；

（3）声明了虚基类后，在进一步派生过程中，在派生类中只有一个内存数据拷贝；

（4）在第一级继承时，就要将共同基类设计为虚基类。

【例 5-16】 虚基类的定义。

```
#include <iostream>
using namespace std;
class L1
{
    public:
      int m1;
      void f1(){cout<<"layer 1-> m1="<<m1<<endl;}
};

class L2_1:virtual public L1  //L1 为虚基类，公有派生 L2_1 类
{
    public:
      int m2_1;
```

```
};
class L2_2:virtual public L1  //L1 为虚基类，公有派生 L2_2 类
{
   public:
     int m2_2;
};
class L3:public L2_1,public L2_2 //L3 多重继承
{
   public:
     int m3;
     void f3(){cout<<"layer 3-> m3="<<m3<<endl;}
};
int main()
{
     L3 obj;
     obj.m3=4;
     obj.f3();
     obj.m1=5;    //正确！L1 为虚基类，可以直接使用
     obj.f1();    //正确！
     return 0;
}
```

程序运行结果如下。

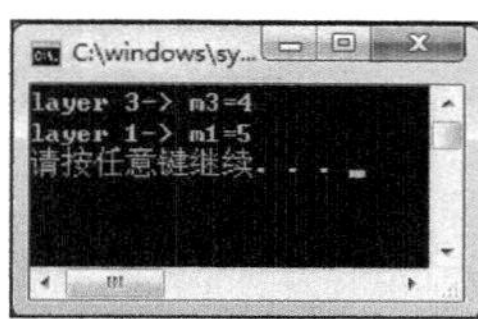

例 5-16 与例 5-15 的不同之处在于，派生 L2_1 类和 L2_2 类时，把 L1 定义为虚基类，类 L3 以类 L2_1 和类 L2_2 作为基类共同派生产生的。此时，通过类 L2_1 和类 L2_2 两条路径继承来自基类 L1 的成员 m1 和 f1()在内存中只有一份拷贝，如图 5-8 所示。

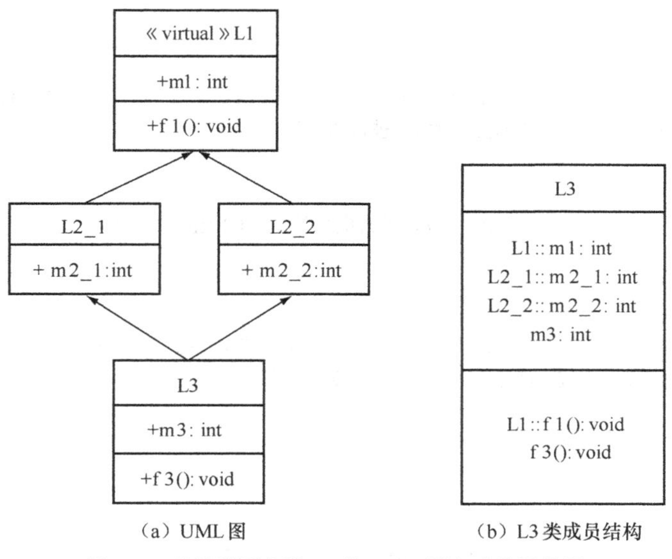

图 5-8　虚基类派生类 L3 的 UML 图和成员结构图

引入虚基类后，派生类（子类）的对象中只存在一个虚基类子对象。当一个类有虚基类时，编译系统将为该虚基类的对象定义一个指针成员，让它指向虚基类的子对象。该指针称为虚基类指针。图5-9所示为例5-16中类L3对象obj的存储结构。

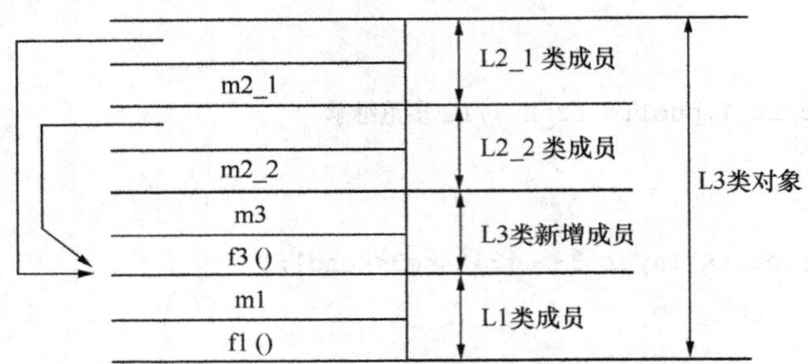

图5-9　虚基类派生类对象obj的存储结构示意图

2. 虚基类的构造函数

在例5-16中，各类没有构造函数，使用的是编译器自动生成的默认构造函数。如果虚基类定义有非默认构造函数（如带形参），情况就有所不同。此时，在整个继承结构中，直接或间接继承虚基类的所有派生类，都必须在构造函数的成员初始化列表中给出对虚基类的初始化，如例5-17所示。

【例5-17】 虚基类构造函数。

```
#include <iostream>
using namespace std;
class L1
{
  public:
    int m1;
    L1(int i){m1=i;cout << "Layer 1 -> m1="<<m1<<endl;}  //类L1的构造函数
};
class L2_1: virtual public L1    //L1为虚基类，公有派生L2_1类
{
  public:
    int m2_1;
    L2_1(int i,int j):L1(i){m2_1=j;cout<<"Layer 2_1 -> m2_1="<<m2_1<<endl;}
    //类L2_1的构造函数，需对虚基类L1进行初始化
};

class L2_2:virtual public L1    //L1为虚基类，公有派生L2_2类
{
  public:
      int m2_2;
      L2_2(int i,int k):L1(i){m2_2=k;cout<<"Layer 2_2 -> m2_2="<<m2_2<<endl;}
      //类L2_2的构造函数，需对虚基类L1进行初始化
};
class L3:public L2_1,public L2_2
{
  public:
    int m3;
    L3(int i,int j,int k,int m):L1(i),L2_1(i,j),L2_2(i,k)
        {m3=m;cout <<"Layer 3-> m3="<<m3<<endl;}
```

```
        //类 L3 的构造函数，需对虚基类 L1 进行初始化
};
int main()
{
    L3 obj(1,2,2,3);
    return 0;
}
```

程序运行结果如下。

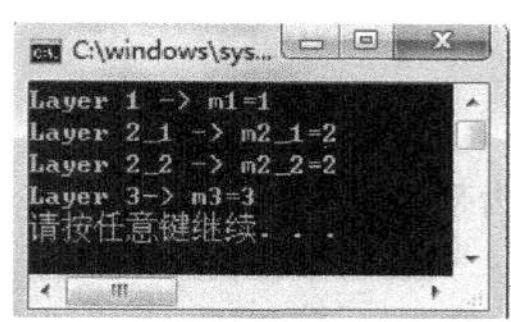

在例 5-17 中，虚基类 L1 中的构造函数带有形参，因此从虚基类 L1 中直接继承（类 L2_1、类 L2_2）或间接继承（类 L3）的派生类，其构造函数的成员列表都要列出对虚基类 L1 构造函数的调用。

观察程序时发现，当生成 L3 类对象时，通过 L3 构造函数，不仅直接调用了虚基类 L1 的构造函数，对从 L1 继承的成员 m1 进行初始化，而且还调用基类 L2_1 和 L2_2 的构造函数。而类 L2_1 和类 L2_2 的构造函数的初始化列表中也有对基类 L1 的初始化。看起来好像整个过程对从虚基类继承来的成员 m1 进行了 3 次初始化。上述问题，C++通过最终派生类的概念很好地解决了。

最终派生类是指在建立对象时所指定类，即当前所在的类。在建立对象时，只有最终派生类的构造函数调用虚基类的构造函数，该派生类的其他基类对虚基类构造函数的调用将被忽略，这样可以保证对虚基类的子对象只初始化一次。如例 5-17，当生成 L3 类对象时，L3 就是最终派生类，L3 构造函数执行时对虚基类 L1 构造函数调用，而类 L2_1 和类 L2_2 的构造函数对虚基类 L1 构造函数的调用被忽略，这样保证了对 m1 的初始化工作只进行一次。

引入虚基类后，虚基类的初始化与一般的多重继承的初始化在语法上相同，但其构造函数的调用次序却有所不同，调用次序如下。

（1）先调用虚基类的构造函数，再调用非虚基类构造函数。

（2）同一层次中如包含多个虚基类，这些虚基类的构造函数调用次序按它们声明时的次序。

（3）如虚基类由非虚基类派生而来，则先调用基类构造函数，再调用派生类构造函数，仍然遵循先祖先原则。

5.5　子类型与赋值兼容规则

5.5.1　子类型

子类型的概念涉及到行为的共享，它与继承和派生有着紧密的联系。所谓子类型，是指当一个类型至少包含了另一个类型的所有行为，则称该类型是另一个类型的子类型。例如，在公有继承下，派生类是基类的子类型。子类型反映类型之间的一般和特殊的关系，并且子类型关系是不可逆的。

【例 5-18】 公有继承实现子类型。

```
#include <iostream>
using namespace std;
class Base
{
public:
    void Print() {cout<< "Base::Print() !"<<endl;}
};
class Derived: public Base
{
public:
    void f(){};
};
void fun( Base& base1)  //形参为基类Base的引用
{
    base1.Print();
}
int main()
{
    Derived derived1;
    fun(derived1);
    return 0;
}
```

程序运行结果如下。

分析：

（1）类 Derived 公有继承了类 Base，因此可以称派生类 Derived 是基类 Base 的一个子类型。类 Derived 具备了类 Base 的行为，类 Base 中的操作可以被用于操作类 Derived 的对象。对于基类 Base 而言，它还可以有其他子类型。

（2）执行 fun（derived1），是把类 Derived 的对象 derived1 交给了处理类 Base 的对象的函数 fun（Base& base1）进行处理，也就是说类 Base 的对象操作函数也可以对类 Base 的派生类 Derived 的对象进行操作。

在子类型中还有一个类型适应的概念，具体如下：类型适应是指两种类型之间的关系。如果类型 B 是类型 A 的子类型，则称类型 B 适应于类型 A，也就是说类型 B 的对象能够用于类型 A 的对象所能使用的场合。比如，在公有继承方式下，派生类是基类的子类型，派生类必适应于基类，而且派生类的对象是基类的对象。引入子类型的重要性是为了减轻程序员的编程负担。原因在于一个函数可以适应于某个类型的对象，则它同样也适用于该类型的各个子类型的对象，这样就大可不必为处理这些子类型的对象去重载该函数。

5.5.2 赋值兼容规则

所谓赋值兼容规则就是在公有继承方式下，对于某些场合，一个派生类的对象可以作为基类对象来使用。也就是说在需要基类对象的任何地方，都可以使用公有派生类的对象来替代，包括以下 3 种情况（约定类 Base 为基类，类 Derived 为类 Base 的公有派生类）。

（1）派生类的对象可以赋值给基类对象。如：

```
Derived d;
Base b;
b=d;
```

（2）派生类的对象可以初始化基类的引用。如：

```
Derived d;
Base &br=d;
```

（3）派生类对象的地址可以赋给指向基类的指针。如：

```
Derived d;
Base *pb=&d;
```

注意

在情况（2）和情况（3）下，通过 br 或 pb 只能访问对象 d 中所继承的基类成员。下面给出一个例子，来说明赋值兼容规则的使用情况。

【例 5-19】 赋值兼容规则使用情况。

```
#include <iostream>
using namespace std;
class Point  //基类 Point
{
  protected:
     int x,y;
  public:
     Point(int i,int j){x=i;y=j;}
     void show(){cout<<"x="<<x<<" , y="<<y<<endl;}
};
class Rectangle:public Point        //公有派生类Rectangle
{
  private:
     int H,W;
  public:
     Rectangle(int i,int j,int m,int n);
     void show1(){cout<<"Error!"<<endl;}
      void show(){cout<<"x="<<x<<" , y="<<y<<" , H="<<H<<" , W="<<W<<endl;}
};
Rectangle::Rectangle(int i,int j,int m,int n):Point(i,j)
{
    H=m;W=n;
}
int main()
{
     Point p1(1,2);                    //基类对象 p1
     Rectangle r(3,4,5,6);             //派生类对象 r
     p1.show();
     r.show();
     Point& br=r;                      //正确！派生类的对象初始化基类的引用
     br.show();                        //正确！调用基类 show()
     Point *p=&r;                      //正确！派生类对象的地址赋给指向基类的指针
     p->show();                        //正确！调用基类 show()
     //p->show1();                     //错误！试图调用派生类成员
     Rectangle *pb=&r;                 //正确！派生类指针 pb
```

```
    pb->show();                      //正确！调用派生类 show()
    p1=r;                            //正确！用派生类对象属性更新基类对象的属性
    p1.show();                       //正确！调用基类 show()，显示更新后的对象 p1 属性值
    //Rectangle *pr=&p1;             //错误！试图将派生类指针 pr 指向基类对象
    return 0;
}
```

程序运行结果如下。

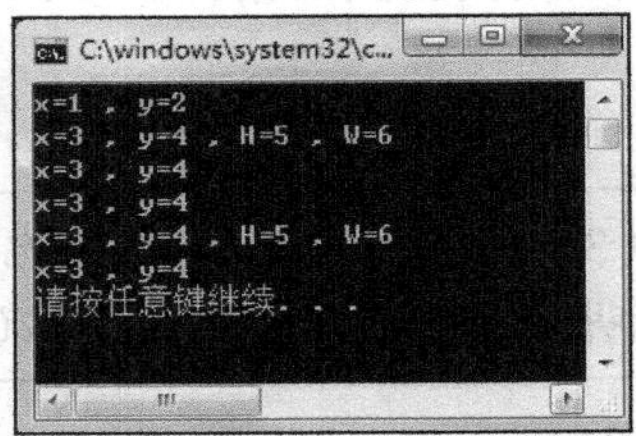

通过上述的例子看到，根据赋值兼容规则，可以在基类出现的场合使用派生类进行替代，但是替代之后派生类仅仅发挥出基类的作用。

5.6　程序实例

【例5-20】编写一个程序，有一个汽车类 vehicle，它具有带参数的构造函数，类中的数据成员为车轮个数 wheels 和车重 weight，放在保护段中；小车类 car 是汽车类 vehicle 私有派生类，其中包含载客人数 passenger_load；卡车类 truck 是汽车类 vehicle 私有派生类，其中包含载客人数 passenger_load 和载重量 payload。

程序实现代码如下：

```
#include <iostream>
using namespace std;
class vehicle  //汽车类
{
  protected:
     int wheels;
     float weight;
  public:
     vehicle(int input_wheels,float input_weight);  //汽车类，构造函数
     int get_wheels();
     float get_weight();
     void print();
};

class car:private vehicle  //私有派生小汽车
{
  private:
     int passenger_load;
  public:
     car(int input_wheels,float input_weight,int input_passenger_load=4); //小汽车构造函数
     int get_passenger_load();
```

```
        void print();
    };
    class truck:private vehicle //私有派生卡车类
    {
      private:
        int passenger_load;
        float payload;
      public:
        truck(int input_wheels,float input_weight,int input_passenger_load=2,
    float input_payload=320000);
    //卡车类构造函数
        int get_passenger_load();
        float efficiency();    //计算卡车效率
        void print();
    };
    vehicle::vehicle(int input_wheels,float input_weight)
    {
        wheels=input_wheels;
        weight=input_weight;
    }
    int vehicle::get_wheels()
    {
        return wheels;
    }
    float vehicle::get_weight()
    {
        return weight;
    }
    void vehicle::print()
    {
        cout<<"车轮: <<wheels<<"个"<<endl;
        cout<<"重量: "<<weight<<"公斤"<<endl;
    }
        car::car(int input_wheels,float input_weight,int input_passenger_load)
    :vehicle(input_wheels,input_weight)
    {
        passenger_load=input_passenger_load;
    }
    int car::get_passenger_load()
    {
        return passenger_load;
    }
    void car::print()
    {
        cout<<"小车: "<<endl;
        vehicle::print();
        cout<<"载人: "<<passenger_load<<"人"<<endl;
        cout<<endl;
    }
    truck::truck(int  input_wheels,float  input_weight,int  input_passenger_load,float
input_payload)
            :vehicle(input_wheels,input_weight)
    {
        passenger_load=input_passenger_load;
```

```
        payload=input_payload;
    }
    int truck::get_passenger_load()
    {
        return passenger_load;
    }
    float truck::efficiency()
    {
        return payload/(payload+weight);
    }
    void truck::print()
    {
        cout<<"卡车："<<endl;
        vehicle::print();
        cout<<"载人："<<passenger_load<<"人"<<endl;
        cout<<"载重量：<<payload<<"公斤"<<endl;
        cout<<"效率：″（载重量/（载重量+车重））："<<efficiency()*100<<"%"<<endl;
        cout<<endl;
    }
    int main()
    {
        car car1(4.,900,5);
        truck truck1(8,10000,3,300000);
        car1.print();
        truck1.print();
        return 0;
    }
```

程序运行结果如下。

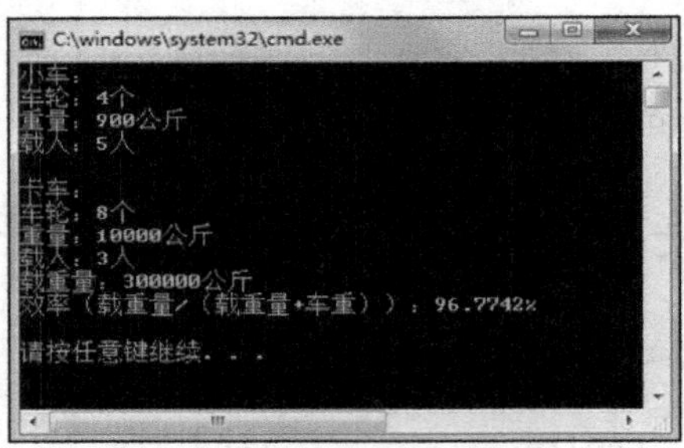

分析：

（1）该程序中的 3 个类：汽车类 vehicle、小车类 car、卡车类 truck。

类 vehicle 私有派生 car 和 truck。派生类 car 和 truck 的构造函数分别为：

```
    car::car(int input_wheels,float input_weight,int input_passenger_load)
    :vehicle(input_wheels,input_weight)
    { … }
    truck::truck(int  input_wheels,float  input_weight,int  input_passenger_load,float
input_payload)
    :vehicle(input_wheels,input_weight)
    { … }
```

派生类构造函数初始化列表中列出了基类的构造函数。

（2）在该程序中，将基类 vehicle 中数据成员（wheels 和 weight）放于保护段中，这种方法会存在基类的隐蔽性降低的风险。因为，当类 vehicle 生成的派生类再公有派生成新的派生类时，基类 vehicle 的保护段成员（wheels 和 weight）在新派生的派生类中也是保护的。这样，基类的保护段成员就成为对外接口，派生的新类也可以使用它们。

小 结

1. 继承

继承是面向对象程序设计最重要的特征之一。从原有类派生新类的方法，更容易实现修改和扩充已有的软件功能，使得软件的维护工作变得更加容易。在 C++中，允许以某个类为基类以继承的方式定义新的类，继承性是 C++的一个重要机制。类的继承方式有 3 种，分别为公有继承（public）、私有继承（private）和保护继承（protected）。不同的继承方式会改变派生类成员和派生类对象对基类的成员访问权限。

2. 基类和派生类的构造函数和析构函数

基类的构造函数和析构函数是不能被继承，需要在派生类中重新定义。由于派生类继承了基类的成员，在初始化时，也要同时初始化基类成员，可通过调用基类的构造函数完成初始化。派生类构造函数执行顺序一般是：先祖先（基类），再客人（内嵌对象），后自己（派生类本身）。派生类析构函数的执行顺序与构造函数正好相反。

3. 单继承和多重继承

C++支持单继承和多重继承，这样便形成了类的层次结构，处在最高层的类具有一般特征，而处在底层的类就越详细、越具体。继承使得面向对象编程变得更加灵活多样，但要尽量避免多重继承，特别是对于有公共基类的场合，应注意避免程序的二义性。解决多重继承的二义性问题，一般采用作用域分辨符和虚基类两种方法来实现。

4. 赋值兼容规则

赋值兼容规则是指在公有继承的情况下，对于某些场合，一个派生类的对象可以作为基类对象来使用，也就是说需要基类对象的任何地方都可以使用公有派生类的对象来替代。

习 题

1. 什么是继承性？
2. C++的继承分为哪两类？
3. 试说明什么是虚基类，其有何用处。
4. 什么是同名覆盖？
5. 类的继承有几种方式？试比较各种继承方式派生类对基类成员的继承。
6. 什么是赋值兼容规则？
7. 什么是子类型？
8. 多继承中，在什么情况下会出现二义性？如何消除二义性？
9. 单继承中，派生类的构造函数的格式如何定义？
10. 多继承中，派生类的构造函数的格式如何定义？
11. 试说明派生类和基类之间存在什么样的关系？

12．声明一个 Shape 基类，在此基础上派生出 Rectangle 类和 Circle 类，Rectangle 类又派生出 Square 类。使用 GetArea()函数分别计算 Rectangle、Circle 和 Square 的面积。

13．利用继承和派生编写一个学生和教师数据信息输入/输出的程序。学生数据包括编号 no、姓名 name、专业班级 ProClass 和学期平均成绩 score；教师数据包括编号 no、姓名 name、职称 title 和部门 department。要求设计一个 person 类，包括人的编号 no 和姓名 name 信息。再从 person 类派生出 student 类，增加学生专业班级和成绩信息，并对学生信息进行输入 input()和输出 output()操作；同时从 person 类派生出 teacher 类，增加教师的职称和部门信息，并对教师信息进行输入 input()和输出 output()操作。请编程定义 person 类、student 类和 teacher 类，并在 main()函数中测试。

14．编写一个小型公司人员工资管理程序，要求设计合理的基类和派生类，实现工资管理任务。下表是公司经理、兼职人员、销售经理和销售员当月工资计算方法。

人员类别	固定工资/元	计时工资/（元/时）	当月销售总额提成
公司经理	10000	无	无
兼职人员	无	150	无
销售经理	6000	无	1%
销售员	无	无	5%

第 6 章 多态性

多态性（Polymorphism）是面向对象程序设计的又一个重要特征，它是指不同对象接收到同一消息时会产生不同的行为。利用多态性可以设计和实现一个易于扩展的系统。多态性分为两种：静态多态性和动态多态性。以前学过的函数重载和本章将要学习的运算符重载实现的多态属于静态多态；动态多态通过虚函数实现。本章主要讲解运算符的多态和动态多态的语法特点及其应用。

【学习目标】

（1）掌握多态性的概念；

（2）掌握重载运算符的定义方法；

（3）了解运算符重载为成员函数与友元函数的区别；

（4）掌握不同类型数据间的转换方法；

（5）掌握虚函数的定义和使用方法；

（6）掌握纯虚函数和抽象类的定义；

（7）了解面向对象程序设计的基本思想。

6.1 多态性的概念

多态性是面向对象程序设计的一个重要特征。顾名思义，多态的意思是一个事物有多种状态。通常我们希望所设计的类具有共同的风格。例如，在不同的类中具有相似功能的函数具有相同的名字、相同的参数类型，且参数的顺序也相同。这种统一性帮助我们记忆，且有助于新类的设计。在新类的设计中只需要添加相同的数据成员并改写相应的成员函数。不同类的对象调用自己的函数成员，这就是多态性。

在现实生活中可以看到许多多态性的例子。例如，我们去打球，具体的动作是不一样的，我们会根据具体的球的类型选择动作的方式。同样，在 C++程序设计中，不同的类中定义了其响应消息的方法，那么使用这些类时，不必考虑它们是什么类型，只要发布消息即可。正如在使用运算符“+”时不必考虑相加的数值是整型还是双精度型，直接使用“+”，不论哪类数值都实现相加。可以说这是以不变应万变的方法，不论对象如何千变万化，用户都是用同一形式的信息去调用它们，使它们根据事先的安排做出反应。

6.1.1 多态的类型

在面向对象程序设计语言 C++中，多态性的实现方式有 4 种：重载多态、强制多态、类型参数化多态和包含多态。其中，重载多态和强制多态称为特殊多态性，用来描述语义上无关联的类型间的关系；类型参数化多态和包含多态称为一般多态性，用来系统地描述语义上相关的一组类型。前面介绍过的函数重载和本章将要介绍的运算符重载都属于重载多态；强制多态就是将一个变量的类型加以强制转换来满足某种操作要求，本章介绍的强制类型转换就属于强制多态；包含多态是类族中定义于不同类中的同名成员函数的多态行为，主要是继承过程中通过虚函数来实现，本章介绍的虚函数属于包含多态；类型参数化多态是指当 1 个函数（或类）对若干个类型参数操作时，这些类型具有某些公共的语义特性，C++中的类模板是实现类型参数化多态的工具，关于类模板的相关内容将在本书中的第 7 章进行详细介绍。

6.1.2 静态关联与动态关联

从系统实现的角度看，多态性分为两种：静态多态和动态多态。

关联（binding）是指捆绑或连接的意思，即把两样东西捆绑在一起。C++中的多态性与关联这一概念密切相关，一个源程序需要经过编译、连接才能形成可执行的文件，在这个过程中要把调用函数和对应函数连接在一起，这个过程就是关联，又称为绑定。因此，关联就是确定调用的具体对象的过程，一般来说，关联指把一个标识符和一个存储地址联系起来。

关联分为静态关联与动态关联。如果在编译程序时就能确定具体的调用对象，称为静态关联；如果在编译程序时还不能确定具体的调用对象，只有在程序运行过程中才能确定具体调用对象，称为动态关联。由于静态关联是在程序运行前进行关联的，所以又称为早期关联，而动态关联是在程序运行中进行关联的，也叫作滞后关联。

在 C++中，采用静态关联与动态关联都能实现多态性，采用静态关联实现的多态称为静态多态，而采用动态关联实现的多态称为动态多态。

静态多态在程序编译时系统就能决定调用哪个函数，因此又称为编译时的多态性。静态多态性是通过函数的重载实现的，以前学过的函数重载和本章将要学习的运算符重载实现的多态性属于静态多态性。

动态多态是在程序运行过程中才动态地确定操作对象，在运行阶段确定关联关系，又称运行时的多态性。在运行阶段，基类指针变量先指向某一个类对象，然后通过此指针变量调用该对象中的虚函数。此时调用哪一个对象的虚函数无疑是确定的，只是在运行阶段才把虚函数和对象绑定在一起。

6.2 运算符重载

运算符重载是指对已有的运算符赋予它新的含义，是通过运算符重载函数来实现的，本质上也是属于函数重载，是 C++实现静态多态的一个重要手段。

6.2.1 运算符重载的概念

所谓重载（overloading），就是重新赋予新的含义。在第 2 章已介绍过的函数重载就是对一个已有的函数赋予新的含义，使之实现新的功能，这样同一个函数名就可以用来代表不同功能的函数，也就是一名多用。

运算符也可以重载。实际上，我们已经不知不觉之中使用了运算符重载。例如，大家都习惯于用加法运算符“+”对整数、单精度和双精度数进行加法运算，如 5+8，5.8+3.67，这是因为 C++ 系统已经对于整型数、单精度和双精度数重载了“+”运算符。虽然计算机对于整型数和浮点数的相加过程很不相同，但用户使用这个运算符时完全相同。又例如，C++系统对“<<”和“>>”也进行了重载，用户在不同的场合下使用它们时，作用也是不同的。对于位运算而言，“<<”运算符是左移运算符，“>>”运算符是右移运算符。而“<<”运算符在输出操作中与流对象 cout 配合使用，是流插入运算符；“>>”运算符在输入操作中与流对象 cin 配合使用，是流提取运算符。对这两个运算符的重载处理放在头文件 iostream 中。因此，如果要在程序中用“<<”和“>>”作流插入运算符和流提取运算符，必须在本文件模块中包含头文件 iostream（当然还应包括 using namespace std，表示使用标准命名空间）。

对于系统定义的数据类型，可以使用系统提供的大部分运算符。但是对于用户定义的新类型就不能使用系统提供的这些运算符。C++中除了系统定义的数据类型，程序员可以定义新类型。对这些用户定义的类型，不能使用系统提供的大部分运算符，在定义了运算符重载函数后才能使用某些运算符。可根据需要对 C++已提供的运算符进行运算符重载，使之一名多用。

6.2.2　运算符重载的方法

运算符重载通过定义一个重载运算符函数来实现，在需要执行被重载的运算符时，系统自动调用该函数，以实现相应的运算。也就是说，运算符重载实质上是函数的重载。

运算符重载函数的一般格式如下：

```
函数类型 operator 运算符名称 (形参表列)
{对运算符的重载处理}
```

其中，operator 是 C++的保留关键字，专门用于定义重载运算符函数，运算符名称就是 C++ 提供给用户的预定义运算符。函数名是由 operator 和运算符名称组成。

例如，若要对用户定义的类型 Complex 重载实现加法操作，重载函数原型如下：

Complex operator+(Complex &a, Complex &b);

上面的 operator+就是函数名，意思是“对运算符‘+’重载”。只要掌握了这一点，就可以发现，运算符重载函数和其他函数在形式上没有什么区别。这里两个形参是 Complex 类对象的引用，要求实参为 Complex 类对象。返回值为 Complex 类对象。

在定义了重载运算符的函数后，可以说，函数 operator+重载了运算符“+”。在执行复数相加的表达式 c1+c2 时，系统就会调用 operator+函数，把 c1 和 c2 作为实参，与形参 a、b 进行虚实结合，执行函数 operator+（a，b）。这里 a 为 c1 的引用，b 为 c2 的引用。

【例 6-1】 将运算符“+”重载为适用于复数加法。这里重载函数作为类的友元函数。

```
#include <iostream>
using namespace std;
class Complex
{ public:
     Complex() {real=0;imag=0;}
     Complex(double r, double i) {real=r; imag=i; }
     friend Complex operator+(Complex &a, Complex &b);
     void display();
   private:
     double real;
```

```
    double imag;
};
Complex operator+(Complex &a, Complex &b)
{return Complex(a.real+b.real, a.imag+b.imag);}

void Complex::display()
{cout<<"("<<real<<","<<imag<<"i)"<<endl;}

int main()
{ Complex c1(3,4), c2(5,-10),c3;
  c3=c1+c2;
  cout<<"c1="; c1.display();
  cout<<"c2="; c2.display();
  cout<<"c1+c2="; c3.display();
  getchar();//防止程序运行结束之后窗口自动关闭
  return 0;
}
```

在将运算符“+”重载为非成员函数后，C++编译系统将程序中的表达式 c1+c2 解释为：

operator+(c1,c2);

即执行 c1+c2 相当于调用以下函数：

```
Complex operator+(Complex &a, Complex &b)
{ return Complex(a.real+b.real, a.imag+b.imag); }
```

求出两个复数之和。程序运行结果如下。

例 6-1 中为什么把运算符函数作为友元函数呢？理由很简单，因为运算符函数要访问 Complex 类对象中的成员。如果运算符函数不是 Complex 类的友元函数，而是一个普通的函数，它没权利访问 Complex 类的私有成员。当然如果一定要访问这些成员，也不是没有办法，可以在类中定义公有的设置数据的 set 函数和读取数据的 get 函数，然后在重载函数中调用这些函数去访问类的私有成员。但这样做兜了一个圈子，编程不方便，运行时调用函数的开销会降低效率。

6.2.3 重载运算符的规则

重载运算符的规则具体如下。

（1）不允许用户自己定义新的运算符，只能对已经存在的操作符进行重载。

例如：+ - * / % [] () ^ ! & < <= > >=

（2）并不是所有的运算符都可以进行重载。

不能进行重载的运算符如下。

- “.”（成员访问运算符）；
- “.*”（成员指针访问运算符）；
- “::”（域运算符）；
- sizeof（长度运算符）；

- “?:”（条件运算符）。

前两个运算符不能重载是为了保证访问成员的功能不能被改变，域运算符和 sizeof 运算符的运算对象是类型而不是变量或一般表达式，不具备重载的特征。

（3）操作符所允许的操作数的个数、优先级和结合性不能变。

例如：关系运算符“>”和“<”等是双目运算符，重载后仍为双目运算符，需要两个参数；运算符“+”“-”“*”“&”等既可以作为单目运算符，也可以作为双目运算符，可以分别将它们重载为单目运算符或双目运算符；“*”和“/”优先于“+”和“-”，有时在程序中希望改变某运算符的优先级，也只能使用加圆括号的办法强制改变重载运算符的运算顺序；赋值运算符“=”是右结合，重载后仍为右结合性。

（4）重载运算符的函数不能有默认参数，否则就改变了运算符参数的个数，与前面第（3）点产生矛盾。

（5）重载的操作符必须有一个用户定义的类型作为操作数。

```
int operator+(int,int);// error: 不能对内置类型重载+
Vector operator+(const Vector&, const Vector &); // ok
```

（6）用户定义的类型都自动拥有“=”“&”“,”运算符，除非有特殊需要，一般不必重载这 3 个运算符。有时系统提供的默认的对象赋值运算符不能满足程序的要求，如数据成员中包含指向动态分配内存的指针成员时，在复制此成员时就可能出现危险。在这种情况下，就需要自己重载赋值运算符。

（7）建议重载的操作符的意义要和传统的意义相符。

从理论上讲，可以将一个运算符重载为执行任意的操作，如可以将加法运算符重载为输出对象中的信息，但这样违背的运算符重载的初衷，非但没有提高可读性，反而使人莫名其妙，无法理解程序。

（8）建议不要轻易地用重载。

6.2.4　运算符重载为成员函数和友元函数

运算符的重载实质上是函数重载，在 C++中，运算符重载有两种形式：重载为类的非静态成员函数和重载为非成员函数。

如果将运算符重载为类的成员函数，它可以自由地访问本类的数据成员，使用时，总是通过该类的某个对象来访问重载运算符。

运算符也可以重载为非成员函数，这时，运算所需要的操作数都需要通过函数的形参表来传递，在形参表中形参从左到右的顺序就是运算符操作数的顺序。如果需要访问运算符参数对象的私有成员，可以将该函数声明为类的友元函数。

当运算符重载为成员函数和友元函数时，参数的个数有所不同，具体如下。

（1）运算符重载为类成员函数时：参数个数=原操作数个数-1（后置“++”“--”除外）。

（2）运算符重载为友元函数时：参数个数=原操作数个数，且至少应该有一个自定义类型的形参。

对于双目运算符 B，如果将运算符 B 重载为类成员函数，使之能够实现表达式 oprd1 B oprd2，其中 oprd1 为 A 类对象，则 B 应被重载为 A 类的成员函数，形参类型应该是 oprd2 所属的类型。经重载后，表达式 oprd1 B oprd2 相当于 oprd1.operator B（oprd2）；否则，如果将运算符 B 重载为友元函数，表达式 oprd1 B oprd2 等同于 operator B（oprd1,oprd2），函数的形参代表依自左至右次序排列的各操作数。

对于单目运算符，有前置和后置之分。前置单目运算符 U，如果将运算符 U 重载为类成员函数，使之能够实现表达式：U oprd，其中 oprd 为 A 类对象，则 U 应被重载为 A 类的成员函数，无形参。经重载后，表达式 U oprd 相当于 oprd.operator U()；如果将运算符重载为友元函数时，前置单目运算符 U 重载后，表达式 U oprd 等同于 operator B（oprd）。

后置单目运算符，如"++"和"--"，如果要重载"++"或"--"为类成员函数，使之能够实现表达式 oprd++或 oprd--，其中 oprd 为 A 类对象，则"++"或"--"应被重载为 A 类的成员函数，且具有一个 int 类型形参，用来与前置单目运算符的++oprd 和--oprd 加以区别。经重载后，表达式 oprd++相当于 oprd.operator++(0)；如果运算符重载为友元函数，则后置单目运算符"++"和"--"重载后，表达式 oprd B 等同于 operator B（oprd，0）。

【例 6-2】将运算符"+"重载为适用于复数加法。重载函数作为类的成员函数。

```
#include <iostream>
using namespace std;
class Complex
{ public:
    Complex() {real=0;imag=0;}
    Complex(double r, double i) {real=r; imag=i; }
    //friend Complex operator+(Complex &a, Complex &b);
    Complex operator+( Complex &b);
    void display();
  private:
    double real;
    double imag;
};
//Complex operator+(Complex &a, Complex &b)
//{return Complex(a.real+b.real, a.imag+b.imag);}
Complex Complex::operator+( Complex &b)
{return Complex(real+b.real, imag+b.imag);}

void Complex::display()
{cout<<"("<<real<<","<<imag<<"i)"<<endl;}

int main()
{ Complex c1(3,4), c2(5,-10),c3;
  c3=c1+c2;//执行 c1.operator+(c2);
  cout<<"c1="; c1.display();
  cout<<"c2="; c2.display();
  cout<<"c1+c2="; c3.display();
  getchar();
  return 0;
}
```

例 6-2 求出两个复数之和，运行结果如下所示，与例 6-1 完全一样。

例 6-2 与例 6-1 的区别是重载运算符作为成员函数。运算符重载时，什么时候应该用成员函数？什么时候应该用友元函数？两者的区别是什么？

如果将运算符重载作为成员函数，由于它可以通过 this 指针自由访问本类的数据成员，因此可以少写一个函数的参数。但必须要求运算表达式第一个参数（即运算符左侧的操作数）是一个类对象，因为必须通过类的对象去调用该类的成员函数，而且重载函数的返回值与该对象类型相同，只有运算符重载函数返回值与该对象同类型，运算结果才有意义。本例是建立一个 Complex 类，重载函数只有一个参数 b，相对于友元方式少一个参数 a，函数的返回值是 Complex 类型的对象。本例将友元函数的实现方式用注释的方式写在代码中，方便读者理解。大部分运算符即可重载为成员函数也可以重载为友元函数。

C++规定，当重载以下的运算符时，必须重载为某个类的成员函数："=""[ ]""( )""->"；当重载以下的运算符时，必须是普通函数或友元函数，不能为成员函数：">>""<<"。

一般将双目运算符重载为友元函数，单目运算符重载为成员函数。

由于友元的使用会破坏类的封装性，因此从原则上说，要尽量将运算符函数作为成员函数。

6.2.5　重载双目运算符

双目运算符（或称二元运算符）是 C++中最常用的运算符。双目运算符有两个操作数，通常在运算符的左右两侧，如 3+5，a=b，i<10 等。下面举一个例子说明用友元函数的方法重载双目运算符的应用。

【例 6-3】 定义一个字符串类 String，用来存放不定长的字符串，重载运算符"==","<"和">"，用于两个字符串的等于、小于和大于的比较运算。

按照逐步求精的编程思想，先实现一个简单的可运行的程序框架，再细化实现。下面分几步来介绍编程过程。

（1）建立一个 String 类。

```
#include <iostream>
using namespace std;
class String
{public:
   String() {p=NULL;}
   String(char *str);
   void display();
 private:
   char *p;
};
String::String(char *str)
{ p=str;}

void String::display()
{ cout<<p;}
int main()
{ String string1("Hello"), string2("Book");
  string1.display();
  cout<<endl;
  string2.display();
  getchar();
  return 0;
 }
```

程序运行结果如下。

这是一个可运行的简单的框架程序。

在定义对象 string1 时给出字符串"Hello"作为参数，它的起始地址传递给构造函数的形参指针 str。在构造函数中，使 p 指向"Hello"。执行 main 函数中的 string1.display()时，输出 p 指向的字符串“Hello”。在定义对象 string2 时给出字符串“Book”作为实参，同样，执行 main 函数的 string2.display()时，就输出 p 指向的字符串“Book”。

（2）有了这个基础后，再增加其他必要的内容。现在增加对运算符重载的部分，为便于编写和调试，先重载一个运算符“>”，程序如下。

在 String 类中声明一个友元函数：

```
friend bool operator >(String &string1, String &string2);
```

在类外定义“>”运算符的重载函数：

```
bool operator >(String &string1, String &string2)
{ if(strcmp(string1.p, string2.p)>0)
    return true;
  else return false;
}
```

再修改主函数：

```
int main()
{  String string1( “Hello” ), string2( “Book” );
   cout<<(string1>string2)<<endl;
   return 0;
}
```

将运算符重载函数声明为友元函数。运算符重载函数为 bool 型（逻辑型），它的返回值是一个逻辑值（true 或 false）。在函数中调用库函数中的 strcmp 函数，string1.p 指向“Hello”，string2.p 指向“Book”，如果“Hello”>“Book”，则返回 true（以 1 表示），否则返回 false（以 0 表示）。在 main 函数中输出比较结果。程序运行结果为 1。

既然对运算符“>”的重载成功了，其他两个运算符的重载如法炮制即可。

6.2.6　重载单目运算符

单目运算符只有一个操作数，如!a，-b，&c，*p，还有最常用的++i 和--i 等。重载单目运算符的方法与重载双目运算符的方法是类似的。但由于单目运算符只有一个操作数，因此运算符重载函数只有一个参数，如果运算符重载函数作为成员函数，则还可省略此参数。

下面以自增运算符”++”为例，介绍单目运算符重载为成员函数的方法。

【例 6-4】有一个 time 类，包含数据成员 minute（分）和 sec（秒），模似秒表，每次走一秒，满 60 秒进一分钟，此时秒又从 0 开始算。要求输出分和秒的值。

可以写出如下程序：

```
#include <iostream>
using namespace std;
class Time
{ public:
    Time() {minute=0; sec=0;}
    Time(int m, int s):minute(m), sec(s) { }
    Time operator++();  //重载前置自增运算符
  void display(){cout<<minute<<":"<<sec<<endl;}
  private:
    int minute;
    int sec;
 };
Time Time::operator++()
{ if(++sec>=60)
    { sec-=60;
     ++minute;}
     return *this;
}
int main()
{ Time time1(34,0);
  for(int i=0; i<61;i++)
    {++time1;         //相当于: time1.operator++();
      time1.display(); }
  getchar();
  return 0;

}
```

程序运行结果如下。

例 6-4 中从 34:1 每次递增 1 秒，直到 35:1，共输出 61 个时间值。由于屏幕大小有限，没有截取输出全部值的情况。

我们知道，++和--运算符有两种使用方式，前置自增运算符和后置自增运算符，它们的作用是不一样的，在重载时怎样区别这二者呢?

C++约定：自增（自减）运算符重载函数中，增加一个 int 型形参，该参数在函数中没有用，它的作用就是表明该自增（自减）运算符是后置的。

【例 6-5】 在例 6-4 的基础上增加对后置运算符的重载。修改后的程序如下。

在类的定义中增加函数成员：

```
Time operator++(int);
```

定义后置自增运算符“++”重载函数：

```
Time time::operator++(int)
```

```
{ Time temp(*this); //定义一个对象temp,并用当前对象初始化该对象
  sec++;
  if(sec>=60)
   {sec-=60;
   ++minute;}
  return temp;   //返回对象temp
}
```

主函数：

```
int main()
{ Time time1(34,59), time2;
  cout<<''Time1:'';
  time1.display();
  ++time1;
  cout<<''++time1'';
  time1.display();
  time2=time1++;  //相当于：time1.operator++(任意一个整数);
  cout<<''time1++:'';
  time1.display();
  cout<<''time2:'';
  time2.display();
  return 0;
}
```

前置自增运算符是先自加，返回的是修改后的对象本身。后者返回的是自加前的对象，然后对象自加。程序运行结果如下。

在例 6-5 中，重载后置自增运算符时，多了一个 int 型的参数，增加这个参数只是为了与前置自增运算符重载函数有所区别，此外没有任何作用，在定义函数时也不必使用此参数，因此可不必写参数名，只需要在括号中写参数类型 int 即可。编译系统在遇到重载后置自增运算符时，会自动调用此函数。

6.2.7 重载流插入运算符和流提取运算符

所有 C++编译系统都在类库中提供输入流类 istream 和输出流类 ostream。cin 和 cout 分别是 istream 类和 ostream 类的对象。在类库提供的头文件中已经对这两个运算符进行了重载，使之作为流插入运算符和流提取运算符，能用来输出和输入 C++标准类型的数据。因此，在本书前面几章中，凡是用“cout<<”和“cin>>”对标准类型数据进行输入和输出的，都要用#include <iostream>把头文件包含到本程序文件中。

用户自己定义的类型的数据，是不能直接用“<<”和“>>”来输出和输入的。如果想用它们输出和输入自己定义的类型的数据，必须在自己定义的类中对这两个运算符进行重载。

对“<<”和“>>”重载的函数形式如下：

```
istream &operator>>(istream &, 自定义类&);
ostream &operator<<(ostream &, 自定义类&);
```

即重载运算符“>>”的函数的第一个参数和函数的类型都必须是 istream &类型，第二个参数是要进行输入操作的类。重载“<<”的函数的第一个参数和函数的类型都必须是 ostream &类型，第二个参数是要进行输出操作的类。由于重载函数的第一个参数是输入输出流类 iostream 的对象而不是自定义类的对象，只能将重载“>>”和“<<”的函数作为类的友元函数，而不能将它们定义为成员函数。

【例 6-6】 用友元函数重载流插入运算符“<<”和流提取运算符“>>”。

```
#include <iostream>
using namespace std;
class Complex
 { public:
   friend ostream& operator<<(ostream &, Complex &);
   friend istream& operator>>(istream &, Complex &);
  private:
   double real;
   double imag;
 };
ostream& operator<<(ostream & output, Complex &c)
{ output<<"("<<c.real<<"+"<<c.imag<<"i)";
  return output;
}
istream& operator>>(istream & input, Complex &c)
{ cout<<"input real part and imaginary part of complex number:";
  input>>c.real>>c.imag;
  return input;
}
int main()
{ Complex c1,c2;
  cin>>c1>>c2;//相当于:operator>>(operator>>(cin,c1),c2))
  cout<<"c1="<<c1<<endl;
  cout<<"c2="<<c2<<endl;
  cout << "Please enter a character to exit\n";
}
```

程序运行结果如下。

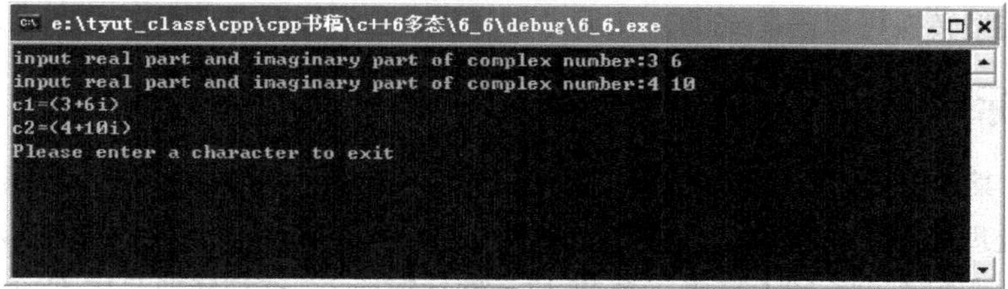

在例 6-6 中，运算符“>>”重载函数中的形参 input 是 iostream 类的对象的引用，在执行 cin>>c1 时，调用 operator>>函数，将 cin 地址传递给 input，input 是 cin 的引用，同样 c 是 c1 的引用。因此，“input>>c.real>>c.imag;”相当于“cin>>c1.real>>c1.imag;”。函数返回 cin 的新值。用 cin 和“>>”可以连续从输入流提取数据赋予程序中的 Complex 类对象，或者说，用 cin 和“>>”可以连续向程序输入 Complex 类对象的值。在 main 函数中用了“cin>>c1>>c2”连续输入 c1 和 c2 的值。

cin 语句中有两个“>>”，每遇到一次“>>”就调用一次重载运算符“>>”函数，因此，两次输出提示信息，然后要求用户输入对象的值。

以上运行结果无疑是正确的，但并不完善。在输入复数的虚部时，当虚部为正值时，输出的结果没有问题，但是虚部如果是负数就不理想，如：

```
input real part and imaginary part of complex number:3 6
input real part and imaginary part of complex number:4 -10
c1=(3+6i)
c2=(4+-10i)
```

最后一行在-10 前面又加了一个“+”号，这显然是不合适的。这是由于编程时只考虑虚部为正数而没有考虑是负数引起的。将程序调试通过后，可进一步完善。将重载运算符“<<”函数修改如下：虚部为正数时，在虚部前加“+”号，虚部为负数时，在虚部前不加“+”号。

```
ostream& operator<<(ostream & output, Complex &c)
{ output<<"("<<c.real<;
  if (c.imag>=0) output<<"+";
     output<<c.imag<<"i)"<<endl;
  return output;
}
```

这样，运行时输出的最后一行为：

```
c2=(4-10i)
```

在本章的例子中应当注意到，在运算符重载中使用引用（reference）的重要性。利用引用作为函数的形参可以在调用函数的过程中不是用传递值的方式进行虚实结合，而是通过使形参成为实参的别名，减少了时间和空间的开销。此外，如果重载函数的返回值是对象的引用时，返回的不是常量，而是引用所代表的对象，它可以出现在赋值号的左侧成为左值，可以被赋值或参与其他操作（如保留 cout 流的当前值以便能连续使用“<<”输出）。但使用引用时要特别小心，因为修改了引用就等于修改了它所代表的对象。

6.3 不同类型数据间的转换

不同国家之间的货币需要转换后才能相互使用，同样地，不同类型的变量也需要转换后才能一起使用。强制类型转换就是指将一种类型的值转换成另一种类型的值进行的语义操作，从而防止类型错误。类型转换可以是隐式的，在编译时完成；也可以是显式的，可在动态运行时完成。

6.3.1 标准类型数据间的转换

在 C++中，某些不同类型数据之间可以自动转换，如 int i=6; i=7.5+i;，编译系统对 7.5 是作为 double 型数据处理的，在求解表达式时，先将 6 转换成 double 型，然后与 7.5 相加，得到和为 13.5，在向整型赋值时，将 13.5 转换为整数 13，然后赋给 i。这种转换是由 C++编译系统自动完成的，用户不需干预。也可以进行显式转换，例如，(float)(5%2) 或 float(5%2)，两种用法均可。前面一种用法是 C 语言中的用法，称为强制转换法；后面一种用法是 C++中的用法，称为函数法。

对于标准类型的转换，编译系统有章可循，知道怎样进行转换。而对于用户自己声明的类型，编译系统并不知道怎样进行转换。解决这个问题的关键是让编译系统知道怎样去进行这些转换，需要定义专门的函数来处理。下面就讨论这个问题。

6.3.2　用转换构造函数实现类型转换

转换构造函数的作用是将一个其他类型的数据转换成一个类的对象。转换构造函数也是一种构造函数，它遵循构造函数的一般规则。

下面以 Complex 类为例，说明构造函数的种类。

- 默认构造函数：Complex();
- 用于初始化的构造函数：Complex(double r,double i);
- 拷贝构造函数：Complex(Complex &c);
- 转换构造函数：Complex(double r) {real=r;imag=0;}

以上几种构造函数可以同时出现在同一个类中，它们是构造函数的重载。编译系统会根据需要选择与之匹配的构造函数。

假如在 Complex 类中定义了上面的构造函数，在 Complex 类的作用域中有以下声明语句：

```
Complex c1(3.5);
```

它的作用是调用转换构造函数，建立 Complex 类对象 c1，其 real 的值为 3.5，imag 的值为 0。这样就将 double 型常数转换成一个名为 c1 的 Complex 类对象。也可以在一个表达式中使用无名对象，如：

```
c1=Complex(3.6);
```

它的作用是建立一个无名的 Complex 类对象，其值为（3.6，0i），然后将此无名对象的值赋给 c1。

分析以下表达式：

```
c1=c1+2.5;
```

编译出错，因为不能用运算符“+”将一个 Complex 类对象和一个浮点数相加。可以先将 2.5 转换为 Complex 类无名对象，然后相加：

```
c1=c1+Complex(2.5);
```

请对比 Complex(2.5)和 int(2.5)。二者形式类似，int(2.5)是强制类型转换，将 2.5 转换为整数，int()是强制类型转换运算符。可以认为 Complex(2.5)的作用也是强制类型转换，将 2.5 转换为 Complex 类对象。如果已对 Complex 重载了“+”运算符，使之能进行两个 Complex 类对象的相加，则上述表达式正确。

通常把有一个参数的构造函数用作类型转换，称为转换构造函数。如果有多个参数，就不是转换构造函数。原因是显然的：如果有多个参数，究竟是把哪个参数转换成 Complex 类的对象呢?

归纳起来，使用转换构造函数将一个指定的数据转换为类对象的方法如下：

（1）先声明一个类（如上面的 Complex）;

（2）在这个类中定义一个只有一个参数的构造函数，参数的类型是需要转换的类型，在函数体中指定转换的方法；

（3）在该类的作用域内可以用以下形式进行类型转换：

```
类名(指定类型的数据)
```

就可以将指定类型的数据转换为此类的对象。

6.3.3　用类型转换函数进行类型转换

使用转换构造函数可以将一个指定类型的数据转换为类的对象，但是不能反过来将一个类的对象转换为一个其他类型的数据（例如将一个Complex类的对象转换成double型数据）。

C++提供类型转换函数来解决这个问题。如果已声明了一个 Complex类，可以在类中这样定义类型转换函数：

```
operator double() {return real;}
```

函数返回值是double型数据，其值是Complex类中的数据成员real的值。

请注意：函数名是operator double。这一点和运算符重载时的规律是一致的。

类型转换函数定义的格式为：

```
operator 类型名()
{实现转换的语句}
```

在函数名前不能指定函数类型，函数没有参数。其返回值的类型是由函数名中指定的类型名来确定的。类型转换函数只能作为成员函数，因为转换的主体是本类的对象。不能作为类的友元函数。类型转换函数中必须有“return 目的类型的数据;”的语句，即必须返回目的类型数据作为函数的返回值。

从函数形式可以看到，它与运算符重载函数相似，都是用关键字operator开头，只是被重载的是类型名。double类型经过重载后，除了原有的含义外，还获得新的含义（将一个Complex类对象转换为double类型数据，并指定了转换方法）。这样，编译系统不仅能识别原有的double型数据，而且还会把Complex类对象作为double类型数据处理。

转换构造函数和类型转换运算符有一个共同的功能：当需要的时候，编译系统会自动调用这些函数，建立一个无名的临时对象。

从前面的介绍可知：对类型的重载和本章开头所介绍的对运算符的重载的概念和方法都是相似的。重载函数都使用关键字operator，它的意思是“运算符”。因此，通常把类型转换函数称为类型转换运算符函数，也称为类型转换运算符重载函数。

6.4 虚 函 数

6.4.1 虚函数的定义

虚函数的定义是在基类中进行的，它是在某基类中声明为virtual并在一个或多个派生类中被重新定义的成员函数。

虚函数是一个成员函数，在基类的类定义中定义虚函数的一般形式：

```
class 基类名{
    .......
    virtual 返回值类型 将要在派生类中重载的函数名(参数列表);
};
```

例如，将类Student中的display()成员函数定义为虚函数：

```
class Student {
    virtual void display(); //定义虚函数
}
```

当基类中的某个成员函数被声明为虚函数后，它就可以在基类的派生类中对虚函数重新定义。在派生类中重新定义的函数应与虚函数具有相同的形参个数和形参类型。以实现统一的接口，不同的定义过程。如果在派生类中没有对虚函数重新定义，则它继承其基类的虚函数。当程序发现虚函数名前的关键字 virtual 后，会自动将其作为动态关联处理，即在程序运行时动态地选择合适的成员函数。

说明：

（1）非类的成员函数不能定义为虚函数。

（2）类的静态成员函数和构造函数不能定义为虚函数，但可以将析构函数定义为虚函数。

（3）虚函数一般不声明为内联函数，因为对虚函数的调用采用的是动态绑定，而对内联函数采用的是静态绑定，即使虚函数在类体内定义，C++编译器也将它视为非内联函数。

（4）只需要在声明函数的类体中使用关键字“virtual”将函数声明为虚函数，而定义函数时不需要使用关键字“virtual”。例如：

```
class Shape{
    virtual void draw_lines() const;
    virtual void move();
};
virtual void Shape::draw_lines() const{/*…*/} //错误，在类外定义虚函数时不能加 virtual
void Shape::move() {/*…*/}  //正确
```

（5）如果声明了某个成员函数为虚函数，则在该类中不能出现和这个成员函数同名并且返回值、参数个数、参数类型都相同的非虚函数。在以该类为基类的派生类中，也不能出现这种同名同返回值同参数个数同参数类型非虚的函数。

（6）C++规定，当一个成员函数被声明为虚函数后，其派生类中的同名函数都自动成为虚函数，因此在派生类重新声明该虚函数时要加上 virtual，也可以不加，但习惯上一般在每一层声明该函数时都加 virtual，使程序更加清晰。

（7）在派生类中重新定义基类虚函数，要求函数名、函数类型、函数参数个数和类型全部与基类的虚函数相同，并根据派生类的需要重新定义函数体。以前介绍的函数重载处理的是同一层次上的同名函数问题，是横向重载，虚函数可以理解为纵向重载，一般称为函数的覆盖（override）。与重载不同的是，同一类族的虚函数的函数名、参数的类型、个数都是相同的，而函数重载时函数名相同，参数的个数或类型不同。

（8）如果在派生类中没有对基类的虚函数覆盖定义，则派生类简单地继承其直接基类的虚函数。

6.4.2　虚函数的作用

虚函数的作用是实现动态关联，也就是在程序的运行阶段动态地选择合适的成员函数。实现动态关联需要 3 个条件：

（1）必须把需要动态关联的行为定义为类的公共属性的虚函数；

（2）类之间存在子类型关系，一般表现为一个类从另一个类公有派生而来；

（3）必须先使用基类指针指向子类型的对象，然后直接或者间接使用基类指针调用虚函数。

因此，实现动态关联，只能通过指向基类的指针或基类对象的引用来调用虚函数，其格式如下：

（1）指向基类的指针变量名->虚函数名（实参表）；

（2）基类对象的引用名.虚函数名（实参表）。

下面通过比较例 6-7 和例 6-8 两个实例的运行结果理解虚函数的作用。其中，例 6-7 中没有将基类与派生类中的同名函数设为虚函数，例 6-8 中将基类与派生中的同函数设为虚函数。

【例 6-7】 Student 是基类，Graduate 是派生类，它们都有同名函数 display()，但不将其设置为虚函数。

```
#include <iostream>
#include <string>
using namespace std;
//声明基类 Student
class Student
{ public:
    Student(int,string,float);
    void display();
  protected:
    int num;
    string name;
    float score;
};
//Student 类成员函数的实现
Student::Student(int n,string nam,float s)
{ num =n; name=nam; score = s;}

void Student ::display()
{ cout<<"num:"<<num<<"\name:"<<name<<"\nscore:"<<score<<"\n\n";}

//声明公有派生类 Graduate
class Graduate:public Student
{ public:
    Graduate(int,string,float,float);
    void display();
  private:
    float pay;
};
//Graduate 类成员函数的实现
void Graduate::display()
{ cout<<"num:"<<num<<"\nname:"<<name<<"\nscore:"<<score<<"\npay="<<pay<<endl;}

Graduate::Graduate(int n, string nam,float s,float p):Student(n,nam,s),pay(p){ }

//主函数
int main()
{ Student stud1(1001,"Li",87.5);
  Graduate grad1(2001,"Wang",98.5,563.5);
  Student *pt=&stud1;
  pt->display();
  pt=&grad1;
  pt->display();
  getchar();
  return 0;
}
```

程序运行结果如下。

在例 6-7 中，Student 类中的 display()函数的作用是输出学生的数据，Graduate 类中的 display 函数的作用是输出研究生的数据，二者的作用不同。在主函数中定义了指向基类对象的指针 pt，并先使 pt 指向 stud1，用 pt->display()输出基类对象 stud1 的全部数据成员，然后使 pt 指向 grad1，再调用 pt->display()，这样做的企图是输出 grad1 的全部数据成员，但实际上只输出了 grad1 中的基类的数据成员，说明它并没有调用 grad1 中的 display()函数，而是调用了 stud1 的 display 函数。

假如想输出 grad1 的全部数据，可以采用这样的办法：通过对象名调用 display 函数，如 grad1.display()，或者定义一个指向 Graduate 类对象的指针变量 ptr，然后使 ptr 指向 grad1,再用 ptr->display()调用。这当然是可以的，但是通过基类的指针或引用就只能调用从基类中继承的函数，如例 6-7 所示。

能否用同一个调用形式，既能调用派生类又能调用基类的同名函数呢？C++中的虚函数就是用来解决这个问题的。虚函数的作用是允许在派生类中重新定义与基类同名的函数，即函数覆盖，这样基类与派类就有一个统一的使用界面，并且当基类的指针或引用指向派生类的对象时，可以通过基类指针或引用来访问派生类中的同名函数。

下面对程序做一点修改，在 Student 类中声明 display 函数时，在最左面加一个关键字 virtual，即 virtual void display()；这样就把 Student 类的 display 函数声明为虚函数，程序的其他部分不改变，如例 6-8 所示。

【例 6-8】 将基类 Student 与派生类 Graduate 中的同名函数 display()设为虚函数。

```
#include <iostream>
#include <string>
using namespace std;
//声明基类 Student
class Student
{ public:
    Student(int,string,float);
    virtual void display();
  protected:
    int num;
    string name;
    float score;
};
//Student 类成员函数的实现
Student::Student(int n,string nam,float s)
{ num =n; name=nam; score = s;}

void Student ::display()
{ cout<<"num:"<<num<<"\name:"<<name<<"\nscore:"<<score<<"\n\n";}

//声明公有派生类 Graduate
class Graduate:public Student
{ public:
    Graduate(int,string,float,float);
    virtual void display();
  private:
    float pay;
};
//Graduate 类成员函数的实现
void Graduate::display()
{ cout<<"num:"<<num<<"\nname:"<<name<<"\nscore:"<<score<<"\npay="<<pay<<endl;}
```

```
Graduate::Graduate(int n, string nam,float s,float p):Student(n,nam,s),pay(p){ }

//主函数
int main()
{ Student stud1(1001,"Li",87.5);
  Graduate grad1(2001,"Wang",98.5,563.5);
  Student *pt=&stud1;
  pt->display();
  pt=&grad1;
  pt->display();
  getchar();
  return 0;
}
```

程序运行结果如下。

观察例 6-8 改动后程序的运行结果可以发现，在输出 grad1 的信息时输出了其所得助学金的金额，即用同一种调用形式 pt->display()当指向学生 stud1 时输出了 stud1 的全部数据，当指向 grad1 时输出了研究生 grad1 的全部数据。pt 是一个基类指针，可以调用同一类族中不同类的虚函数，这就是多态性，对同一消息，不同对象有不同的响应方式。虚函数的奇妙作用在于实现动态多态。

基类的指针是用来指向基类对象的，如果用它指向派生类对象，则进行指针类型转换，将派生类对象的指针先转换为基类的指针，所以基类的指针指向的是派生类对象中的基类部分。如果不设置虚函数，是无法通过基类指针去调用派生类对象中的成员函数的。虚函数突破了这一限制，在派生类的基类部分，派生类的函数取代了基类原来的函数，因此在使用基类指针指向派生类对象后，调用基类函数时就调用了派生类的同名函数。

虚函数的以上功能是很有实用意义的。在面向对象的程序设计中，经常会用到类的继承，保留基类的特性，以减少新类开发的时间。但是，从基类继承来的某些成员函数不完全适应派生类的需要。例如在例 6-7 中，基类的 display 函数只输出基类的数据，而派生类的 display 函数需要输出派生类的数据。过去我们曾经使派生类的输出函数与基类的输出函数不同名（如 display 和 display1），如果派生的层次多，就要起许多不同的函数名。利用虚函数就很好地解决了这个问题。可以看到：当把基类的某个成员函数声明为虚函数后，允许在其派生类中对该函数的定义进行覆盖，赋予它新的功能，并且在通过指向基类的指针指向同一类族中不同类的对象时调用所指向类的同名函数。

由虚函数实现的动态多态就是同一类族中不同类的对象，对同一函数调用做出不同的响应。那么，在什么情况下把一个成员函数声明为虚函数呢？主要考虑以下几点。

（1）首先看成员函数所在的类是否会作为基类，然后看成员函数在类的继承后是否要更改功能，如果希望更改其功能，一般应该将它声明为虚函数。

（2）如果成员函数在类被继承后功能不需修改，或派生类用不到该函数，则不要声明为虚函数。不要把基类中的所有的成员函数都声明为虚函数。

（3）应考虑对成员函数的调用是通过对象名还是通过基类的指针或引用去访问的，如果是通过基类的指针或引用去访问，则应当声明为虚函数。仅仅是通过对象名去访问派生类时，没有必要声明为虚函数。

（4）有时，在定义虚函数时，并不定义其函数体，即函数体是空的。它的作用只是定义了一个虚函数名，具体功能留给派生类去添加。这时需要将虚函数设为纯虚函数，包含纯虚函数的类称为抽象类，在 6.5 节对此进行详细讨论。

【例 6-9】 分析下面的例子的运行结果，理解虚函数与普通函数的不同。

```
#include <iostream.h>
class B//基类 B0 声明
{ public:
    virtual void f() const {cout<<"B::f";}
    void g() const {cout<<"B::g";}
};
class D: public B
{ public:
     void f() const{cout<<"D::f";} //重写 B::f
     void g() {cout<<"D::g";}
};
class DD: public D
{ public:
     void f(){cout<<"DD::f";} //此处没有 const,不是 D::f 的重写函数
     void g() const {cout<<"DD::g"; }
};

void call(const B &b)
    //D 是一种类型的 B，所以实参可为 D
    //同样，DD 是一种类型的 D,也是一类型的 B,所以实参可为 DD
{
    b.f();
    b.g();
}
int main ( ) //主函数
{
    B b;
    D d;
    DD dd;

    call(b); //执行结果为：B::f B::g
    call(d); //执行结果为：B::f B::g
    call(dd); //执行结果为：B::f B::g

    b.f();
    b.g();

    d.f();
    d.g();

    dd.f();
    dd.g();
```

```
    return 0;
}
```

程序运行结果如下。

例 6-9 是一个类的简单的继承关系，其中有一个虚函数和一个普通函数。在通过基类的引用进行参数传递时，当引用的是派生类的对象，调用虚函数时，调用的是最远派生类的对象。

6.4.3 对象的存储

对象是如何在内存中存储的？当定义一个对象时，它的数据成员按顺序存储在内存中。当有派生类对象时，新增的数据成员加在基类的数据成员之后。

为了管理虚函数的调用，需要在对象中增加一个数据项，用来说明在调用虚函数时具体调用的是哪个函数。通常这一数据项是 vtbl（virtual table，虚函数表）的地址，称为 vptr（virtual pointer，虚函数指针）。

下面以一个例子分析虚函数的实现。Graduate 是 Student 的派生类，Graduate 可以看成是一种特殊的 Student，可以被当成 Student。另外，Graduate 还具有它自己的数据成员。

为了控制虚函数的调用，我们在 Student 类中需要设置一个 vtbl 表来告知 Student 对象在调用 display 函数时是哪个函数被调用，如图 6-1 所示。

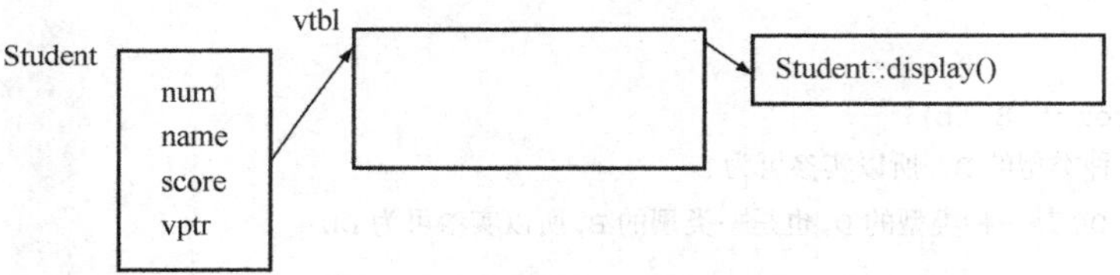

图 6-1 虚函数的存储示意图

由于 display()是第一个虚函数，它占用 vtbl 表中的第一行，一个类可以根据需要有若干个虚函数，通常的做法是将该类所有的虚函数的地址放在一个 vtbl 表中，将这个表的地址放在 Student 对象中，这个表的行数就是虚函数中的个数，表地址通常称为 vptr（virtual pointer）。当执行 x.display()时，编译器产生一个对 vtbl 表中的函数 display()的调用，如图 6-1 中箭头所示。所以如果 x 是一个 Student，则函数 Student::display()将被调用。如果 x 是派生类的对象，则调用 vtbl 指向的派生类的函数。虚函数产生的代码可以通过 vptr 找到，继而找到对应的虚函数。在派生类中定义了与基类同名同类型的虚函数后，派生类的 vtbl 表中相应函数的地址就用派生类该同名函数的地址所代替即覆盖。

在了解了虚函数的原理后，我们知道虚函数的使用只是增加了访问虚函数表和访问函数两次访存，并不会过多影响程序的执行速度；在存储上每个类多了一个 vtbl 表，并没有过多增加内存。通过上面的分析我们知道执行到底慢多少，需要的存储到底大多少，满足一些读者的好奇及消除人们在设计时的恐惧心理。如果在运行时需要在不同的函数之间进行选择，虚函数是效率最高的。

这里我们并没有提到非虚函数的存储和访问，因为非虚成员函数的访问方式与普通函数的访问方式相同，不需要在对象中增加一个 vptr 指针，不会增加对象所占的空间。

6.4.4　虚析构函数

析构函数的作用是在对象撤销之前做必要的“清理现场”的工作。当派生类的对象从内存中撤销时一般先运行派生类的析构函数，然后再调用基类的析构函数。如果用 new 运算符建立了派生类的临时对象，对指向基类的指针指向这个临时对象，当用 delete 运算符撤销对象时，系统执行的是基类的析构函数，而不是派生类的析构函数，不能彻底完成“清理现场”的工作。解决的办法是将基类及派生类的析构函数设为虚函数，这时无论基类指针指的是同一类族中的哪一个类对象，系统会采用动态关联，调用相应的析构函数，对该对象进行清理工作。

【例 6-10】 基类的指针指向派生类的对象，且基类有非虚析构函数时的执行情况。

```
#include <iostream>
using namespace std;
class Point
{ public:
    Point() { }
    ~Point() {cout<<"executing Point destructor"<<endl;}
};

class Circle:public Point
{ public:
    Circle() { }
    ~Circle() {cout<<"executing Circle destructor"<<endl;}
  private:
    int radius;
};

int main()
{  Point *p=new Circle;
   delete p;
   getchar();
   return 0;
}
```

程序运行结果如下。

例 6-10 中，p 是指向基类的指针变量，指向 new 开辟的派生类 Circle 的对象建立的动态存储空间，希望用 delete 先调用派生类的析构函数再调用基类的析构函数释放 p 所指向的空间。但此程序的执行结果为：

```
virtual ~Point() {cout<<"executing Point destructor"<<endl;}
```

它表示只执行了基类 Point 的析构函数，而没有执行派生类 Circle 的析构函数。此时如果希望能执行派生类 Circle 的析构函数，可以将基类的析构函数声明为虚析构函数，如例 6-11 所示。

【例 6-11】 基类的指针指向派生类的对象，基类中有虚析构函数时的执行情况。

```
#include <iostream>
using namespace std;
class Point
{ public:
    Point() { }
```

```
    virtual ~Point() {cout<<"executing Point destructor"<<endl;}
};

class Circle:public Point
{ public:
    Circle() { }
    ~Circle() {cout<<"executing Circle destructor"<<endl;}
  private:
    int radius;
};

int main()
{  Point *p=new Circle;
   delete p;
   getchar();
   return 0;
}
```

再运行程序，结果如下：

在例6-11中，当执行delete p时，先调用派生类的析构函数，再调用基类的析构函数。

在将基类的析构函数声明为虚函数时，由该基类派生的所有派生类的析构函数也自动成为虚函数，即使派生类的析构函数与基类的析构函数名字不相同。

构造函数不能声明为虚函数，这是因为在执行构造函数时对象还未完成建立过程，当然谈不上函数与类对象的绑定。

程序中显式地用了delete运算符准备删除一个对象，而delete运算符的操作对象是指向派生类对象的基类指针，系统调用相应派生类的析构函数。如果程序中的局部对象离开其作用域，系统会隐式地调用其析构函数。

【例6-12】 析构函数的隐式调用和显式调用。

在例6-11的基础上增加一个函数并重写main()函数。

```
Point *fc()
{   Circle c1;
    Point *p= new Circle;
    return p;
}
void main()
  {   Point *q = fc();
      delete q;
  }
```

程序运行结果如下。

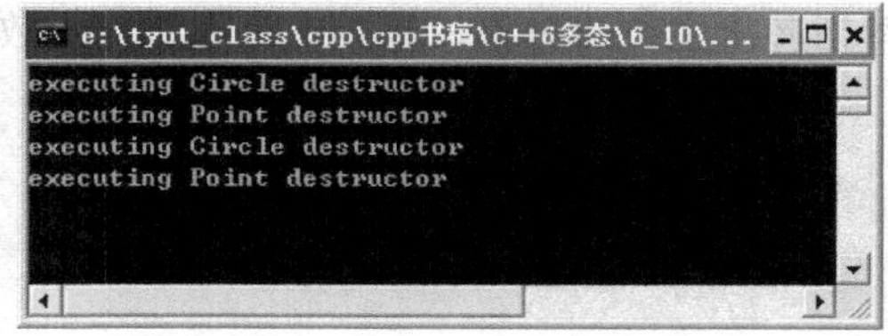

在例 6-12 中，在函数 fc 的内部创建了两个对象：一个是对象 c1，另一个是 p 所指向的 Circle 类的对象。对象 c1 在函数 fc 结束时执行 Circle 的析构函数，撤销局部对象 c1。p 所指向的对象的地址通过函数的返回值赋予 q，q 所指向的对象在执行 delete q 时执行析构函数，撤销 q 所指向的 Circle。

6.5　纯虚函数与抽象类

当基类只是起到接口作用，不需要生成该类的对象，也不需要对该类的某些成员函数进行实现时，这样的基类就是抽象类。因此，抽象类是一种特殊的基类，它为类族提供一个统一的操作界面。在 C++中，包含纯虚函数的类称为抽象类。它只能被其他类继承，而不能创建对象实例，所以通常也把它称为抽象基类。

6.5.1　纯虚函数

某些情况下，基类无法确定或者无法完全确定一个函数的具体操作方式和内容，只能靠派生类来提供各种实现版本，基类这种只能靠派生类提供重定义版本的虚函数叫纯虚函数。即纯虚函数是只给出函数声明而没给出函数实现的虚函数。因此，纯虚函数为各派生类提供一个公共界面。

纯虚函数的一般定义形式为：

```
class 类名
{
    virtual 返回值类型 函数名(参数表) = 0;
    ......
};
```

可见，将一个虚函数声明为纯虚函数，需要在虚函数原型的语句结束符“;”之前加上=0。例如，设计一个 Shape 基类，并在此基础上派生出 Circle 类。

```
class Shape{
    public:
        virtual double area()=0;  //=0 表示函数是一个纯虚函数;
};
class Circle: public Shape {
    public:
        Circle(double x): radius(x) { }
        double get_radius() {return radius; }
        virtual double area() {return radius*radius*3.14; }
    private:
        double radius;
};
```

在 Shape 抽象类的设计中，将函数 area()声明为纯虚函数，在 Circle 类中定义 area()虚函数的具体实现版本。从基类继承来的纯虚函数在派生类中仍是虚函数。

6.5.2　抽象类

如果一个类中至少有一个纯虚函数，这个类就是抽象类，通常也称为抽象基类。它的主要作用是为一个类族提供统一的公共接口，使它们更有效地发挥多态性的特性。使用抽象类时需注意以下几点。

（1）抽象类只能作为其他类的基类，不能建立抽象类的对象。抽象类处于继承层次结构的较上层，一个抽象类自身无法实例化，而只能通过继承机制生成抽象类的非抽象派生类，然后再实例化。

（2）抽象类不能用作参数类型、函数返回值或显式转换的类型。

（3）抽象类不能定义对象，但是可以声明一个抽象类的指针和引用。通过指针或引用可以指向并访问派生类对象，以访问派生类的成员。

（4）抽象类派生出新的类之后，如果派生类给出所有纯虚函数的函数实现，这个派生类就可以声明自己的对象，因而不再是抽象类；反之，如果派生类没有给出全部纯虚函数的实现，这时的派生类仍然是一个抽象类。

【例 6-13】 虚函数和抽象基类的应用。

类的层次结构的顶层是抽象基类 Shape（形状）、Point（点）、Circle（圆）都是 Shape 类的直接派生类和间接派生类，具体程序如下。

1．抽象基类 Shape 的定义

```
#include <iostream>
using namespace std;
//声明抽象基类 Shape
class Shape
{  public:
      virtual float area() const {return 0.0;}      //虚函数
      virtual float volume() const {return 0.0}     //虚函数
      virtual void shapeName() const=0;             //纯虚函数
};
```

Shape 类有 3 个成员函数，没有数据成员。3 个成员函数都声明为虚函数，其中 shapeName 声明为纯虚函数，因此 Shape 是一个抽象基类。shapeName 函数的作用是输出具体的形状的名字（如点、圆）。这个信息是与相应的派生类密切相关的，显然不应当在基类中定义，而应在派生类中定义，所以把它声明为纯虚函数。Shape 虽然是抽象基类，但是也可以包括某些成员的定义部分，其中的两个函数 area（面积）和 volume（体积）包括函数体，使其返回值为 0（可以认为点的面积和体积都为 0）。由于考虑到在 Point 类中不再对 area 和 volume 函数重新定义，因此没有把 area 和 volume 函数也声明为虚函数。在 Point 类中继承了 Shape 类的 area 和 volume 函数。这 3 个函数在各派生类中都要用到。

2．派生类 Point 的定义

```
class Point:public Shape            //Point 是 Shape 的公有派生类
{  public:
      Point(float =0, float =0);
      void setPoint(float, float);
      float getX() const {return x;}
      float getY() const {return y;}
      virtual void shapeName() const {cout<<"Point:"; } //对虚函数进行再定义
      friend ostream &operator<<(ostream &, const Point &);
   protected:
      float x,y;
};
//定义 Point 类成员函数
Point::Point(float a, float b)
{x=a; y=b;}
```

```
void Point::setPoint(float a, float b)
{x=a; y=b;}
ostream &operator<<(ostream &output, const Point &p)
{ output<<"["<<p.x<<","<<p.y<<"]";
  return output;
}
```

Point 从 Shape 继承了 3 个成员函数，由于“点”是没有面积和体积的，因此不必重新定义 area 和 volume。虽然在 Point 类中用不到这两个函数，但是 Point 类仍然从 Shape 类继承了这两个函数，以便其派生类继承它们。shapeName 函数在 Shape 类中是纯虚函数，在 Point 类中要进行定义。Point 类还有自己的成员函数（setPoint，getX，getY）和数据成员（x 和 y）。

3. 间接派生类 Circle 的定义

```
//声明 Circle 类
class Circle:public Point
{public:
   Circle(float x=0,float y=0, float r=0);
   void setRadius(float);
   float getRadius() const;
   virtual float area() const;
   virtual void shapeName() const {cout<<"Circle"; }//对虚函数进行再定义
   friend ostream &operator<<(ostream &, const Circle &);
 protected:
   float radius;
};
//声明 Circle 类成员函数
Circle::Circle(float a, float b, float r):Point(a,b), radius(r){ }
void Circle::setRadius(float r) { radius=r; }
float Circle::getRadius() const {return radius;}
float Circle::area() const {return 3.1415926*radius*radius; }
ostream &operator<<(ostream &output, const Circle &c)
{ output<<"["<<c.x<<","<<c.y<<"],r="<<c.radius;
   return output;
}
```

在 Circle 类中要重新定义 area 函数，因为需要指定求圆面积的公式。由于圆没有体积，因此不必重新定义 volume 函数，而是从 Point 类继承 volume 函数。shapeName 函数是输出形状信息的虚函数，需要重新定义，赋予新的内容。此外，Circle 类还有自己新增加的成员函数（setRadius 和 getRadius）和数据成员（radius）。

4. 主函数实现

```
//main 函数
int main()
{Point point(3.2, 4.5);
 Circle circle(2.4,1.2,5.6);
 point.shapeName();        //静态关联
 cout<<point<<endl;

 circle.shapeName();       //静态关联
 cout<<circle<<endl;

 Shape *pt;                //定义基类指针
```

```
    pt=&point;                    //指针指向 Point 类的对象
    pt->shapeName();              //动态关联
    cout<<"x="<<point.getX()<<",y="<<point.getY()<<"\narea="<<pt->area()
    <<"\nvolume="<<pt->volume()<<"\n\n";

    pt=&circle;                   //指针指向 Circle 类的对象
    pt->shapeName();              //动态关联
    cout<<"x="<<circle.getX()<<",y="<<circle.getY()<<"\narea="<<pt->area()
    <<"\nvolume="<<pt->volume()<<"\n\n";
    return 0;
}
```

程序运行结果如下。

在主函数中调用有关函数并输出结果。先分别定义了 Point 类对象 point 和 Circle 类对象 circle。然后分别通过对象名 point、circle 调用了 shapeName 函数，这是属于静态关联，在编译阶段就能确定应调用哪一个类的 shapeName 函数。同时，用重载的运算符“<<”来输出各对象的信息，可以验证对象初始化是否正确。

再定义一个指向基类 Shape 对象的指针变量 pt，使它先后指向 2 个派生类对象 point、circle，然后通过指针调用各函数，如 pt->shapeName(), pt->area(), pt->volume()。这时是通过动态关联在运行时将指针与所调用的函数关联起来，分别输出不同派生类的对象的信息。

下面从面向对象程序设计角度分析一下程序的特性。从类 Shape 可以定义一个派生类 Circle，此时可以说 Circle 是具有某些特性的 Shape。这时我们的程序具有以下的两个特性。

（1）界面的继承性。这里 Circle 界面继承了 Shape 界面的某些特性。例如，以 Shape 的引用作为参数的函数可以接受 Circle 类的对象，这时通过一个与 Shape 一样的界面使用 Circle 类的对象。如果派生类没有使用从基类继承的界面，即派生类的对象不能作为公有继承的基类的对象使用，这样的设计是拙劣的并且容易出错。例如，可以从基类派生出一个类 Test。在该类中重写函数 Shape::area()，函数的功能不是计算面积，而是移动图中的某些点。这种设计是拙劣的，因为虽然类 Test 提供了与基类一致的界面 area()，它的实现与基类中的同名函数 Shape 具有不同的含义，不利于程序的开发与维护，所以不能这样设计。

（2）实现的继承。派生类可以使用从基类继承的某些特性从而简化派生类的设计。当定义一个 Circle 类及其成员时，可以利用 Shape 类提供的成员函数。这种做法也存在局限性，如 Shape 类只提供了有限的使用界面，因此这种方法并不适用于所有的编程问题。在定义矢量类时，显然使用类的继承性时对设计帮助不大。使用模板进行类似问题的开发会更有效，模板的定义及使用将在第 7 章进行介绍。尽管如此，类界面的继承是设计和实现某些系统时最重要的技术手段之一，在设计和实现具有鲁棒性的系统界面中发挥着重要作用。

实现的继承能简化程序的设计，但也存在一些不足。例如，将一些常用的操作放在 Shape 中，可以在派生类中省去一些重复的设计工作。然而，带来的问题是 Shape 中函数成员的改变会引起所有派生类中代码的重新编译。对于流行的库文件的改变而引发的重新编译是一项不小的工作，通过使用虚函数会减小这项工作量。

小　结

1. 多态性的概念

从系统实现的角度看，多态性分为两种：静态多态和动态多态。函数重载（运算符重载是函数重载的特例）属于静态多态性，在程序编译时系统就能决定调用的哪个函数，因此静态多态性又称为编译时的多态性。动态多态是在程序运行过程中才确定操作所针对的对象，它又称运行时的多态性。动态多态是通过虚函数实现的。

2. 运算符重载

通过定义运算符重载函数可以实现运算符的重载，定义了重载运算符之后对于用户定义的类的对象可以使用系统定义的运算符。运算符重载函数可以是成员函数或友元函数。一般将双目运算符重载为友元函数，单目运算符重载为成员函数。由于友元的使用会破坏类的封装性，因此从原则上说，要尽量将运算符重载函数作为成员函数。

3. 重载为成员函数与友元函数的区别

如果将运算符重载作为成员函数，由于它隐含有 this 指针指向本类的对象，因此可以少写一个函数的参数。但必须要求运算表达式第一个参数（即运算符左侧的操作数）是本类的对象，因为必须通过类的对象去调用该类的成员函数，而且重载函数的返回值与该对象类型相同。只有运算符重载函数返回值与该对象同类型，运算结果才有意义。

4. 不同类型数据间的转换

对于标准类型的转换，编译系统有章可循，知道怎样进行转换。而对于用户自己声明的类型，编译系统并不知道怎样与系统定义的类型进行转换。需要定义转换构造函数实现将一个系统定义的类型转换成一个类的类型，定义类型转换函数将一个类的类型转换成系统定义的类型。

5. 虚函数的定义和使用方法

在基类中由 virtual 声明成员函数为虚函数。虚函数的作用是允许在派生类中重新定义与基类同名的函数，并且可以通过基类指针或引用来访问派生类中的同名函数。

6. 纯虚函数和抽象类的定义

在虚函数的定义中不仅有 virtual，还有=0，表示该函数是一个纯虚函数。包含纯虚函数的类是一个抽象类，不能定义抽象类的对象。

习　题

1. 什么叫多态性？在 C++中如何实现多态性？
2. 什么叫静态关联？什么叫动态关联？二者有何区别？
3. 什么叫抽象类？抽象类有何作用？抽象类的派生类是否一定要给出纯虚函数的实现？
4. 程序设计题。

（1）定义一个类 B1 具有虚函数 vf()及非虚函数 f()，函数分别输出字符串"B1::vf()"、"B1::f()"。

将函数设为公有成员。设计一个类的对象调用这些函数。

（2）定义B1的派生类D1，重写函数vf()。定义一个D1类的对象分别调用函数vf()、f()。

（3）定义B1类的引用，用D1类的对象来初始化这个引用，通过该引用调用函数vf()、f()。

（4）为类D1定义一个名为f()的函数，重复以上（1）、（2）、（3）练习。

（5）在B1类中增加一个纯虚函数pvf()，重复以上（1）、（2）、（3）、（4）练习。

（6）为D1定义一个派生类D2，在D2中重写函数pvf()，创建一个D2类的对象调用函数f()、vf()、pvf()。

（7）定义一个类B2具有纯虚函数pvf()。定义一个类D21具有字符串数据成员和重写的成员函数pvf()，D21::pvf()输出字符串的值。定义一个类D22，与类D21不同之处是数据成员是整型。定义一个函数f()，参数为B2的引用B2&，在函数体中用该参数调用函数pvf()。在主函数中用D21、D22的对象调用f()。

5．思考题。

（1）定义一个复数类Complex，重载运算符"+"，使之能用于复数的加法运算。参加运算的两个运算符可以都是类对象，其中有一个也可以是整数，顺序任意。例如，c1+c2、i+c1、c1+i均合法（设i为整数，c1、c2为复数）。编程序，分别求两个复数之和、整数和复数之和。

（2）有两个矩阵a和b，均为2行3列。求两个矩阵之和。重载运算符"+"，使之能用于矩阵相加，如c=a+b。

（3）在第（2）题的基础上，重载流插入运算符"<<"和流提取运算符">>"，使之能用于该矩阵的输入和输出。

（4）编写程序，处理一个复数与一个double数相加的运算，结果存放在一个double型的变量d1中。定义Complex（复数）类，在成员函数中包含重载类型转换运算符：operator double() {return real;}。

第7章 模 板

模板是C++支持参数化多态性的工具之一。所谓参数化多态性就是将程序中所处理的对象类型参数化，使程序可以处理多种不同类型的对象。C++的模板机制为泛型化程序设计提供了良好的支持。使用模板可以方便地建立起通用类型的函数库和类库，减少程序开发的重复及代码冗余，为编写大型程序提供了方便。

【学习目标】

（1）了解模板的概念；

（2）掌握函数模板的定义和使用，理解函数模板与模板函数的关系；

（3）掌握模板函数显式具体化；

（4）掌握类模板的定义和使用，理解类模板与模板类的关系；

（5）掌握类模板的派生；

（6）掌握类模板的显式具体化。

7.1 模板的概念

前面我们已经学习过函数重载，通过函数重载可以实现具有相同功能的函数具有相同的函数名，使程序更加易于理解。C++可以根据不同的函数参数类型正确调用重载函数。例如，求两个数的最大值，我们需要对不同的数据类型分别定义不同重载版本的max()函数。

```
int max(int x,int y)
{
   return (x>y)?x:y;
}
char max(char x,char y)
{
   return (x>y)?x:y;
}
float max(float x,float y)
{
   return (x>y)?x:y;
}
```

这样虽然很方便，但是书写函数的个数并没有减少，重载函数的代码几乎完全相同。而且，如果在主函数中定义了“double a,b;”，那么在执行“max（a，b）;”时，程序就会出错，因为没有定义double类型的重载版本。

这些 max()函数执行的功能相同、函数体相同，不同的只是参数类型和函数返回值类型。能否只写一套代码解决这样的问题呢？为此，C++引入了模板机制。如果将上述 3 个函数中的数据类型 int、char 和 float 进行参数化，即将 int、char 和 float 都使用一个参数 T 来代替，则可得到下面的模板形式：

```
T max(T x,T y)
{
    return (x>y)?x:y;
}
```

模板就是实现代码重用机制的一种工具，可以实现类型参数化，将数据类型定义为参数，从而实现了代码可重用性。模板分为函数模板和类模板，将函数模板或者类模板实例化，分别构造模板函数或者模板类。图 7-1 所示为模板、模板函数、模板类、对象之间的关系。

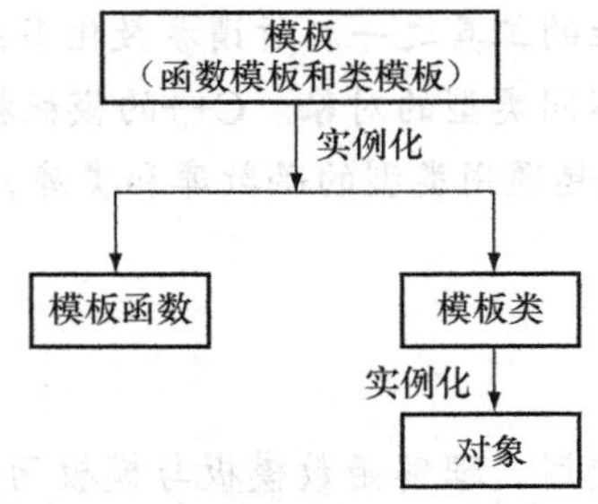

图 7-1　模板、模板函数、模板类、对象之间的关系

7.2　函数模板与模板函数

函数模板建立了一个通用的函数，其参数类型和返回类型都不具体指定，而使用一个虚拟的类型代替。在定义函数模板后，当程序调用具体函数，将具体函数实参的数据类型作为参数传递给函数模板，编译器生成该类型的函数，该函数的定义体与函数模板的函数定义体相同，故称为函数模板。

函数模板和模板函数的区别是：函数模板是模板的定义，定义中使用通用类型参数。模板函数是实例化的函数，是在遇到具体函数调用时由编译器生成的函数。

7.2.1　函数模板的定义和模板函数的生成

函数模板的定义格式如下：

```
template<typename 类型参数名 1, typename 类型参数名 2, …>
函数返回类型 函数名(模板形参表)
{
    函数体
}
```

或

```
template<class 类型参数名 1, class 类型参数名 2, …>
函数返回类型 函数名(模板形参表)
{
```

```
    函数体
}
```

例如，将上面的求两个数的最大值的函数用函数模板来定义：

```
template<class T>  //模板声明
T max(T x,T y)    //定义模板
{
   return(x>y)?x:y;
}
```

也可以定义为：

```
template<typename T> //模板声明
T max(T x,T y)    //定义模板
{
   return(x>y)?x:y;
}
```

说明：

（1）template 是声明模板的关键字，表示声明一个模板；

（2）typename 和 class 关键字是等价的，都是用来表示它们之后的参数是一个类型的参数；class 是早期 C++版本使用的，这里不是表示类，而是表示任何数据类型，后来为了不与类产生混淆，增加了关键字 typename；

（3）类型参数名可以自由命名，但必须遵守 C++的命名规则，通常情况下，许多程序员使用 T 这样简单的标识符代表一个虚拟的类型；

（4）< >里面的类型参数可以有一个或多个类型参数，每个模板形参前必须有关键字 class 或 typename，多个类型参数之间要用逗号分隔；

（5）函数模板并不创建任何函数，只是告诉编译器如何定义函数；当调用实参是 int 的 max 函数时，编译器将按函数模板创建这样的函数，并用 int 代替 T；当调用实参是 double 的函数时，编译器将按函数模板创建这样的函数，并用 double 代替 T。

【例 7-1】 函数模板应用举例：求两个数的最大值。

```
#include "stdafx.h"
#include "iostream"

using namespace std;
template<class T >          //模板声明
T maximum(T x,T y)          //定义模板
{
   return(x>y)?x:y;
}

int main(){
   int i=10,j=56;
   float x1=50.34, x2=56.34;
   double y1=673.365, y2=465.972;
   cout<<"the max of i, j is:"<< maximum (i,j) <<endl;
   cout<<"the max of x1, x2 is:" << maximum (x1,x2) <<endl;
   cout<<"the max of y1, y2 is:" << maximum (y1,y2)<<endl;
   return 0;
}
```

程序运行结果如下。

```
C:\Windows\system32\cmd.exe
the max of i, j is:56
the max of x1, x2 is:56.34
the max of y1, y2 is:673.365
请按任意键继续. . .
```

说明：在 Visual Studio 中使用函数模板 max 与全局的宏 max 冲突，因此将函数模板改名为 maximum。主程序调用 maximum 函数时，根据实参的数据类型，编译器自动在内存中生成了 3 个模板函数（即实例化函数），并执行该函数。实际上，调用 maximum（i，j）是将实参 int 替换类型参数 T 实例化模板函数；maximum（x1，x2）是将实参 float 替换类型参数 T 实例化模板函数；maximum（y1，y2）是将实参 double 替换类型参数 T 实例化模板函数。从本程序可以看出，使用函数模板不用单独定义 3 个函数，从而解决了当采用函数重载技术时所产生的代码冗余问题。

函数模板提供了一类具有相同功能、不同参数函数的抽象，它以任意类型 T 为参数及函数返回值。模板函数是由一个函数模板产生的函数，是函数模板的具体实例化。函数模板和模板函数的关系，如图 7-2 所示。

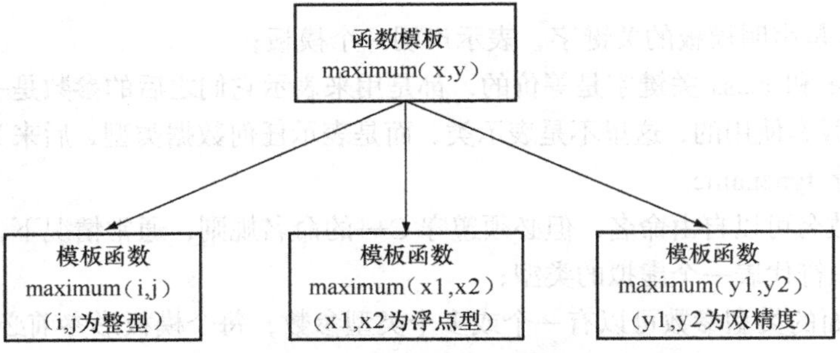

图 7-2　函数模板与模板函数的关系图

注意：

（1）在 template 语句和函数模板定义语句之间不允许有其他的语句，例如：

```
template<class T1,class T2>
int t;                        //错误，不允许有其他的语句
T1 max(T1 x,T2 y)
{
    return (x>y)?x:y;
}
```

（2）模板函数类似于函数重载，但与函数重载不同。函数重载的各个函数可以不相同；但模板函数中的动作必须相同。例如，下面的函数只能用函数重载，而不能用模板函数。

```
void print(char *name)
{
    cout<<name<<endl;
}
void print(char *name,int no)
{
    cout<<name<<no<<endl;
}
```

（3）函数模板中的模板形参 T 可以实例化为各种类型，但实例化 T 的各模板实参之间必须保证类型一致，否则将发生错误，如例 7-2 所示。

【例 7-2】 函数模板参数的问题。

```
#include "stdafx.h"
#include "iostream"
```

```
using namespace std;
template<class T >          //模板声明
T maximum(T x,T y)          //定义模板
{
   return(x>y)?x:y;
}
int main()
{   int i=4,j=8;
    char c='a',d='b';
    float f=23.5;
    double g=12222.222;
    cout<<"the max of i,j is:  "<<maximum(i,j)<<endl;     //正确,调用maximum (int,int)
    cout<<"the max of i,f is:  "<<maximum(f,i)<<endl;     //错误，类型不匹配
    cout<<"the max of i,c is:  "<<maximum(i,c)<<endl;     //错误，类型不匹配
    cout<<"the max of g,d is:  "<<maximum(g,d)<<endl;     //错误，类型不匹配
    return 0;
}
```

例 7-2 中发生错误的原因是：函数模板中的模板形参 T 虽然可以实例化为各种类型，但实例化 T 的各模板实参必须是相同的类型。由于模板类型没有隐式类型转换功能，所以 int 和 char、int 和 float、float 和 double 之间的隐式类型转换无法在函数模板中实现。

解决上面的问题有如下 3 种方法。

① 采用强制类型转换。例如，将下面语句

```
maximum (f ,i)
```

修改为：

```
maximum(f, float(i))
```

这里通过将 int 类型的参数 i 强制转换为 float 类型，实现模板参数的一致性。

② 显式给出模板实参，强制生成对特定实例的调用。例如，将下面语句

```
maximum(i,c)
maximum(g,d)
```

修改为：

```
maximum<int>(i,c)
maximum<double> (g,d)
```

这里函数 maximum 后的<int>和<double>称为模板的实参表，通过它们通知编译器生成 int maximum（int a，int b）和 double maximum（double a，double b）的函数实例的调用。在调用过程中，char 型的参数 c 和 d 将被自动转换为 int 和 double 类型，以便与相应的函数实例相匹配。

采用上面两种方法可将例 7-2 中 3 条错误的程序修改为：

```
cout<<"the max of i,f is:  "<< maximum(f, float(i))<<endl;     //正确
cout<<"the max of i,c is:  "<< maximum<int>(i,c)<<endl;        //正确
cout<<"the max of g,d is:  "<< maximum<double>(g,d)<<endl;     //正确
```

③ 将函数模板中< >的类型参数定义为两个类型参数分别为 T1 和 T2，分别接收不同的数据类型。函数模板的返回类型参数为 T1 或 T2。

【例 7-3】 使用多个函数模板参数。

```
#include "stdafx.h"
#include "iostream"

using namespace std;
```

```
template<class T1,class T2>
T1 maximum(T1 x,T2 y)
{
   return (x>y)?x:y;
}

int main()
{
   int a=4;
   char b='a';
   float c=23.5;
   double d=12222.222;
   cout<<"the max of i,j is:  "<<maximum(a,b)<<endl;
   cout<<"the max of i,f is:  "<<maximum(b,a)<<endl;
   cout<<"the max of i,f is:  "<<maximum(a,c)<<endl;
   cout<<"the max of i,f is:  "<<maximum(a,d)<<endl;
   return 0;
}
```

程序运行结果如下。

```
C:\Windows\system32\cmd.exe
the max of i,j is:  97
the max of i,f is:  a
the max of i,f is:  23
the max of i,f is:  12222
请按任意键继续. . .
```

对不同的数据类型处理的统一性是建立模板的基础。同一个函数模板实例化后，所有的模板函数都执行相同的动作。但是，这种统一性是相对的。由于个别数据类型的处理与大多数数据类型不同，可以通过重载模板函数进行处理。例如，比较两个字符串的大小，就不能直接使用上面的方法，需要使用函数 strcmp()进行比较，所以需要重载函数 maximum()比较字符串的大小。

【例 7-4】 重载模板函数。

```
#include "stdafx.h"
#include "iostream"

using namespace std;
template<class T>
T maximum(T x,T y)
{
   return (x>y)?x:y;
}
char *maximum(char *x,char *y)
{
   if(strcmp(x,y)>0)
      return x;
   else
      return y;
}

int main()
{
   cout<<"the max of 10,20 is: "<<maximum(10,20)<<endl;
   cout<<"the max of a,b is: "<<maximum('a','b')<<endl;
   cout<<"the max of plane,circuit is: "
      <<maximum("plane","circuit")<<endl;
   return 0;
}
```

程序运行结果如下。

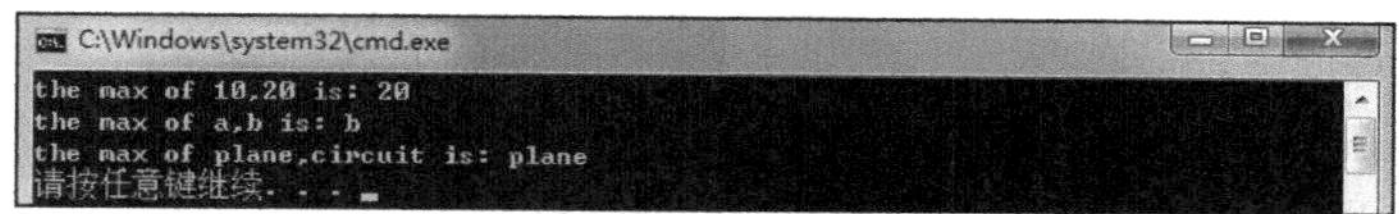

7.2.2 模板函数显式具体化

在实际应用中，函数模板并不是在所有情况都能够正确使用的。在某些情况下，定义的模板用于某个特定数据类型进行实例化可能是完全错误的。因此，需要对这些特殊情况进行处理。例如例 7-4，我们通过重载模板函数实现比较字符串的大小。这里将介绍另一种解决方案：显式具体化模板函数。

模板函数显式具体化，也称为函数模板的特化，是为特定类型提供一个具体化模板函数的定义。显式具体化模板函数的一般形式为：

```
template<>
函数返回值类型 函数名<模板参数>(形参表)
{
    函数体
}
```

其中，第一行的 template<>用来声明这是一个显式具体化模板函数；第二行的函数名后面<模板参数>用来指定显式具体化的数据类型。例如，将上面例 7-3 中的重载 maximum 改写成显式具体化模板函数：

```
template<>
char * maximum<char *>(char * x,char * y)
{
    if(strcmp(x,y)>0)
        return x;
    else
        return y;
}
```

这样，当我们调用 maximum("plane","circuit")时，编译器将按显式具体化函数 maximum 生成代码。

注意

程序中如果有非模板函数、模板函数和显式具体化模板函数，它们都有相同的名称，编译器在选择原型时，非模板函数优先于模板函数和显式具体化模板函数，显式具体化模板函数优先于模板函数。

【例 7-5】 用模板函数实现对某人的收入记录和欠款记录的计算。

```
#include "stdafx.h"
#include "iostream"

using namespace std;
struct debts
{
    char name[50];
    double amount;
};
template <class T>
void ShowArray(T *arr,int n)
```

```
{
    T sum=0;
    cout<<"template A\n";
    for(int i=0;i<n;i++)
        sum=sum+*(arr+i);
    cout<<"Sum things are "<<sum<<endl<<endl;
}
template <> void ShowArray<debts *>(debts * *arr,int n)
{
    double sum=0;
    cout<<"template B\n";
    for(int i=0;i<n;i++)
        sum=sum+(**(arr+i)).amount;
    cout<<"Sum debts are "<<sum<<endl<<endl;
}
int main()
{
    int income[6]={1500,1100,2310,3120,2060,2580};
    struct debts mr_E[3]=
    {
        {"Gang Li",2400},
        {"Xiaoyan Sun",1321.5},
        {"Xiao Wang",1878.5}
    };

    debts * a[3];
    for(int i=0;i<3;i++)
        a[i]=&mr_E[i];
    cout<<"Listing Mr. E's total income: \n";
    ShowArray(income,6);
    cout<<"Listing Mr. E's debts: \n";
    ShowArray(a,3);
return 0;
}
```

程序运行结果如下。

```
C:\Windows\system32\cmd.exe
Listing Mr. E's total income:
template A
Sum things are 12670

Listing Mr. E's debts:
template B
Sum debts are 5600

请按任意键继续. . .
```

7.3　类模板与模板类

类是对一组对象的公共性质的抽象，而类模板则是对一组类的公共性质的抽象。类模板是一系列相关类的模板，这些相关类的成员组成相同，成员函数的源代码形式也相同，只是所针对的类型不同。类模板为类声明了一种模式，使得类中的某些数据成员、成员函数的参数和成员函数的返回值能取任意类型（包括系统预定的和用户自定义的）。

假如有两个或多个类的功能相同，只是数据类型不同。例如，声明一个类，对两个整数做比较，通过调用成员函数 max 和 min 得到两个整数中最大数和最小数。

```
class Compare_int
{
    public :
        Compare(int a,int b)
        {
            x=a;y=b;
        }
        int max( )
        {
            return (x>y)?x:y;
        }
        int min( )
        {
            return (x<y)?x:y;
        }
    private :
        int x,y;
};
```

如果想对两个浮点数做比较，就需要声明另外一个类：

```
class Compare_float
{
    public :
        Compare(float a,float b)
        {
            x=a;y=b;
        }
        float max( )
        {
            return (x>y)?x:y;
        }
        float min( )
        {
            return (x<y)?x:y;
        }
    private :
        float x,y;
};
```

显然，这些基本上都是重复性的工作。这时候，使用类模板就会非常方便高效。

7.3.1　类模板的定义和使用

类模板的定义格式如下：

```
template <class 类型参数名 1, class 类型参数名 2, …>
class 类名
{
    类声明体
};
```

例如，将上面两个类写成以下的类模板：

```
template <class T>    //声明一个模板，虚拟类型名为 T
class Compare     //类模板名为 Compare
{
```

```
    public :
        Compare(T a, T b)
        {
            x=a;y=b;
        }
        T max( )
        {
            return (x>y)?x:y;
        }
        T min( )
        {
            return (x<y)?x:y;
        }
    private :
        T x,y;
};
```

类模板不是一个具体的、实际的类，而是代表一种类型的类，编译程序不会为类模板创建程序代码，但是通过对类模板的实例化可生成一个具体的类（即模板类）和该具体类的对象。

与函数模板不同的是：函数模板的实例化是由编译程序在处理函数调用时自动完成的，而类模板的实例化必须由程序员在程序中显式地指定，其实例化的一般形式为：

```
类名<实际的数据类型 1,实际的数据类型 2 , …>对象名
```

例如：

```
Compare <int> cmp(4,7);
```

在类模板名之后的尖括号中指定实际的类型为 int，编译系统就用 int 取代类模板中的类型参数 T，这样就把类模板实例化了，并生成了该整型类的一个对象 cmp。

通过对类模板实例化可以生成模板类。类模板和模板类的区别是：类模板是模板的定义，不是一个实实在在的类，定义中用到的是通用类型参数。而模板类是实实在在的类定义，是类模板的实例化，类定义中的参数将被实际类型代替。

【例 7-6】 声明一个类模板，利用它分别实现两个整数、浮点数和字符的比较，求出最大数和最小数。

```
#include "stdafx.h"
#include "iostream"

using namespace std;
template <class T> //定义类模板
class Compare
{
    public :
        Compare(T a,T b)
        {x=a;y=b;}
        T max( )
        {return (x>y)?x:y;}
        T min( )
        {return (x<y)?x:y;}
    private :
        T x,y;
};

int main()
{
```

```
        Compare<int > cmp1(3,7);
        Compare<float > cmp2(45.78,93.6);
        Compare<char> cmp3('a','A');
        cout<<cmp1.max( )<<" is the Maximum of two integer numbers."<<endl;
        cout<<cmp1.min( )<<" is the Minimum of two integer numbers."<<endl<<endl;
        cout<<cmp2.max( )<<" is the Maximum of two float numbers."<<endl;
        cout<<cmp2.min( )<<" is the Minimum of two float numbers."<<endl<<endl;
        cout<<cmp3.max( )<<" is the Maximum of two characters." <<endl;
        cout<<cmp3.min( )<<" is the Minimum of two characters." <<endl;
        return 0;
}
```

程序运行结果如下。

```
C:\Windows\system32\cmd.exe
7 is the Maximum of two integer numbers.
3 is the Minimum of two integer numbers.

93.6 is the Maximum of two float numbers.
45.78 is the Minimum of two float numbers.

a is the Maximum of two characters.
A is the Minimum of two characters.
请按任意键继续. . .
```

上面列出的类模板中的成员函数是在类模板内定义的。当需要在类模板外定义成员函数时，若该成员函数中有模板参数存在，则需要在函数体外进行模板声明，并且在函数名前面的类名后加上“<类型参数名>”。其一般格式为：

```
template <class 类型参数名 1, class 类型参数名 2, …>
函数返回类型 类名<类型参数名 1,类型参数名 2,…>::成员函数名(参数表)
{
    函数体
}
```

【例 7-7】 用类模板实现栈的输出。

```
#include "stdafx.h"
#include "iostream"
const int SIZE=10;
using namespace std;
template<class T>
class Stack
{
   private:
      T s[SIZE];
      int top;
   public:
      Stack();
      bool Isempty();
      bool Isfull();
      void Push(T x);
      T Pop();
};
template<class T>
Stack<T> ::Stack()
{
     top=-1;
}
template<class T>
bool Stack<T>::Isempty()
```

```
{
     return top==-1;
}

template<class T>
bool Stack<T>::Isfull()
{
     return top==SIZE-1;
}

template<class T>
void Stack<T> ::Push(T x)
{
     if(top==SIZE-1)
     {
           cout<<"stack is full."<<endl;
           return;
     }
     s[++top]=x;
}
template<class T>
T Stack<T> ::Pop()
{    if(top==-1)
     {
           cout<<"stack underflow."<<endl;
           return 0;
     }
     return s[top--];
}
int main()
{
     Stack<int> a;
     Stack<double> b;
     int i=0;
     while(!a.Isfull())
     {
          a.Push(i);
          i++;
     }
     while(!a.Isempty())
     {
          cout<<a.Pop()<<"  ";
     }
    cout<<endl;
    i=0;
    while(!b.Isfull())
     {
         b.Push(i+0.123);
         i++;
     }
     while(!b.Isempty())
     {
          cout<<b.Pop()<<"  ";
     }
     cout<<endl;
```

```
    return 0;
}
```

程序运行结果如下。

```
C:\Windows\system32\cmd.exe
9  8  7  6  5  4  3  2  1  0
9.123  8.123  7.123  6.123  5.123  4.123  3.123  2.123  1.123  0.123
请按任意键继续. . .
```

说明：程序定义了类模板 Stack，含有 T 类型的数组和整型变量 top，变量 top 表示栈顶元素的下标。在类 Stack 中定义了 4 个空成员函数 Isempty、Isfull、Push 和 Pop，并在类 Stack 外实现这 4 个成员函数的定义。程序开始执行时，创建了类模板 Stack 的两个实例，实例化成了两个模板类，通过对象实现了两种类型数据的入栈和出栈过程。

模板参数可以是一个，也可以是多个，可以是类型参数，也可以是非类型参数。参数类型由关键字 class 或 typename 及其后面的标识符构成。非类型参数由一个普通参数构成，代表模板定义中的一个常量。

【例 7-8】 类模板中有多个类型参数实例。

```
#include "stdafx.h"
#include "iostream"
#include "string"
using namespace std;
template<class T1,class T2>
class A
{
   private:
     T1 x;
     T2 y;
   public:
     A(T1 a,T2 b);
     void Print();
};
template<class T1,class T2>
A<T1,T2>::A(T1 a,T2 b)
{
    x=a;
    y=b;
}
template<class T1,class T2>
void A<T1,T2>::Print()
{
     cout<<x<<"  "<<y<<endl;
}
int main()
{
     A<int,double> ob1(5,13.5);
     A<char,string> ob2('a',"How are you.");
     ob1.Print ();
     ob2.Print ();
     return 0;
}
```

程序运行结果如下。

说明：程序定义了类模板 A，该类含有两个类型参数 T1 和 T2。程序开始执行时，创建了类模板 A 的两个实例，即实例化成了两个模板类。语句“A<int,double> ob1(10,23.7)”表示模板参数 T1 和 T2 分别被实例化为 int 和 double；语句“A<char,string> ob2('x',"How are you.");”表示模板参数 T1 和 T2 分别被实例化为 char 和 string。

【例 7-9】 使用非类型参数动态指定栈的大小。

```
#include "stdafx.h"
#include "iostream"
using namespace std;
template<class T,int n>
class Stack
{
    private:
       T s[n];
    public:
       int top;
       Stack();
       bool Isempty();
       bool Isfull();
       void Push(T x);
       void Pop();
};
template<class T,int n>
Stack<T,n> ::Stack()
{
      top=-1;
}
template<class T,int n>
bool Stack<T,n>::Isempty()
{
      return top==-1;
}
template<class T,int n>
bool Stack<T,n>::Isfull()
{
      return top==SIZE-1;
}
template<class T,int n>
void Stack<T,n>::Push(T x)
{
      if(top==n-1)
      {
            cout<<"stack is full."<<endl;
            return;
      }
      s[++top]=x;
}
template<class T,int n>
void Stack<T,n> ::Pop()
{
      if(top==-1)
      {
            cout<<"stack underflow."<<endl;

      }
```

```
        cout<<s[top--]<<"  ";
    }
    int main()
    {
        Stack<int,5> a;
        int i;
        for(i=0;i<10;i++)
            a.Push (i);
        for(i=0;i<5;i++)
        {
            a.Pop();
        }
        cout<<endl;
        return 0;
    }
```

程序运行结果如下。

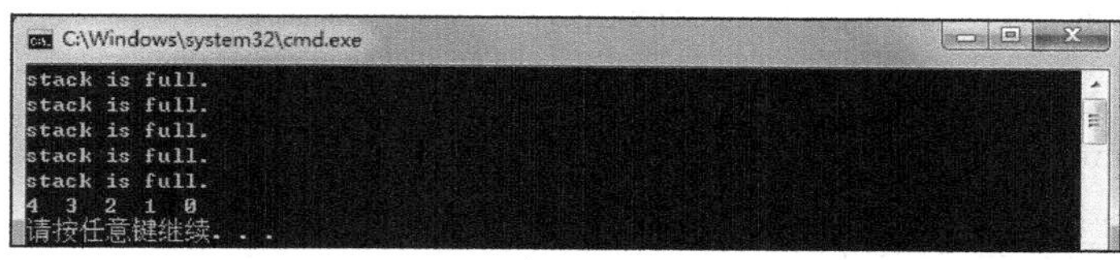

说明：程序在例 7-7 的基础上重新定义了类模板 Stack，通过模板参数定义栈的数据类型和大小。其中：

```
template<class T,int n>
```

该类模板有两个类型参数：第一个类型参数 T，用于确定栈的数据类型；第二个非类型参数 n，用于确定栈的大小。

```
Stack<int,5> a;
```

这将导致编译器定义名为 Stack<int,5>的类，并创建了一个类型为 Stack<int,5>的对象 a。定义类时，编译器将使用 int 替换 T，使用 5 替换 n。

7.3.2　类模板的派生

类模板的派生有两种方式：从类模板派生类模板和从类模板派生非模板类（普通类）。

1．从类模板派生类模板

从一个已有的类模板派生出新的类模板，格式如下：

```
template <class T>
class Base
{
   ...
};
template <class T>
class Derived:public Base<T>
{
   ...
};
```

说明：从类模板派生类模板与定义一般派生类的格式类似，只是在指定新类模板的父类模板时加上模板参数，如 Base<T>。

【例 7-10】 类模板 Rectangle 是类模板 Point 的派生类，利用类模板 Rectangle 求矩形的位置、长度、宽度和面积。

```
#include "stdafx.h"
#include "iostream"
using namespace std;
template <class T>
class Point
{
  public:
    Point(T i,T j):x(i),y(j){}
    T GetX(){return x;}
    T GetY(){return y;}
  private:
    T x,y;
};
template<class T>
class Rectangle:public Point<T>
{
  public:
    Rectangle(T x,T y,T w,T h):Point(x,y)
    {
        width=w;
        height=h;
    }
    T GetW(){return width;}
    T GetH(){return height;}
    T Area(){return width*height;}
  private:
    T width,height;
};
int main()
{
    Rectangle<int> a(1,2,5,8);
    cout<<"Top is "<<a.GetX()<<endl;
    cout<<"Left is "<<a.GetY()<<endl;
    cout<<"Width is "<<a.GetW()<<endl;
    cout<<"Height is "<<a.GetH()<<endl;
    cout<<"Area is "<<a.Area()<<endl;
    return 0;
}
```

程序运行结果如下。

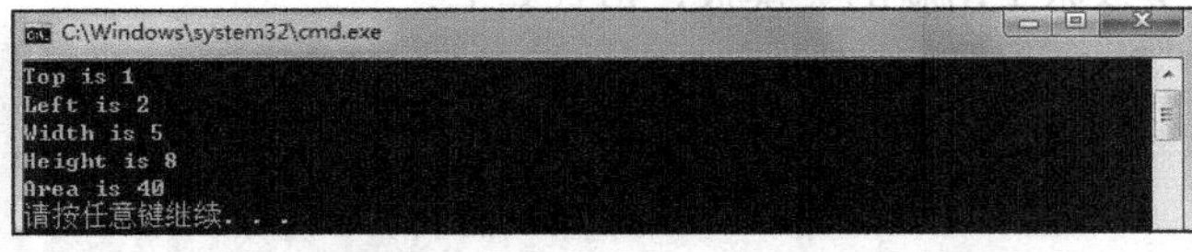

2. 从类模板派生非模板类（普通类）

从一个已有的类模板派生出非模板类，格式如下：

```
template <class T>
class Base
{
  ...
};
class Derived:public Base<int>
{
  ...
};
```

说明：在派生类 Derived 定义之前不需要模板声明语句 template <class T>；但作为非模板类的父类，必须是类模板实例化后生成的模板类。例如，在定义 Derived 类时，Base 已实例化为 int 型的模板类。

【例 7-11】 从类模板 Point 派生非模板类 Rectangle，利用类 Rectangle 求矩形的位置、长度、宽度和面积。

```
#include "stdafx.h"
#include "iostream"
using namespace std;
template <class T>
class Point
{
  public:
    Point(T i,T j):x(i),y(j){}
    T GetX(){return x;}
    T GetY(){return y;}
  private:
    T x,y;
};
class Rectangle:public Point<int>
{
  public:
    Rectangle(int x,int y,int w,int h):Point(x,y)
    {
        width=w;
        height=h;
    }
    int GetW(){return width;}
    int GetH(){return height;}
    int Area(){return width*height;}
  private:
    int width,height;
};
int main()
{
    Rectangle a(1,2,5,8);
    cout<<"Top is "<<a.GetX()<<endl;
    cout<<"Left is "<<a.GetY()<<endl;
    cout<<"Width is "<<a.GetW()<<endl;
    cout<<"Height is "<<a.GetH()<<endl;
    cout<<"Area is "<<a.Area()<<endl;
    return 0;
}
```

程序运行结果如下。

7.3.3 类模板显式具体化

类模板显式具体化与模板函数显式具体化类似，也是特定类型用于替换模板中类型参数的定义。通过显式具体化类模板，可以优化类模板基于某种特殊数据类型的实现，可以克服某种特定数据类型在实例化类模板所出现的不足。例如，例 7-2 中类模板 Compare，可以用来比较两个整数、浮点数和字符的大小。但是，如果想要比较两个字符串的大小，就会出现错误。

```
Compare<char *> cmp3("circuit","plane");
cout<<cmp3.max()<<" is the maximum of two strings." <<endl;    //错误
cout<<cmp3.min()<<" is the minimum of two strings." <<endl;    //错误
```

这里，cmp3 采用指向字符串的指针 char *来实例化类模板，成员函数 max 和 min 直接比较两个字符串传递的指针地址的大小，并不是字符串的大小。由于第二个字符串的地址始终大于第一个字符串的地址，所以就会出现“plane is the maximum of two strings.”的情况。针对这种情况，需要对模板实参类型为 char *进行类模板显式具体化。

类模板显式具体化的格式如下：

```
template<>
class 模板名<特定数据类型>
{
   类声明体
};
```

【例 7-12】 利用显式具体化提供一个专供 char *使用的 Compare 模板，并分别实现两个浮点数和字符串的比较，求出最大数和最小数。

```
#include "stdafx.h"
#include "iostream"
using namespace std;
template <class T>
class Compare
{
  public :
     Compare(T a,T b)
     {x=a;y=b;}
     T max( )
     {return (x>y)?x:y;}
     T min( )
     {return (x<y)?x:y;}
  private:
     T x,y;
};
template<>
class Compare<char *>
{
  public:
     Compare( char *a, char *b):x(a),y(b){}
     char* max( )
     {
          if(strcmp(x,y)>0)
               return x;
          else
               return y;
     }
     char* min( )
     {
          if(strcmp(x,y)>0)
               return y;
          else
               return x;
```

```
    }
  private:
    char *x,*y;
};
int main()
{
    Compare<float> cmp1(45.78,93.6);        //定义对象 cmp1，用于两个浮点数的比较
    Compare<char *> cmp2("ccc","bbb");      //定义对象 cmp2，用于两个字符串的比较
    cout<<cmp1.max( )<<" is the Maximum of two float numbers."<<endl;
    cout<<cmp1.min( )<<" is the Minimum of two float numbers."<<endl<<endl;
    cout<<cmp2.max( )<<" is the Maximum of two strings." <<endl;
    cout<<cmp2.min( )<<" is the Minimum of two strings." <<endl;
    return 0;
}
```

程序运行结果如下。

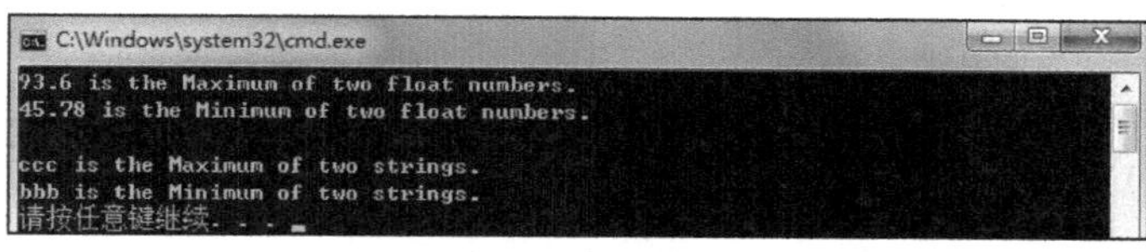

模板有两种特化：全特化和偏特化（也称为局部特化）。全特化是模板中的模板参数全被指定为确定的类型。例如，上面例 7-12 中的 Compare 就是全特化。偏特化就是模板中的模板参数没有被全部指定为确定的类型，需要编译器在编译时进行确定。函数模板只能全特化，不能偏特化；而模板类既可以全特化也可以偏特化。例如，类模板 MyClass：

```
template<class T1,class T2>
class MyClass {…};
```

可以有下面几种偏特化（局部特化）方式：

```
template<class T1>
class MyClass<T1,int>{…};       //偏特化
```

关键词 template 后面的<>声明的是没有被特化的类型参数。因此，上面这个特化方式中的 T2 特化为 int，但 T1 保持不变。如果指定所有的类型，则<>内将为空，这将导致全特化：

```
template<>
class MyClass<int,int>{…};      //全特化
```

也可以为指针提供特殊版本来局部特化：

```
template<class T1,class T2>
class MyClass<T1*,T2*>{…};      //为指针偏特化
```

【例 7-13】 全特化和偏特化的使用。

```
#include "stdafx.h"
#include "iostream"
#include "string"
using namespace std;
template<class T1,class T2>
class MyClass
{
  public:
    MyClass()
    {
        cout<<"Using MyClass<T1,T2>"<<endl;
    }
};
template<class T1>
```

```
class MyClass<T1,int>
{
  public:
    MyClass()
    {
        cout<<"Using MyClass<T1,int>"<<endl;
    }
};
template<>
class MyClass<int,int>
{
  public:
    MyClass()
    {
        cout<<"Using MyClass<int,int>"<<endl;
    }
};
template<class T1,class T2>
class MyClass<T1*,T2*>
{
  public:
    MyClass()
    {
        cout<<"Using MyClass<T1*,T2*>"<<endl;
    }
};
int main()
{
    MyClass<int,float> a;
    MyClass<float,int> b;
    MyClass<int,int> c;
    MyClass<int*,float*> d;
    return 0;
}
```

程序运行结果如下。

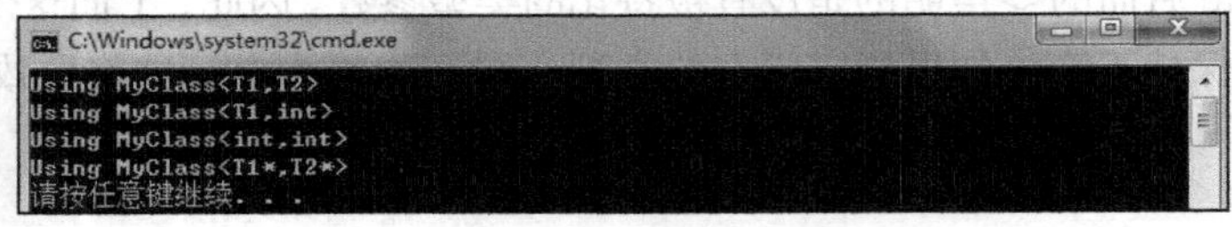

7.4 程序实例

【例 7-14】 用模板函数实现快速排序算法。

快速排序是对冒泡排序的一种改进。它的基本思想是：从待排序的数据中任意选取一个数据作为关键数据（通常选取第一个数据），然后将所有比它小的数都放到它前面，所有比它大的数都放到它后面。这样将待排序的数据以关键数据为界，将数据分成两个部分，其中前面部分的数据肯定比后面的数据都要小。通过递归调用以上过程，将前后两个部分再进行排序，直到分组中只有一个数据为止，从而完成全部数据序列的快速排序。实现代码如下。

```
#include "stdafx.h"
#include "iostream"
using namespace std;
template <class T>
```

```
void Swap(T &x, T &y)
{
    T tmp;
    tmp = x;
    x = y;
    y = tmp;
}
// 进行一趟快排,并返回分界的基准
template <class Type>
int partition(Type array[], int left, int right)
{
    Type x = array[left]; // 找基准点，之后 array[left]相当空单元

    while (left < right)
    {
        // right --> left 扫描 find smaller than x
        while ((right > left) &&(array[right] >= x))
         {
            right--;
        }
        if (left < right) {
            array[left] = array[right]; // 将<= x 的存入空单元
            left++;
        }
        // left --> right 扫描 find bigger than x
        while (left < right && array[left] < x) {
            left++;
        }
        if (left < right) {
            array[right] = array[left]; // 将>= x 的存入空单元
            right--;
        }
    }
    array[left] = x; //insert
    return left;
}

template <class Type>
void quikSort(Type array[], int pos_start, int pos_end)// pos_start,pos_end 为下标
{
    if (pos_start < pos_end) {
        int partition_pos;
        partition_pos = partition(array, pos_start, pos_end);//一趟快排，获得基准点

        quikSort(array, pos_start, partition_pos-1);  //递归分解，对左边进行快排
        quikSort(array, partition_pos+1, pos_end);    //递归分解，对右边进行快排
    }
}

template <class T>
void print_array(T a[], int n)
```

```
{
    for (int i = 0; i < n; i++)
    {
        cout << a[i] << " ";
    }
    cout << endl;
}
/* ------------------------------------------------------------------------ */
int main()
{
    int a[] = {7, 2, 5, 6, 0, 10, 4,2,3,4,7,90,4,2,4,8,1};
    quikSort(a, 0, sizeof(a)/sizeof(a[0])-1);
    print_array(a, sizeof(a)/sizeof(a[0]));
    double b[] = {7.2, 55.6, 65.3, 0.124, 4.32,2.2,4.5,90,4.44,8.55,1.4};
    quikSort(b, 0, sizeof(b)/sizeof(b[0])-1);
    print_array(b, sizeof(b)/sizeof(b[0]));
    return 0;
}
```

程序运行结果如下。

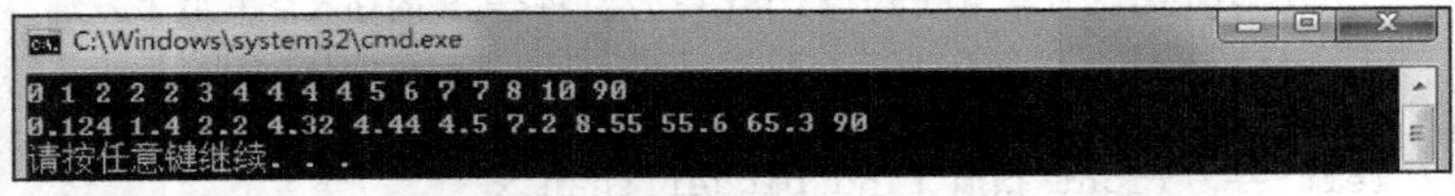

【例 7-15】 用类模板实现购物清单管理系统。

本例将要操作的所有对象构成一个链表，链表中的每个结点（元素）就是一个对象。定义一个类模板 LinkList，数据成员*head 表示指向链表的头指针，链表中每个结点（元素）包含数据域 data 和指针域 next，数据域 data 是 T 类型，指针 next 指向链表中下一个结点（元素）。成员函数 Insert_LinkList 表示插入一个结点（元素）；成员函数 Get_LinkList 表示返回第 i 个结点（元素）的地址；成员函数 Del_LinkList 表示删除第 i 个结点（元素）；成员函数 Print_LinkList 表示输出链表中结点（元素）的值。类 Goods 是类模板 LinkList 所要实例化的一个具体类。数据成员包括物品名称、价格和数量；成员函数 Print 表示输出购物信息，如图7-3 所示。

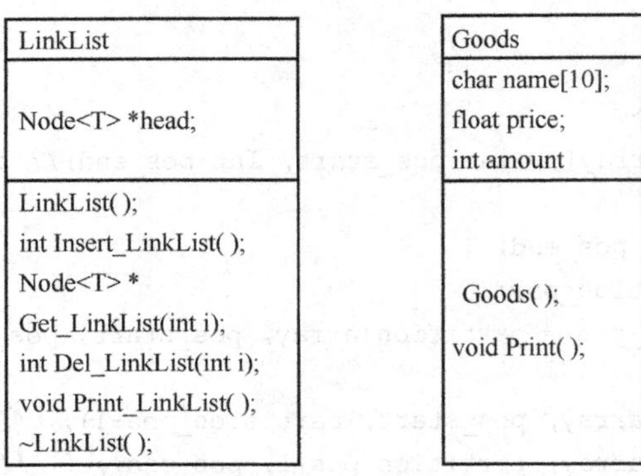

图 7-3 类模板 LinkList 和类 Goods

实现代码如下：

```
template<class T>           //list.h
struct Node{
```

```
        T data;
        Node *next;
};
template<class T>
class LinkList
{
    private:
        Node<T> *head;
        Node<T> *r;
    public:
        LinkList();
        int Insert_LinkList();
        Node<T> *Get_LinkList(int i);
        int Del_LinkList(int i);
        void Print_LinkList();
        ~LinkList();
};
class Goods
{
    private:
        char name[10];
        float price;
        int amount;
    public:
        Goods();
        void Print();
};
/* ---------------------------------------------------------------------------------------------- */
#include "stdafx.h"
#include"list.h"
#include "iostream"
using namespace std;

void menu();
int main()
{
    LinkList<Goods> L;
    int n,m=1;
    while(m)
    {
        menu();
        cin>>n;
        switch(n)
        {
        case 1:{
                int success;

                success=L.Insert_LinkList();
                if(success==1)
                {
                    cout<<"插入成功!"<<endl;
                }
                else
                {
                    cout<<"插入失败!"<<endl;
```

```
            }
            break;
            }
        case 2:{
                int i,success;
                cout<<"请输入删除的位置 i"<<endl;
                cin>>i;
                success=L.Del_LinkList(i);
                if(success==1)
                {
                    cout<<"删除成功!"<<endl;
                }
                else
                {
                    cout<<"删除失败!"<<endl;
                }
                break;
                    }
        case 3:
                {
                    cout<<"信息: "<<endl;
                    L.Print_LinkList ();
                    break;
                }
            case 0:m=0;
            }
    }
    return 0;
}
template<class T>
LinkList<T>::LinkList()
{
    head=0;
    r=head;
}
template<class T>
int LinkList<T>::Insert_LinkList()
{
     Node<T> *s=new Node<T>;

     if(s)
     {
         if(head)
         {
             r->next =s;
             r=s;
         }
         else
         {
             head=s;
             r=s;
         }
     }
     if(r)
         r->next =NULL;
```

```
        return 1;
    }
    template<class T>
    void LinkList<T>::Print_LinkList()
    {
        Node<T> *p;
        p=head;
        while(p)
        {
            p->data.Print();
            p=p->next;
        }
        cout<<endl;
    }
    template<class T>
    Node<T> * LinkList<T>::Get_LinkList(int i)
    {
        Node<T> *p=head;
        int j=1;
        while(p!=NULL&&j<i)
        {
            p=p->next;
            j++;
        }
        if(j==i)
        {
            return p;
        }
        else
        {
            return NULL;
        }

    }
    template<class T>
    int LinkList<T>::Del_LinkList(int i)
    {
        Node<T> *p,*s;
        if(i==1)
        {
            p=head;
            head=head->next ;
            delete p;
            return 1;
        }
        else
        {
            p=Get_LinkList(i-1);
            if(p==NULL)
            {
                cout<<"位置错误!"<<endl;
                return -1;
            }
            else if(p->next==NULL)
            {
```

```
                cout<<"该位置上的元素不存在!"<<endl;
                return 1;
            }
            else
            {
                s=p->next;
                p->next=s->next ;
                if(!p-> next)
                    r=p;
                delete s;
                return 1;
            }
        }
}
template<class T>
LinkList<T>::~LinkList()
{
    delete head;
}
void menu()
{
    cout<<endl;
    cout<<"1..........插入"<<endl;
    cout<<"2..........删除"<<endl;
    cout<<"3..........显示"<<endl;
    cout<<"0..........退出"<<endl<<endl;
    cout<<"请选择!"<<endl;

}
Goods::Goods()
{
    cout<<"输入物品名称、价格和数量! "<<endl;
    cin>>name>>price>>amount;
}
void Goods::Print()
{
    cout<<name<<" "<<price<<" "<<amount<<endl;
}
```

程序运行结果如下。

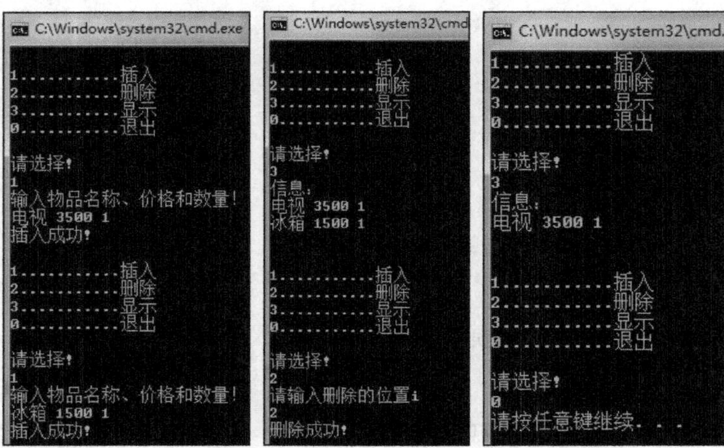

小　　结

使用模板可以避免重复编写具有相同功能只是数据类型不同的类或函数代码，提高代码的编写效率，简化程序编写。函数模板和类模板提供了对类型参数化的通用机制。

1. 函数模板

函数模板是对一类函数的抽象，它以任意类型为参数（称为模板参数），建立一个通用的函数。把模板参数实例化后，由函数模板产生的函数称为模板函数，它是函数模板的具体实例。使用函数模板的方法与使用普通函数类似，即使用实参代替模板参数并调用。在某些情况下，需要对函数模板特化，以满足某个特定数据类型实例化的实际应用需求。

2. 类模板

类模板是对一组类的公共性质的抽象，它并不是一个具体类，而是代表某一类类。类模板是一系列相关类的模板，这些相关类的成员组成相同，成员函数的源代码形式也相同，但所针对的数据类型不同。模板类是某个类模板的实例。类模板中的成员函数都是模板函数，可以放在类模板的定义体中定义，也可以放在类模板的外部来定义。类模板可以从类模板派生，也可以派生非模板类。在某些情况下，类模板也需要特化。但不同于函数模板只能全特化，类模板既可以全特化也可以偏特化。

习　　题

1. 为什么使用模板？函数模板声明的一般形式是什么？

2. 什么是模板实参和模板函数？

3. 什么是类模板？类模板声明的一般形式是什么？

4. 函数模板与同名的非模板函数重载时，调用的顺序是怎样的？

5. 设计一个函数模板，将数组中的元素按照由小到大的顺序排列。在主程序中，分别通过 int 型和 float 数组实例化该函数模板，将排序前后的数组分别输出到屏幕。

6. 设计一个函数模板，将不同数据类型数组中的元素求和。

7. 设计一个函数模板 main()，它由一个 T 类型元素组成的数组和一个表示数组元素数目的整数作为参数，并返回数组中最大元素。在主程序中，使用一个包含 6 个 int 元素的数组和一个包含 4 个 double 元素的数组来调用该函数。程序中包含一个具体化，将 char 指针数组和数组中的指针数量作为参数，并返回最长的字符串的地址。如果有多个这样的字符串，则返回其中第一个字符串的地址。使用有 5 个字符串指针的数组来调用该具体化。

8. 队列是一种重要的数据结构，它只允许在一端进行插入操作，在另一端进行删除操作。允许进行插入操作的一端称为队尾，允许进行删除操作的一端称为队头。队头和队尾分别由队头指针和队尾指针指示。当队列中没有数据时，叫作空队列。下面是一个整型队列类的定义。

```
const int SIZE=100;              //队列中元素的最大个数
class Iqueue
{
  public:
```

```
        Iqueue();                        //队列初始化构造函数
        void Insert(int n);              //插入新元素
        int Delete();                    //删除元素
        bool Empty();                    //判断队列是否为空
        int Length();                    //返回队列中元素个数
        int Front();                     //返回队列中头元素
        void ClearQueue();               //队列清空
        ~Iqueue();                       //队列的析构函数
    private:
        int Qlist[SIZE],front,rear;//用于保存队列元素的数组、队头指针和队尾指针的位置
    };
```

试编写一个队列的类模板（包括成员函数的实现），以便为任何类型的对象提供队列结构的数据操作。

9．试设计一个动态数组类模板 Array，它由一系列位置连续的、数量任意的相同类型的元素组成，其元素个数可在程序运行时改变，并且在执行中会检测下标是否越界。请编写一个应用程序，求范围 2～*N* 中的质数，*N* 在运行时由键盘输入。因为本题 *N* 的值是在运行时由用户输入的，程序不能预知用来存取质数的数组大小，因此要求使用所设计的动态数组来保存质数。

第 8 章 文件和流

数据的输入/输出是数据运动的过程，如同流水，从一处流到另一处。C++形象地将此过程称作流（stream）。C++的输入/输出流是指由若干字节组成的字节序列，按顺序从一个对象传送到另一个对象。输入时，程序从输入流中抽取字节；输出时，程序将字节插入到输出流中。对于面向文本的程序，每个字节代表一个字符。输入流中的字节可能来自键盘、硬盘或其他程序。同样，输出流中的字节可以流向显示器、打印机、存储设备或其他程序。

【学习目标】

（1）了解 C++输入/输出的概念；

（2）掌握使用 cin 进行输入；

（3）掌握 istream 类的方法进行输入；

（4）掌握使用 cout 进行输出；

（5）掌握格式化输出；

（6）掌握 ostream 类的方法进行输出；

（7）掌握文件的输入和输出。

8.1 C++的输入/输出

C++的输入/输出依赖于 ANSI/SO C++委员会确定的 C++ I/O 标准类库。在这里，主要介绍以下两方面的内容：

（1）标准的输入/输出（简称标准 I/O），即从键盘输入数据，从屏幕输出数据。

（2）文件的输入/输出（简称文件 I/O），即从存储介质上的文件输入数据，然后将结果输出到外存储介质。

其中，几个常用的流类继承关系如图 8-1 所示。

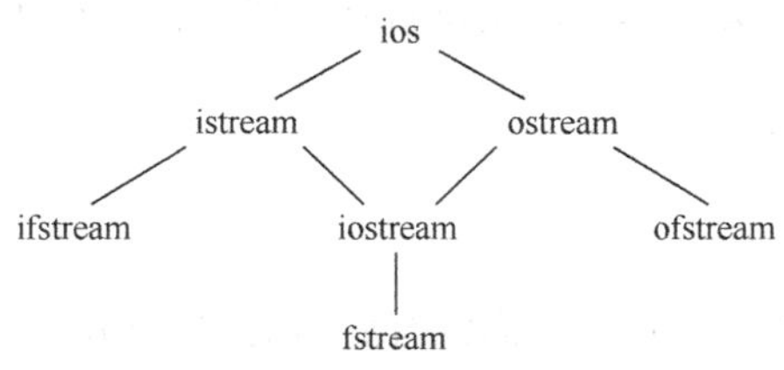

图 8-1　常用的流类库层次结构

- ios：流基类，主要派生输入流类 istream 和输出流类 ostream。
- istream：通用输入流类和其他输入流的基类，支持输入操作。
- ostream：通用输出流类和其他输出流的基类，支持输出操作。
- iostream：通用输入输出流类，由类 istream 和类 ostream 派生，支持输入输出操作。
- ifstream：输入文件流类，由类 istream 派生，支持输入文件操作。
- ofstream：输出文件流类，由类 ostream 派生，支持输出文件操作。
- fstream：输入输出文件流类，由类 iostream 派生，支持输入输出文件操作。

前面，我们已经利用 cin/cout 实现了数据的输入/输出。在程序声明 iostream 库时：

```
#include <iostream>
```

程序将自动打开 8 个流，并使用 8 个对象管理它们。cin 对象管理标准输入流，默认与标准输入设备（通常为键盘）相连；cout 对象管理标准输出流，默认与标准输出设备（通常为显示器）相连。除此之外，还有 cerr、clog、wcin、wcout、wcerr 和 wclog，这几个对象在本章中不做介绍。

8.2 标准输入流

8.2.1 使用 cin 进行输入

C++提供了实用的输入功能，通过键盘产生输入的内容，从而形成字节流。cin 对象可以将输入字节流中的信息存储到相应的内存单元。通常，可以这样使用 cin:

```
cin >> value_holder
```

其中，“>>”是流读取运算符，它重载右移位运算符“>>”来完成。“>>”左边的 cin 是 istream 类的对象，右边的操作数是系统定义的任何数据类型的变量，例如：

```
int i;
cin>>i;
```

从键盘输入的数据会自动转换为 i 的数据类型，并存储到变量 i 中。

注意：输入运算符“>>”也支持级联输入。在默认情况下，运算符“>>”跳过空格，读入后面与变量类型相应的值。因此，给一组变量输入值时，用空格或换行将输入的数值间隔开，例如：

```
int i;
float f;
cin>>i>>f;
```

当从键盘输入：

```
10 12.34 A
```

时，数值 10,12.34 和 A 会分别存储到变量 i，f 和 w 内。

（1）当输入字符串（char* 类型）时，输入运算符“>>”会跳过空格，读入后面的非空格符，直到遇到另外一个空格结束，并在字符串末尾自动放置字符'\0'作为结束标志，例如:

```
char s[20];
cin>>s;
```

当输入：

```
Hello!  world!
```

时，存储在字符串 s 中的值为“Hello!”，而没有后面的“world!”。

（2）数据输入时，不仅要检查数据间的空格，还要做类型检查、自动匹配，例如：

```
int i;
float f;
cin>>i>>f;
```

如果输入：

```
12.34  34.56
```

则存储在 i、f 内的数值为 12 和 0.34，而不是 12.34 和 34.56。

8.2.2　其他 istream 类方法

1. get()方法

istream 类中的 get()方法提供不跳过空格的单字符输入功能。使用方式为：

```
输入流对象.get(字符型变量)
```

例如，如下循环：

```
int a=0;
char ch;
cin.get(ch);
while(ch!='\n')
{
    cout<< ch;
    a++;
    cin.get(ch);
}
```

假如输入：

```
I can do.<Enter>
```

按 Enter 键后，get(ch)首先从输入流中读取字符 I，存储在 ch 中，使用 cout 显示它，再将 a 加 1。然后，读取 I 后面的空格字符，存储，显示，让 a 加 1。这样依次循环，直到读取到 Enter 键，终止循环。

get 方法还有 3 种重载形式：无参数的、有两个参数和有 3 个参数的。

无参数的 get()方法用于从指定的输入流中提取一个字符（包括空格），函数的返回值为读入的字符。例如：

```
char ch;
ch=cin.get();
```

有两个参数的 get()方法，其原型如下：

```
istream & get(char*,int);
```

其中，第一个参数用于放置字符串的内存单元的地址，第二个参数为读取的最大字符数（额外的一个字符用于存储结尾的空字符，因此只能读取最大字符数-1 个字符）。例如：

```
char line[50];
cin.get(line,50);
```

cin.get()函数将在到达第 49 个字符或遇到换行符后停止将输入读取到数组中。

有三个参数的 get()方法，其原型如下：

```
istream & get(char*,int,char);
```

其中，前两个参数与上面的相同，第三个参数指定用作分界符的字符。只有两个参数的 get()函数将换行符用作分界符。例如：

```
char line[50];
cin.get(line,50,#);
```

假如输入：

```
Please give me #3 apples.
```

由于 get()函数将字符'#'为分界符，所以储存到 line 数组只有“Please give me”。

2. getline()方法

istream 类中的 getline()方法可以读取整行输入，而不是一个字符。使用方法为：

```
输入流对象.getline(字符指针，字符个数)
```

字符指针用来放置输入字符串的内存单元的地址。字符个数用来限制读取的最大字符数。由于存储字符串额外需要存储一个结尾的空字符，读取的最大字符数为字符个数-1。例如，输入不超过 5 个字符的内容，存储到 ch 数组中，并将 ch 显示。

```
char ch[10];
cout<<"Please enter less than five characters:";
cin.getline(ch,5);
cout<<ch<<endl;
```

假如输入：

```
123456789 <Enter>
```

按 Enter 键后，显示为“1234”。由于 getline(ch,5)中的第二个参数限制读取的字符数为 5，所以只能读取输入流中的前 4 个字符存储到 ch 数组中并显示。

getline()重载方法同样也有 3 个参数的方法，3 个参数的作用和上面 getline()类似，其原型如下：

```
istream & getline(char*,int,char);
```

3. read()方法

istream 类中的 read()方法读取指定数目的字节，并将它们存储在指定的位置中。例如，下面的语句从标准输入流中读取 25 个字符，并将它们存储在数组 a 中：

```
char a[50];
cin.read(a,25);
```

与 getline()和 get()不同的是，read()不会在输入后加上空值字符，因此不能将输入转换为字符串。该方法的返回类型为 istream &，因此可以像下面这样拼接起来：

```
char a[50];
char b[100]
cin.read(a,50).read(b,100);
```

8.3 标准输出流

8.3.1 使用 cout 进行输出

cout 是输出流类 ostream 的对象，输出结果流向标准的输出设备显示器。在 C++中，流输出使用插入运算符“<<”（重载左移位运算符）完成输出，使之能够识别 C++中所有的基本类型。插入运算符“<<”左边的操作数是 istream 类的一个对象（如 cout），右边可以是 C++的合法表达式。例如，用插入符实现流输出。

```
#include "stdafx.h"
#include "iostream"
using namespace std;
int main()
{
```

```
    int a=22;
    char b='B';
    float c=1.25;
    double d=3{Alvarez, 2003 #525}.1415926;
    cout<<"a="<<a<<"   b="<<b<<endl;
    cout<<"c="<<c<<"   d="<<d<<endl;
    return 0;
}
```

程序输出结果如下。

```
C:\Windows\system32\cmd.exe
a=22    b=B
c=1.25    d=3.14159
请按任意键继续. . .
```

C++用指向字符串存储位置的指针来表示字符串。指针的形式可以是 char 数组名、显式的 char 指针或用引号括起的字符串。C++还允许输出项为显式对象的地址。默认情况下，地址以十六进制的形式显示。但对于其他类型的指针，C++可以使用 void *来强制转换输出。因此，cout 可以通过下面几种方式输出字符串和地址。

```
#include "stdafx.h"
#include "iostream"
using namespace std;
int main()
{
    int a=12;
    char b[20]="Hello world!";
    char *c= b;
    cout<<"Hi.\n";
    cout<<b<<endl;
    cout<<c<<endl;
    cout<<&b<<endl;
    cout<<(void *)c<<endl;
    cout<<&c<<endl;
    return 0;
}
```

程序输出结果如下。

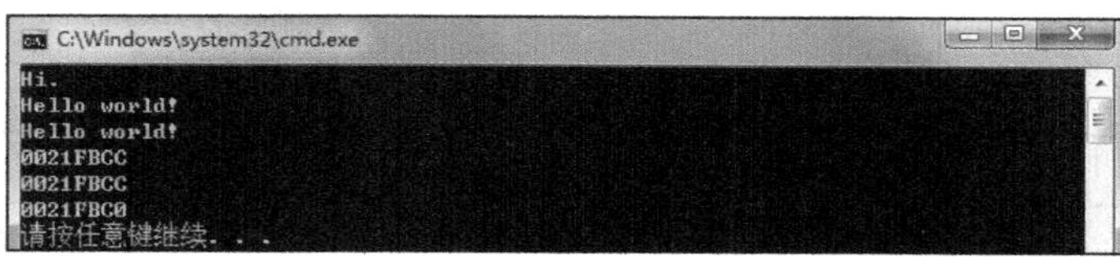

从程序输出结果可以看出，(void *) c 和&c 表示的地址相同。因此，利用 (void *) c 取得的是字符串“Hello world!”的地址。而利用&c 取得的是指针 c 所存放的地址。

说明：

（1）上面的 cout 代码可以合并成一行来执行：

```
cout<<"Hi.\n"<<b<<endl<<c<<endl<<&b<<endl<<(void *)c<<endl<<&c<<endl;
```

这种级联的形式在 C++中是允许，因为重载的“<<”运算符返回对它左边操作数对象的引用（即 cout），当执行完“cout<<"Hi.\n"”后，输出“Hi.”，并返回 cout 对象，则该语句变为：

```
cout<<b<<endl<<c<<endl<<&b<<endl<<(void *)c<<endl<<&c<<endl;
```

这样，依次显示，并返回 cout，直到执行完毕。

（2）利用“<<”输出的时候需要注意优先级的问题，如求两者中的最大值问题：

```
int i=10,j=20;
cout<<"the max is ";
cout<<(i>j)?i:j;
```

程序的输出结果为：the max is 0 ，这是由于输入操作符的优先级高于条件操作符，所以输出i、j的比较结果的布尔值，即表达式被解析为：

```
(cout<<(i>j))?i:j;
```

因为i<j，所以结果为false，输出结果0。为了得到正确结果，整个表达式必须放在括号中：

```
cout<<((i>j)?i:j);
```

由此得到正确结果：the max is 20。

8.3.2 使用cout进行格式化输出

C++允许用户控制输出格式，从而使用cout按照指定的格式输出数据。因此，C++提供了两种格式控制方法：一种方法使通过ios类中有关格式控制的成员函数进行格式控制；另一种方法是通过标准控制符进行格式控制。

1. 通过ios类中有关格式控制的成员函数进行格式控制

ostream类是从ios类派生而来的，而ios类是从ios_base类派生而来的。在ios_base类中存储了描述格式状态的信息（又称为状态控制字）。状态控制字是一个long int的数据类型，其中每一位都控制一定的输入输出特征。在ios类中定义了一个枚举，它的每个成员分别定义格式状态字的一个位，如表8-1所示。

表8-1　状态标志字

标　志	作　用
skipws	跳过输入中的空白
left	左对齐格式输出
right	右对齐格式输出
internal	在符号位和数值之间填入字符
dec	十进制显示
oct	八进制显示
hex	十六进制显示
showbase	产生前缀，指示数值的进制基数
showpoint	强制显示float和double型数据的小数点后无效的0
uppercase	在十六进制下显示0X，科学计数法显示E
showpos	在非负数值中显示+
boolalpha	把true和false表示为字符串
scientific	以科学计数法形式显示浮点数
fixed	以小数形式显示浮点数
unitbuf	输出操作后立即刷新所有流
stdio	输出操作后刷新stdout和stderr

ios 类中用于控制输入输出格式的成员函数，如表 8-2 所示。

表 8-2　　控制输入输出格式的成员函数

名　称	作　用
long ios::flags();	返回当前格式状态字
long ios::flags(long);	设置格式状态字并返回
long ios::setf(long flags)	设置状态标志
long ios::unsetf(long flags)	清除状态标志
int ios::width();	返回当前字段宽度
int ios::width(int i);	设置字段宽度并返回原宽度
char ios::fill();	返回当前填充字符
char ios::fill(char c);	设置填充字符并返回原填充字符
int ios::precision();	返回当前浮点数的精度
int ios::precision(int num);	设置浮点数精度并返回原精度

下面用几个例子说明以上部分状态标志字和成员函数的应用。

【例 8-1】 格式状态字的设置和消除。

```
#include "stdafx.h"
#include "iostream"
using namespace std;
void showflags(long f)          //输出标志字函数
{
    long i;
    cout<<"The flag is ";
    for(i=0x8000;i;i=i>>1)      //使用右移位
        if(i&f)
            cout<<"1";
        else
            cout<<"0";
        cout<<endl;
}
int main()
{
    long flag;
    int a=50;
    double b=3.1415926;
    //flag=cout.flags();
    showflags(cout.flags());
    cout<<"a="<<a<<endl;
    cout.unsetf(ios::dec);
    cout.setf(ios::hex|ios::showbase);
    showflags(cout.flags());
    cout<<"a="<<a<<endl;
    cout.setf(ios::oct,ios::basefield);
    showflags(cout.flags());
cout<<"a="<<a<<endl;
return 0;
}
```

程序输出结果如下。

```
C:\Windows\system32\cmd.exe
The flag is 0000001000000001
a=50
The flag is 0000100000001001
a=0x32
The flag is 0000010000001001
a=062
请按任意键继续. . .
```

说明：

（1）函数 showflags( )的功能是输出状态字的二进制数值。算法思想是，从最高位到最低位，逐位计算与二进制 1 的位与（即从 0x8000 开始逐个移位循环 16 次到 0x0001），并输出该二进制位的数值（只有二进制位为 1 时，结果才为 1，否则为 0），由此得到状态字各个二进制位的数值。

（2）在格式状态字中，dec、oct、hex 互相排斥，只能选一。系统默认指定为 dec。如果想改设置为其他进制显示，应该先调用 unsetf()，取消原来的进制设置，再调用 setf()设置其他进制。还可以利用 setf()的重载函数：fmtflags setf(fmtflags,fmtflags)。

（3）它接收两个标记类型的参数。第一个参数设置标记位，第二个参数消除标记位。程序中"cout.setf(ios::oct,ios::basefield);"第一个参数表示使用八进制输出格式，而第二个参数 basefield 代表 dec、oct 和 hex，因此会将它们 3 个全部清零。

（4）用 setf()函数设置格式状态时，可以包含两个或多个格式标志。由于这些格式标志在 ios 类中被定义为枚举值，可以用位运算符"|"组合多个格式标志。例如，程序中"cout.setf(ios::hex|ios::showbase)"。

【例 8-2】 设置字段宽度、填充字符和浮点数精度。

```
#include "stdafx.h"
#include "iostream"
using namespace std;
int main()
{
    int a=123;
    double b=3.1415926;
    const char* const c="hello world";
    bool d=0;
    cout<<"default width is:"<<cout.width()<<'.'<<endl;    //默认字段宽度
    cout<<"default fill is :"<<cout.fill()<<'.'<<endl;     //默认的填充字符
    cout<<"default precision is:"<<cout.precision()<<'.'<<endl;//默认精度
    cout<<"a="<<a<<"  b="<<b<<"  c="<<c<<endl;
    cout<<"a=";
    cout.width(10);                                   //设置域宽为 10
    cout.fill('*');                                   //设置填充字符为*
    cout.setf(ios::showpos);
    cout<<a<<endl;
    cout<<"b=";
    cout.width(12);                                   //设置域宽为 12
    cout.precision(4);                                //设置精度为 4 位
    cout.setf(ios::left);                             //设置左对齐方式
    cout<<b<<endl;
    cout.unsetf(ios::showpos);
    cout<<"b=";
    cout.width(15);                                   //设置域宽为 15
    cout.setf(ios::fixed,ios::floatfield);            //设置精度：小数位为 4 位
    cout<<b<<endl;
```

```
    cout<<"c=";
    cout.width(20);                              //设置域宽为 20
    cout.setf(ios::right,ios::adjustfield);      //设置右对齐方式
    cout<<c<<endl;
    cout<<"d="<<d<<endl;
    cout.setf(ios::boolalpha);                   //设置显示为 false 或者 true
    cout<<"d="<<d<<endl;
    return 0;
}
```

程序输出结果如下。

```
C:\Windows\system32\cmd.exe
default width is:0.
default fill is : .
default precision is:6.
a=123  b=3.14159  c=hello world
a=******+123
b=+3.142******
b=3.1416**********
c=*********hello world
d=0
d=false
请按任意键继续. . .
```

说明：

（1）在默认情况下，字段宽度为 0，表示无字段宽度，数据按自身的宽度打印；填充字符为空格；精度为 6（即输出时保留 6 位有效数字）。例如，3.1415926 默认输出为 3.14159。

（2）函数 width(int i)只对它后面的第一个输出有影响，当第一个输出完成后，字段宽度将恢复为默认值。而函数 precision(int num)和 fill(char c)则一直有效，除非它们被重新设置。

（3）如果只设置精度为 4，则只显示 4 位数字。如果又将输出格式设置为 fixed，则将小数部分显示 4 位数字。

（4）在格式状态字中，left、right 和 internal 互相排斥，只能选一。系统默认输出为右对齐。因此，程序中设置左对齐输出后，必须利用 setf 重载函数重新设置或者利用 unsetf 恢复为默认输出。adjustfield 代表 left、right 和 internal。

（5）bool 型变量默认输出为 0 或者 1。如果将输出格式设置为 boolalpha，可以使输出 bool 型变量为 true 或者 false。

2. 通过标准控制符进行格式控制

使用 setf()进行格式控制，不够简洁方便，不是对用户最为友好的方法。因此，C++还提供了通过标准控制符进行格式控制的方法。标准控制符可以直接嵌入到输入/输出语句中，使用更加简洁方便。表 8-3 所示为标准控制符和其实现的功能。

表 8-3　　标准控制符

标　志	作　用
ws	在输入时跳过开头的空白符，仅用于输入
endl	换行并刷新输出流，仅用于输出
ends	插入一个空字符，仅用于输出
flush	刷新一个输出流，仅用于输出
dec	十进制显示，可用于输入/输出
oct	八进制显示，可用于输入/输出

续表

标　志	作　用
hex	十六进制显示，可用于输入/输出
left	左对齐格式输出
right	右对齐格式输出
internal	数值符号左对齐、数值本身右对齐，符号位和数值之间填入填充符
showbase	产生前缀，指示数值的进制基数
noshowbase	不产生基数前缀
showpoint	总是显示小数
noshowpoint	只有当小数存在时显示小数
uppercase	在十六进制下显示 0X，科学计数法显示 E
nouppercase	在十六进制下显示 0x，科学计数法显示 e
showpos	在非负数值中显示+
noshowpos	在非负数值中不显示+
boolalpha	把 true 和 false 表示为字符串
noboolalpha	把 true 和 false 表示为 1 和 0
skipws	在输入时跳过开头的空白符，仅用于输入
noskipws	在输入时不跳过开头的空白符，仅用于输入
internal	将填充字符加到符号和数值中间
scientific	以科学计数法形式显示浮点数
fixed	以小数形式显示浮点数
setfill(ch)	用 ch 填充空白字符
setprecision(n)	将浮点数精度设置为 n
setw(w)	按照 w 个字符来读或写数值
setbase(b)	以进制基数 b 来输出整数值
setiosflags(n)	设置由 n 指定的格式标志
resetiosflags(n)	清除由 n 指定的格式标志

不带参数的标准控制符定义在头文件 iostream.h 中，带参数的标准控制符定义在头文件 iomanip.h 中，使用相应的标准控制符必须包含相应的头文件。在进行输入/输出时，标准控制符嵌入到输入/输出语句中，用来控制格式。对例 8-2 进行改写，如例 8-3 所示。

【例 8-3】 通过标准控制符进行格式控制。

```
#include "stdafx.h"
#include "iostream"
#include "iomanip"
using namespace std;
int main()
{
    int a=123;
    double b=3.1415926;
    const char* const c="hello world";
    bool d=0;
```

```
    cout<<"default width is:"<<cout.width()<<'.'<<endl;
    cout<<"default fill is :"<<cout.fill()<<'.'<<endl;
    cout<<"default precision is:"<<cout.precision()<<'.'<<endl;
    cout<<"a="<<a<<"  b="<<b<<"  c="<<c<<endl;
    cout<<"a="<<setw(10)<<setfill('*')<<showpos<<a<<endl;
    cout<<"b="<<setw(12)<<setprecision(4)<<left<<b<<endl;
    cout<<noshowpos<<"b="<<setw(15)<<fixed<<b<<endl;
    cout<<"c="<<setw(20)<<right<<c<<endl;
    cout<<"d="<<d<<endl;
    cout<<"d="<<boolalpha<<d<<endl;
    return 0;
}
```

程序输出结果同样如下。

8.3.3　其他 ostream 类方法

1. put()方法

ostream 类中 put()方法用于输出一个字符，其原型如下：

```
ostream & put(char);
```

可以用类方法表示法来调用它：

```
cout.put('A');
```

其中，cout 是调用方法的对象，put()是类成员函数。和“<<”运算符函数一样，该函数也返回一个指向调用对象的引用，因此实现拼接输出：

```
cout.put('O').put('K');
```

2. write()方法

ostream 类中 write()方法用于显示字符串，其原型如下：

```
ostream & write (const char* s , streamsize n);
```

write()的第一个参数是指向 char 型的指针，第二个参数指出显示字符的数量。write()方法不会在遇到空字符时自动停止输出字符，而会按照指定数量输出字符，即使超出了字符串的边界。如果超出了字符串的边界，程序会将字符串在内存中存储位置后面数据输出。

【例 8-4】 使用 put()和 write()方法输出。

```
#include "stdafx.h"
#include "iostream"
#include "iomanip"
using namespace std;
int main()
{
    char str[13]="Hello world!";
    for(int i=0;i<strlen(str);i++)
        cout.put(str[i]);
    cout<<endl;
```

```
    cout.write(str,20)<<endl;
    return 0;
}
```

程序输出结果如下。

```
e:\Allison\c++R\c++项目练习代码\8-4\Debug\8-4.exe
Hello world!
Hello world!
请按任意键继续. . .
```

8.4 文件的输入和输出

文件是存储在外部介质（硬盘、光盘或U盘）上的数据的有序集合。每个操作系统以文件为单位对数据进行管理。如果想查找存放在外部介质上的数据，必须按照文件名找到指定文件，再从该文件中读取数据。如果要把数据存储在外部介质上，必须先建立一个文件，再向它输出数据。

每个文件对应一个文件名。文件名通常由文件主名和扩展名组成，中间用圆点分开。例如，jar.txt、abc.cpp等。扩展名也可以省略。扩展名一般由1～3个字符组成。通常利用扩展名区分文件的类型。在C++系统中，用cpp表示程序文件，用obj表示程序文件被编译后生成的目标文件，用exe表示连接整个程序中所有目标文件后生成的可执行文件。对于用户建立的用于保存数据的文件，通常扩展名用dat表示，由字符构成的文本文件则用txt作为扩展名等。

C++把文件看作是字符或者字节的序列，即文件是由一系列字符或者字节组成。根据数据组织形式的不同，文件可以分为ASCII文件和二进制文件。ASCII文件也称为文本文件或字符文件。它的每个字节存放一个ASCII代码，每个ASCII代码代表一个字符。二进制文件又称为字节文件。它把内存中的数据按其在内存中的存储形式原样输出到外部介质上存储。假定一个整数12345，在内存中占两个字节，如果按ASCII形式储存就占4个字节。如果按二进制存储则占两个字节。因此，用二进制文件可更好地节省存储空间和转换时间。

C++在进行文件操作时，必须首先建立一个文件流，并把这个流与实际的文件相关联，然后就可以按照要求进行读写操作。C++的文件流实际上就是以外存文件为输入/输出对象的数据流。输入文件流是指从外存文件流向内存的过程，输出文件流是指从内存流向外存的过程。

C++将文件流分为3类：输入流、输出流及输入/输出流。其中：

（1）ifstream流类，是从istream类派生的，用于文件的输入操作；

（2）ofstream 流类，是从ostream类派生的，用于文件的输出操作；

（3）fstream 流类，是从iostream类派生的，用于文件的输入和输出操作。

这些类定义在头文件 fstream.h 中。因此，在对文件进行输入/输出操作时，首先应该在开始包含#include<fstream>，然后定义流对象，例如：

```
ifstream in;       //输入文件流
ofstream out;      //输出文件流
fstream inout;     //输入/输出文件流
```

8.4.1 文件的打开与关闭

1. 打开文件

文件在进行读写操作前，应先打开，其目的是为文件流对象和特定的外存文件建立关联，并指定文件的操作方式。打开文件的方式有以下两种。

（1）使用 open()函数

open 函数是 ifstream、ofstream 和 fstream 类的成员函数。文件打开方式的一般格式为：

```
文件流对象名.open("文件名",打开模式);
```

其中，打开模式，可为表 8-4 中的文件操作方式之一。

表 8-4 文件的打开模式

文件操作方式	功 能
ios::in	打开文件进行读操作，如果文件不存在则出错
ios::out	打开文件进行写操作，如果文件不存在，则建立一个文件，否则将清空文件，该方式为默认方式
ios::ate	打开文件后，指针定位到文件尾部
ios::app	以追加方式打开文件，所有追加内容都在文件尾部进行
ios::trunc	如果文件已存在则清空原文件，否则创建新文件
ios::binary	打开二进制文件（非文本文件）

说明：

① 每个被打开的文件都有一个文件指针，该指针的初始位置由打开方式指定。文件每次读写都从文件指针的当前位置开始。当读出或写入一个字符，指针自动后移一个字节。当文件指针指向文件尾时，将遇到文件结束符 EOF（文件结束符占一个字节，其值为-1）。此时，流对象的成员函数 eof()的值为非 0 值（一般为 1），表示文件结束。

② 用“ios::in”方式打开文件只能用于从文件向计算机输入，而不能用于向该文件输出数据，而且该文件必须已经存在。如果用“ios::in”打开一个不存在的文件，将会出错。如果用类 ifstream 产生流，将隐含为输入流，默认为“ios::in”，可以不必显式地声明打开方式。例如：

```
ifstream fin;
fin.open("abc.txt");
```

③ 用“ios::out”方式打开文件，表示计算机向该文件输出数据。如果用类 ofstream 产生流，将隐含为输出流，默认为“ios::out|ios::trunc”，可以不必显式地声明打开方式。以这种方式打开文件进行输出时，如果没有这样的文件，将创建一个新文件；如果有这样的文件，则打开文件并清空文件，输出将进入一个空文件中。例如：

```
ofstream fout;
fout.open("abc.txt");
```

④ fstream 类不提供默认的模式值，所以使用 fstream 类创建对象时，必须显式地提供模式。

⑤ 如果希望不删除文件原来数据，向文件末尾添加新数据，则应当用“ios::app”方式打开文件。使用“ios::app”方式，文件必须存在，而且只能用于输出。

⑥ 用“ios::ate”方式打开一个已存在的文件，文件指针自动位于原有文件的尾部。

⑦ 在默认情况下，打开的文件均以文本方式打开文件。在用文本文件向计算机输入时，把回车和换行两个字符转换为一个换行符，而在输出时把换行符转换为回车和换行两个字符。若需要

以二进制方式打开文件，则需要将打开方式设置为“ios::binary”。用二进制方式时，在内存中的数据形式与输出到外部文件中的数据形式完全一致。

⑧ 打开方式可以用位运算符“|”将两个或多个位合并成一个组合。例如，“ios::in|ios::binary”表示打开的文件可以进行二进制的读入。

（2）使用构造函数

使用构造函数同样也可以打开文件，与 open()函数实现的功能一样。由于不同的输入/输出类，其使用的格式分别为：

```
• ifstream 对象名("文件名","打开方式");
• ofstream 对象名("文件名","打开方式");
• fstream 对象名("文件名","打开方式");
```

例如，ofstream fout("abc.txt",ios::app);

相当于语句：

```
ofstream fout;
fout.open("abc.txt",ios::app);
```

说明：

① 使用 ifstream 和 ofstream 类的构造函数打开文件，可以省略第二个参数“打开模式”。在默认情况下，ifstream 的打开模式为“ios::in”，ofstream 的打开模式为“ios::out|ios::trunc”。

② 只有在成功打开文件后，才能对文件进行读写操作。如果由于某些原因打不开文件（即执行函数 open()失败），则流变量的值为 0。为了确保成功打开文件，可以通过下面的方法进行检测。

```
ofstream fout("abc.txt");
if(!fout)
   {
       cout<<"Cannot open file!\n";
       //错误处理代码
   }
```

2. 关闭文件

当对一个文件的读写操作完成后，为了保证数据安全，切断文件与流的联系，应及时关闭文件。关闭文件的一般格式为：

```
流对象名.close()
```

注意：关闭这样的连接并不会删除流，而只是断开流与文件的连接。而流对象还仍然存在，并可以重新连接到同一个文件或另一个文件。

8.4.2 文本文件的读写操作

1. 用流输入运算符“>>”和流输出运算符“<<”输入/输出标准类型的数据

“>>”和“<<”在 iostream 类中被重载为能用于 istream 和 ostream 类对象的标准类型的输入/输出。由于 ifstream、ofstream 和 fstream 类分别是 istream、ostream 和 iostream 类的派生类，因此文件输入/输出流继承了标准输入/输出流的公有的成员函数，所以在对文件的操作中，可以通过对文件流对象和运算符“>>”和“<<”实现对文件的读写，如同用 cin、cout 和“>>”“<<”对标准设备进行读写一样。

【例 8-5】 用文件流对象将九九乘法表写入到指定的文本文件中，并利用标准输出到屏幕。

```
#include "stdafx.h"
#include<iostream>
```

```
#include<fstream>
using namespace std;
int main( )
{
    char x;
    int i=1,t=1;
    ofstream a("abc.txt");
    if (a.fail())
    {
        cout<<"打开文件失败"<<endl;
        exit(1);
    }
    while(i<=9)
    {
        while(t<=i)
        {
            a<<t<<"*"<<i<<"="<<i*t<<" ";
            t++;
        }
        t=1;
        a<<endl;
        i++;
    }
    a.close();
    ifstream b;
    b.open("abc.txt");
    if (b.fail())
    {
        cout<<"fail"<<endl;
        exit(2);
    }
    while (!b.eof())
    {
        b>>x;
        cout<<x;
    }
    cout<<endl;
    b.close();
    return 0;
}
```

程序运行结果如下。

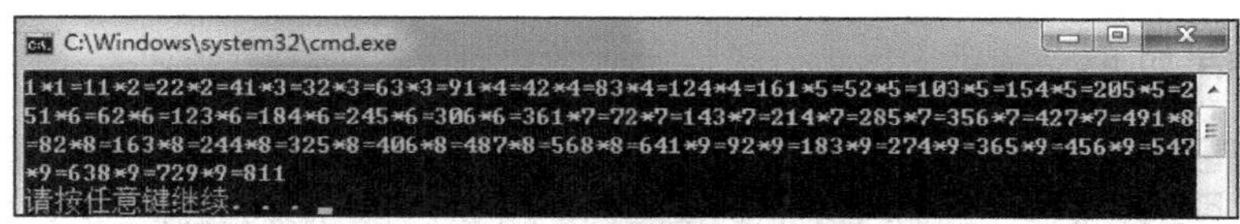

说明：屏幕输出的内容没有将 abc.txt 文件中的空格和换行符输出，这是由于 ifstream 类的对象将空格作为读取的分隔符，所以使用输入运算符“>>”读取时，会直接跳过空格，直接读取空格后面的内容。

2. 用 put、get 和 getlline 成员函数进行字符的输入/输出

由于 ifstream、ofstream 和 fstream 类继承了 istream、ostream 和 iostream 类的 put、get 和 getlline 成员函数，因此可以使用 put、get 和 getlline 成员函数进行字符的输入/输出。

【例 8-6】 改写例 8-5，利用 get()函数实现文件到屏幕的输出。

```
#include "stdafx.h"
#include<iostream>
#include<fstream>
using namespace std;
int main( )
{
    char x;
    int i=1,t=1;
    ofstream a("abc.txt");
    if (a.fail())
    {
        cout<<"打开文件失败"<<endl;
        exit(1);
    }
    while(i<=9)
    {
        while(t<=i)
        {
            a<<t<<"*"<<i<<"="<<i*t<<" ";
            t++;
        }
        t=1;
        a<<endl;
        i++;
    }
    a.close();
    ifstream b;
    b.open("abc.txt");
    if (b.fail())
    {
        cout<<"fail"<<endl;
        exit(2);
    }
    while (b.get(x))
    {
        cout<<x;
    }
    cout<<endl;
    b.close();
    return 0;
}
```

程序运行结果如下。

```
C:\Windows\system32\cmd.exe
1*1=1
1*2=2 2*2=4
1*3=3 2*3=6 3*3=9
1*4=4 2*4=8 3*4=12 4*4=16
1*5=5 2*5=10 3*5=15 4*5=20 5*5=25
1*6=6 2*6=12 3*6=18 4*6=24 5*6=30 6*6=36
1*7=7 2*7=14 3*7=21 4*7=28 5*7=35 6*7=42 7*7=49
1*8=8 2*8=16 3*8=24 4*8=32 5*8=40 6*8=48 7*8=56 8*8=64
1*9=9 2*9=18 3*9=27 4*9=36 5*9=45 6*9=54 7*9=63 8*9=72 9*9=81

请按任意键继续. . .
```

【例 8-7】 利用 put 函数和 get 函数实现将例 8-5 生成的 abc.txt 复制到 abc2.txt。

```
#include "stdafx.h"
```

```
#include<iostream>
#include<fstream>
using namespace std;
int main( )
{
    char x;
    ifstream fin("abc.txt");
    if(!fin)
    {
        cout<<"cannot open abc.txt\n";
        exit(1);
    }
    ofstream fout("abc2.txt");
    if (!fout)
    {
        cout<<"cannot open abc2.txt\n";
        exit(2);
    }
    while (fin.get(x))
    {
        fout.put(x);
    }
    return 0;
}
```

说明：程序运行结束时，两个流对象的生命期结束，由系统自动调用析构函数将关闭文件，所以用构造函数打开的文件可以不显式地关闭文件。

8.4.3　二进制文件的读写操作

二进制文件不同于文本文件以 ASCII 代码存放数据，它将内存中数据存储形式不加转换地传送到文件中。对于字符来说，二进制表示与文本表示是一样的，即字符的 ASCII 码的二进制表示。但对于数字来说，由于不需要转换，用二进制格式保存数字速度更快，占用空间更小，并可以大块地存储数据。

对二进制文件的读写，主要用 istream 类的 read()方法和 ostream 类的 write()方法。

【例 8-8】 利用 write()和 read()函数实现将一个结构体的信息通过键盘写入到二进制文件中，并输出到屏幕。

```
#include "stdafx.h"
#include "iostream"
#include "fstream"
using namespace std;
struct student
{
char name[20];
int age;
};
const char *file ="abc.txt";
int main()
{
student st1,st2;
ofstream fout;
fout.open(file,ios::out|ios::binary);
if(fout.fail())
```

```
    {
        cout<<"cannot open file!"<<endl;
        exit(1);
    }
    cout<<"enter a student name:";
    cin.get(st1.name,20);
    cout<<"enter the age of student:";
    cin>>st1.age;
    fout.write((char *) &st1,sizeof(st1));
    fout.close();
    ifstream fin;
    fin.open(file,ios::out|ios::binary);
    if (fin)
    {
        cout<<"here are the content of the "<<file<<":\n";
        fin.read((char *) &st2,sizeof(st2));
        cout<<"name:"<<st2.name<<endl<<"age:"<<st2.age<<endl;
    }
    fin.close();
    return 0;
}
```

程序运行结果如下。

```
C:\Windows\system32\cmd.exe
enter a student name:Tom
enter the age of student:15
here are the content of the abc.txt:
name:Tom
age:15
请按任意键继续. . .
```

说明：由于使用二进制输入输出，因此不需要考虑数据格式的转换问题。本例使用 write()方法将结构体 st1 直接写入到二进制文件中。write()中的第一个参数需要将 st1 的地址强制转换为指向 char 的指针，第二个参数使用 sizeof 运算符获取 st1 的字节数。使用 read()方法将文件的内容读取到结构体 st2 中。read()中的第一个参数指定存储的位置，同样需要将 st2 的地址强制转换为指向 char 的指针，第二个参数使用 sizeof 运算符获取读入的字节数。

8.4.4 使用文件指针成员函数实现随机存取

随机存取指在访问文件中的元素时，不必考虑各个元素的排列次序或位置，根据需要直接访问文件中任一个元素。为了进行随机存取，必须先确定文件指针的位置。文件流提供了常用的文件指针成员函数，如表 8-5 所示。

表 8-5　　文件流与文件指针有关的成员函数

文件操作方式	功　能
seekg（位置）	将输入位置指针移动到指定位置
seekg（位移量，参考位置）	以参照位置为基础移动指定的位移量
seekp（位置）	将输出位置指针移动到指定位置
seekp（位移量，参考位置）	以参照位置为基础移动指定的位移量
tellg（ ）	返回输入文件指针的当前位置
tellp（ ）	返回输出文件指针的当前位置

表 8-5 中函数名的最后一个字符分别为 p 和 g，分别代表 put 和 get。参数中的位置和位移量均为长整型，以字节为单位。“参照位置”可以是：

```
ios::beg      //表示文件头，为默认值
ios::cur      //当前位置
ios::end      //文件尾
```

例如，fin 是一个 ifstream 的对象：

```
fin.seekg(10);  //把输入位置指针移动到离文件头 10 个字节处
fin.seekg(10,ios::beg);  //把输入位置指针移动到离文件头 10 个字节处
fin.seekg(5,ios::cur);  //把输入位置指针移动到当前位置后 5 个字节处
fin.seekg(-20,ios::end);  //把输入位置指针向前移动到离文件尾 20 个字节处
```

【例 8-9】 利用 write()将结构体数组写入二进制文件，并利用文件指针函数读取想要读取的内容。

```
#include "stdafx.h"
#include "iostream"
#include "fstream"
#include "iomanip"
using namespace std;
struct student
{
   char name[20];
   int age;
};
const char *file ="student.txt";
int main()
{
   student entry[3]={"Jack",20,"Mery",21,"Tom",19};
   student st;
   fstream f;
   int n;
   f.open(file,ios::out|ios::in|ios::binary);
   if(f.fail())
   {
      cout<<"cannot open file!"<<endl;
      exit(1);
   }

   for(int i=0;i<3;i++)
      f.write((char *)&entry[i],sizeof(entry[i]));
   cout<<"Please enter a number:";
   cin>>n;
   if (n>3)
   {
      cout<<"out of the range!"<<endl;
   }
   else
   {
      f.seekg((n-1)*sizeof(st),ios::beg);
      f.read((char*)&st,sizeof(st));
      cout<<"name:"<<setw(10)<<left<<st.name<<"age:"<<st.age<<endl;
   }
   f.close();
```

```
    return 0;
}
```

程序运行结果如下。

```
Please enter a number:2
name:Mery       age:21
请按任意键继续. . .
```

说明：这里输入2，程序读取了文件中第二个学生的姓名和年龄。

8.5 程序实例

【例 8-10】 建立学生管理文件 student.txt，文件里有3个学生的姓名和成绩。程序允许修改制定学生的信息。修改后将文件内容重新输入到屏幕。

```
#include "stdafx.h"
#include "iostream"
#include "fstream"
#include "iomanip"
using namespace std;
struct student
{
    char name[20];
    int age;
};
const char *file ="student.txt";
int main()
{
    student entry[3]={"Jack",20,"Mery",21,"Tom",19};
    student st;
    fstream f;
    int n;
    f.open(file,ios::out|ios::in|ios::binary);
    if(f.fail())
    {
        cout<<"cannot open file!"<<endl;
        exit(1);
    }

    for(int i=0;i<3;i++)
        f.write((char *)&entry[i],sizeof(entry[i]));
    //f.close();

    //f.open(file,ios::in|ios::binary);
    if (f)
    {
        cout<<"here are the content of the "<<file<<":\n";
        for (int i=0;i<3;i++)
        {
            f.seekg(i*sizeof(st),ios::beg);
            f.read((char *)&st,sizeof(st));
            cout<<"name:"<<setw(10)<<left<<st.name<<"age:"<<st.age<<endl;
        }
```

```
    }
    cout<<"Please enter a number:";
    cin>>n;
    if (n>3)
    {
        cout<<"out of the range!"<<endl;
    }
    else
    {
        f.seekg((n-1)*sizeof(st),ios::beg);
        f.read((char*)&st,sizeof(st));
        cout<<"name:"<<setw(10)<<left<<st.name<<"enter a new name:";
        cin>>st.name;
        cout<<"age:"<<setw(10)<<left<<st.age<<"enter a new age:";
        cin>>st.age;
        f.seekp((n-1)*sizeof(st),ios::beg);
        f.write((char *)&st,sizeof(st));
    }
    if (f)
    {
        cout<<"here are new content of the "<<file<<":\n";
        for (int i=0;i<3;i++)
        {
            f.seekg(i*sizeof(st),ios::beg);
            f.read((char *)&st,sizeof(st));
            cout<<"name:"<<setw(10)<<left<<st.name<<"age:"<<st.age<<endl;
        }
    }
    f.close();
    return 0;
}
```

程序运行结果如下。

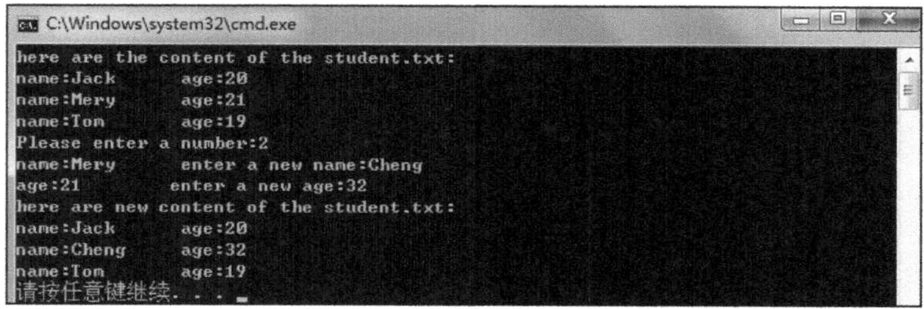

说明：程序首先将数据写入二进制文件，并输入到屏幕。然后手动输入 2，修改文件中第 2 个学生的姓名和年龄，再将文件中的内容重新输入到屏幕上。

小　　结

标准输入/输出和文件输入/输出是本章的主要内容。本章主要通过 iostream 和 fstream 文件构成 I/O 类库来实现标准的输入/输出和文件的输入/输出。标准输入/输出是从键盘输入数据，从屏幕输出数据。文件输入/输出是从存储介质上的文件输入数据，然后将结果输出到外存储介质。

1. 标准输入流

标准输入流可以通过 cin 对象和抽取运算符“>>”来识别所有基本的 C++类型，并将字符输入转换为这些类型。不带参数和带一个参数的 get()方法提供不跳过空格的单字符输入功能。带 2 个和 3 个参数的 get()方法、getline()方法和 read()方法都提供了输入字符串的功能。

2. 标准输出流

标准输出流可以通过 cout 对象和插入运算符“<<”来实现数据到屏幕的输出。利用 ios 类中格式控制成员函数和标准控制符格式还可以控制输出格式。put()方法用于单字符的输出，write()方法用于字符串的输出。

3. 文件的输入/输出

文件的输入/输出使用与标准输入/输出相同的方法实现文本的输入/输出。但在输入/输出之前，必须打开文件。结束输入/输出之后，必须关闭文件。文件的输入/输出又分为文本文件和二进制文件的输入/输出。使用文本指针成员函数可以实现文本的随机存取。

习　题

1. 编写一个程序，要求用户输入一个整数，然后分别以十进制、八进制和十六进制显示该整数。显示格式要求：在同一行上，使用 C++的进制基数，在宽度为 12 个字符的字段显示。

2. 编写一个程序，统计任何一个文本文件中的字符个数和行数，并在屏幕上显示。

3. 编写一个程序，请求用户输入下面的信息，并按下面的格式显示它们：

```
Enter your name: Wang zhiqiang
Enter your wages
```

4. 打开计算机上任何一个文本文件，在屏幕上分别以正序和倒序显示。

5. 编写一个程序，将两个文本文件连接成一个文件，然后将此文件中所有小写字母转换成大写字母，并打印出来。

第 9 章 异常处理

在编写软件时，不仅要保证软件的正确性，而且应该具有容错能力。不仅在正确的环境条件下，在用户正确操作时要运行正确，而且在环境条件出现意外或用户使用操作不当的情况下，也应该有正确合理的表现，不轻易出现死机，更不能出现灾难性的后果。这就要求软件能进行异常处理。异常（exception）就是一种专门用于检测错误并处理的机制，使程序保持逻辑清晰，并改进程序的可靠性，增强程序的健壮性。C++语言提供了基本的异常处理机制。

可靠的编程应尽可能地、及时地检测到各种异常情形，尽可能在本地处理。尽管有时自己不能处理，也应该向调用方提供详细的出错信息，使调用方能得到充分信息，从而采取合适方式来处理异常。本章主要介绍异常及异常处理的概念、异常处理机制、异常接口说明、异常匹配、标准异常层次结构等。

【学习目标】

（1）理解异常、异常处理的概念；

（2）掌握用 try、throw 和 catch 分别监视、指定和处理异常；

（3）掌握处理未捕获和未预料的异常；

（4）理解标准异常层次结构。

9.1 异常处理概述

9.1.1 异常、异常处理的概念

程序员总是希望自己所编写的程序都是正确无误的，而且运行结果也是完全正确的。但是这几乎是不可能的，智者千虑，必有一失，不怕一万，就怕万一。因此，程序员不仅要考虑程序没有错误的理想情况，更要考虑存在错误时的情况，应该能够尽快地发现错误，消除错误。

1. 语法错误

在编译时，编译系统能发现程序中的语法错误（如关键字拼写错，变量名未定义，语句末尾缺分号，括号不配对等），编译系统会告知用户在第几行出错，是什么样的错误。由于是在编译阶段发现的错误，因此这类错误又称为编译错误。有的初学者写的并不长的程序，在编译时会出现十几个甚至几十个语法错误，使人往往感到手足无措。但是，总的来说，这种错误是比较容易发现和纠正的，因为它们一般都是有规律的，在有了一定的编译经验以后，可以很快地发现出错的

位置和原因并加以改正。

2．运行错误

有的程序虽然能通过编译，也能投入运行，但是在运行过程中会出现异常，得不到正确的运行结果，甚至导致程序不正常终止，或出现死机现象。

例如：

- 访问数组元素的下标越界，在越界时又写入了数据；
- 用 new 动态申请内存而返回空指针（可能是因内存不足）；
- 算术运算上溢出或下溢出；
- 整数除法中除数为 0；
- 调用函数时提供了无效实参，如指针实参为空指针（如用空指针来调用 strlen 函数）；
- 通过挂空指针或挂空引用来访问对象；
- 输入整数或浮点数失败；
- I/O 错误。

上面列出的情形之一如果发生，就可能导致运行错误而终止程序。

由于程序中没有对此的防范措施，因此系统只好终止程序的运行。这类错误比较隐蔽，不易被发现，往往耗费许多时间和精力，这成为程序调试中的一个难点。

在设计程序时，应当事先分析程序运行时可能出现的各种意外的情况，并且分别制定出相应的处理方法，这就是异常处理的任务。

什么是异常？异常就是在程序运行中发生的难以预料的、不正常的事件而导致偏离正常流程的现象。发生异常将导致正常流程不能进行，就需要对异常进行处理。那么究竟什么是异常处理？异常处理（exception handling）就是在运行时刻对异常进行检测、捕获、提示、传递等过程。

9.1.2 异常处理的基本思想

异常编程的目的是改善程序的可靠性。在大型复杂的程序中，完全不发生异常几乎不可能，用传统的 if-else 语句来检查所有可能的异常情形，也有很大困难。编程正确性总是依赖某些假设成立为前提，异常编程就是要分析识别这些假设不成立的情形，采用面向对象编程技术，建立各种异常类型并形成继承性架构，以处理程序中可能发生的各类异常。图 9-1 所示为异常的传播方向。

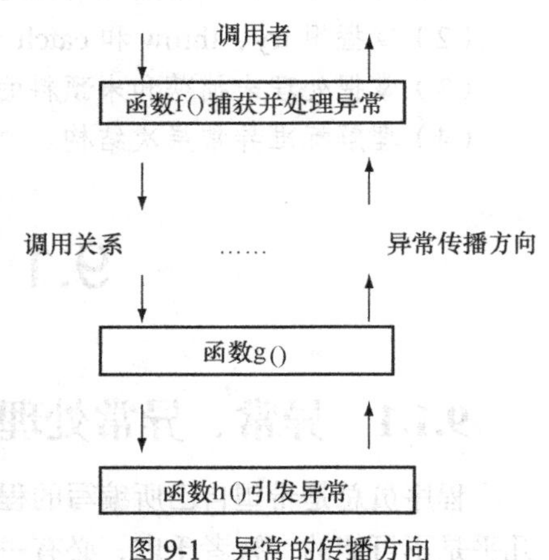

图 9-1　异常的传播方向

C++的异常处理机制使得异常的引发和处理不必在同一函数中，这样底层的函数可以着重解决具体问题，而不必过多地考虑对异常的处理。上层调用者可以在适当的位置设计类型异常的处理。

9.2 异常处理的实现

C++语言提供对异常处理情况的内部支持。C++语言的异常处理语句包括引发异常语句 throw 和捕获处理语句 try-catch。这两种语句就是 C++语言中用于实现异常处理的机制。有了异常处理，程序可以向更高的执行上下文传递意想不到的事件，从而使程序能更好地从这些事件中恢复过来。下面具体介绍异常处理的语法。

9.2.1 异常处理的语句

C++异常处理机制是一个用来有效地处理运行错误的非常强大且灵活的工具，它提供了更多的弹性、安全性和稳固性，克服了传统方法所带来的问题。

异常的抛出和处理主要使用了以下两种语句：throw 语句和 try-catch 语句。

1. throw 语句

抛出异常即检测是否产生异常，在 C++中，其采用 throw 语句来实现，如果检测到产生异常，则抛出异常。

该语句的格式为：

```
throw 表达式;
```

其中，关键字 throw 表示要引发一个异常到当前作用域之外。表达式值的类型作为异常事件的类型，并将表达式的值传给捕获处理该类型异常的程序。表达式的值可能是一个基本类型的值，也可能是一个对象。如果要引发一个对象，对象类应该事先设计好。一个类表示了一种异常事件，应描述该类异常发生的原因、语境以及可能的处理方法等。

例如：

```
throw index;                        //引发一个 int 异常，index 是一个 int 变量
throw "index out of range";         //引发一个 const char *异常
```

使用 throw 语句，需注意以下几点。

（1）根据当前异常情形，应选择更准确、更具体的异常类型来引发，而避免引发抽象的类型。例如，在 new 申请内存之后，如果发现返回空指针，此时应引发 OutOfMemory 类型的异常，而不是 NullPointer 异常，也不是更抽象的 runtime_error 或者 exception。准确具体的异常信息对于调用方的处理非常重要，否则就可能导致误解。

（2）如果一个函数中使用 throw 语句引发异常到函数之外，应该在函数原型中用异常规范准确描述，即“throw（异常类型表）”，使调用方知道可能引发的异常类型，提醒调用方不要忽视。

（3）虽然 throw 语句可以在函数中任何地方执行，但应尽可能避免在构造函数、析构函数中使用 throw 语句，因为这将导致对象的构建和撤销过程中出现底层内存错误，可能会导致程序在捕获到异常之前就被终止。

（4）一般来说，异常发生总是有条件的，往往在一条 if 语句检测到某个假设条件不成立时，才用 throw 语句引发异常，以阻止下面代码执行。在一个函数中无条件引发异常，只有一个理由，就是不想让其他函数调用。例如，一些实体类的拷贝构造函数和赋值操作函数如果不想被调用，就将这些函数设为私有，同时用一条 throw 语句避免本类其他函数执行。

（5）千万不要认为，只要我们程序中没有 throw 语句就不会引发异常，没有异常就是可靠的。我们可以暂时忽略异常，但当假设条件不满足时，异常总会发生。当异常发生时我们就不知道在何处出现异常，也不知道什么原因导致异常，更不知道如何处理能使程序继续执行。

异常是 C++提供的一种新概念，表示了偏离正常流程的小概率事件。异常不应该使正常流程的描述复杂化，也不应该让调用方忽视可能发生的异常。调用方可以选择在适当的地方集中捕获处理多种异常，这时就要用到 try-catch 语句。

2. try–catch 语句

捕获处理异常的语句是 try-catch 语句，一条 try-catch 语句由一个 try 子句（一条复合语句）和多个 catch 子句组成。

该语句语法格式如下：

```
try
{    可能引发异常的语句序列; }            //受保护代码
catch(异常类型 1  异常变量 1)
{    处理代码 1; }                       //异常处理器 1
catch(异常类型 2  异常变量 2)
{    处理代码 2; }      //异常处理器 2
...
}
catch(...)
{    处理代码; }       //异常处理器
```

其中，关键字 try 之后的一个复合语句称为 try 子句。这个复合语句中的代码被称为受保护代码，包含多条语句。受保护代码描述正常的执行流程，但这些语句的执行却可能引发异常。如果执行没有发生异常，try-catch 语句就正常结束，开始执行其下面的语句。如果引发了某种类型的异常，就按 catch 子句顺序逐个匹配异常类型，捕获并处理该异常。如果异常被捕获，而且处理过程中未引发新的异常，try-catch 语句就正常结束。如果异常未被捕获，该异常就被引发到外层作用域。try-catch 语句的组成结构如图 9-2 所示。

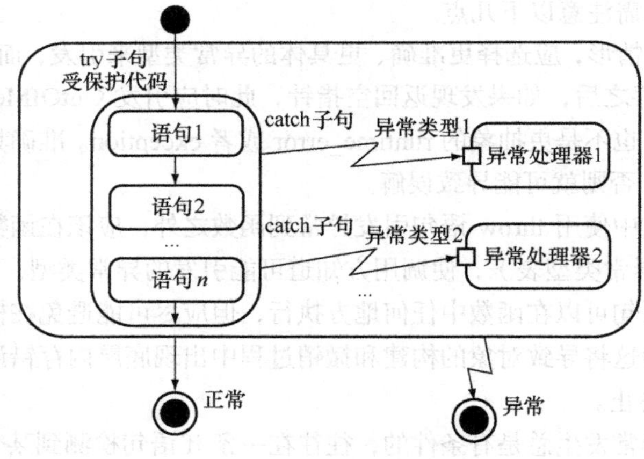

图 9-2　try-catch 语句的组成结构

异常是按其类型进行捕获处理的。一个 catch 子句仅捕获一类异常。一个 catch 子句由一个异常类型及变量和一个异常处理器（一条复合语句）构成。异常类型及变量指明要捕获的异常的类型，以及接收异常对象的变量。例如，catch（invalid_argument ex），要捕获的异常类型为 invalid_argument，如果真的捕获到该类异常，那么变量 ex 就持有这个异常对象，这个对象就是前面用 throw 语句引发出来的。

有一种特殊的 catch 子句，就是 catch(...)，该子句能匹配任何类型的异常，包括未命名的异常，不过异常对象或值不能被变量捕获，故此不能提供确切的错误信息。在多个 catch 子句中，这种 catch 子句应该排在最后。

在执行 try 子句中的受保护代码时，如果引发一个异常，系统就到 catch 子句中寻找处理该异常类型的入口。这种寻找过程称为异常类型匹配，它按如下步骤进行。

（1）由 throw 语句引发异常事件之后，系统依次检查 catch 子句以寻找相匹配的处理异常事件入口。如果某个 catch 子句的异常类型说明与被引发出来的异常事件类型相一致，该异常就被捕获，然后执行该子句的异常处理器代码。如果有多个 catch 子句的异常类型相匹配，按照前后次序只执行第一个匹配的异常处理代码。因此，较具体的派生类异常应该匹配在前，以提供最具体详细的信息，而较抽象的基类异常应该排在后面。

（2）若没有找到任何相匹配的 catch 子句，该异常就被传递到外层作用域。如果外层作用域是函数，就传递到函数的调用方。

一个异常的生命期从创建、初始化之后，被 throw 引发出来，然后被某个 catch 子句捕获，其生命期就结束了。一个异常从引发出来到被捕获，可能穿越多层作用域或函数调用。如果到 main 函数都未被捕获，将导致程序被迫终止。

从图 9-2 中可以看出，try-catch 语句的执行结果有两个：正常和异常。表 9-1 分析了 try-catch 语句的 4 种具体情形。

表 9-1　try-catch 语句执行结果

序号	结果	具体情形
1	正常完毕	受保护代码未引发异常
2	正常完毕	受保护代码引发了异常，但异常被某个 catch 子句捕获
3	异常退出	受保护代码引发了异常，但未被 catch 子句捕获
4	异常退出	受保护代码引发了异常，而且被某个 catch 子句捕获，但在异常处理器中又引发了新的异常，或者用“throw;”语句把刚捕获的异常又重新引发出来

对于 try-catch 语句的使用，需注意以下几点。

（1）try 子句中的代码，称为受保护代码，实际上是受到下面若干 catch 子句的保护，使得 try 子句代码可以放心去描述正常处理流程，而无须每执行一步都要用 if 语句来判断是否发生异常情形。

（2）并非 try 子句都可能引发异常，也并非 catch 子句要捕获 try 子句所引发的所有异常，当前函数只需捕获自己能处理的异常。

（3）多个 catch 子句之间，不允许基类异常在前、派生类在后，否则将出现语法警告，这使得列在后面的派生类捕获不到异常，而排在前面的基类先捕获到了。

（4）try-catch 语句仅适合处理异常，并不能将其作为正常流程控制。

由于 C++使用数据类型来区分不同的异常，因此在判断异常时，throw 语句中的表达式的值就没有实际意义，而表达式的类型就特别重要。

【例 9-1】 处理除数为 0 的异常。该例将除数为 0 的异常用 try-catch 语句来捕获异常，并使用 throw 语句来抛出异常，从而实现异常处理。

```
#include "stdafx.h"
#include "iostream "
using namespace std;

double fun(double a, double b) //定义除法函数
{
  if(b==0)
```

```
    {  throw b;  }  //除数为0，抛出异常
    return a/b;      //否则返回两个数的商
}
int main()
{
    double res;
    try  //定义异常
    {    res=fun(4,5);
         cout<<"The result of " <<4<<"/"<<5<<" is : "<<res<<endl;
         res=fun(6,0); //出现异常，函数内部会抛出异常
    }
    catch(double)               //捕获并处理异常
        {    cerr<<"error of dividing zero.\n";
             exit(1);           //异常退出程序
        }
    return 0;
}
```

程序运行结果如下。

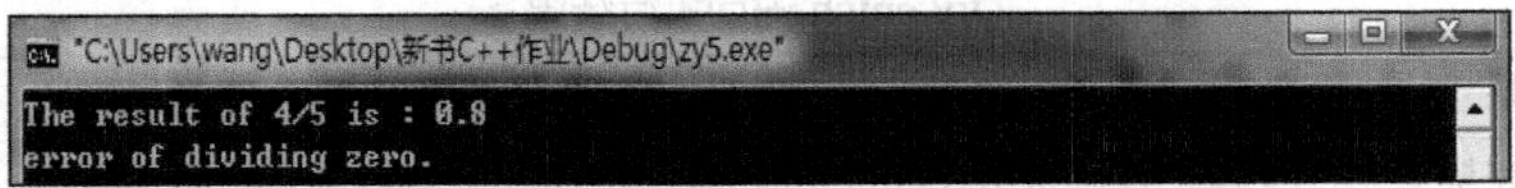

【例 9-2】 对例 9-1 代码进行修改，声明一个自定义异常类型。

```
#include "stdafx.h"
#include "iostream "
using namespace std;

class DivdeByZeroException           //定义抛出异常类
{
      const char *message;           //异常信息
   public:
      DivdeByZeroException():message("error of dividing zero.\n"){}
      const char *what(){return message;}
};
double fun(double a, double b)           //定义除法函数
{
   if(b==0)
   {
      throw DivdeByZeroException();      //除数为0，抛出异常
   }
   return (double)a/b;                   //否则返回两个数的商
}
int main()
{  int n1,n2;
   double res;
   cout<<"Please input two integers : ";
   while(cin>>n1>>n2)
   {
     try  //定义异常
     {       res=fun(n1,n2);
             cout<<"The result of" <<n1<<"/"<<n2<<" is : "<<res<<endl;
```

```
        }
        catch(DivdeByZeroException ex)          //捕获并处理异常
        {    cout<<ex.what();
             break;                             //异常退出程序
        }
        cout<< "\nPlease input two integers : ";
    }
  return 0;
}
```

程序运行结果如下。

```
Please input two integers : 4 5
The result of4/5 is : 0.8

Please input two integers : 6 0
error of dividing zero.
```

3. 未捕获异常的处理

如果一个异常没有被 catch 捕获，或者没有写 catch 块，这种情况就叫未捕获异常。如果一个异常没有被捕获，则系统的特殊函数 terminate( ) 将被自动调用，该函数通过调用 abort()函数来终止程序执行。

【例 9-3】 未捕获的异常。

```
#include "stdafx.h"
#include "iostream "
using namespace std;

class A{};
class B{};
void f()
{
  int err=1;
  if(err)
  { cout<<" throwing B\n";
    throw B( );   //抛出异常
  }
 }
 int main()
{
     try            //定义异常
     {    cout<<" calling f( )\n";
          f ( ); //出现异常，函数内部会抛出异常
     }
     catch(A)      //捕获并处理异常
     {   cout<<" catching A\n";
         exit(1);                     //异常退出程序
     }
     cout<<" finished\n";
     return 0;
}
```

程序运行结果如下。

```
"C:\Users\wang\Desktop\新书C++作业\Debug\ZY6.exe"
calling f( )
throwing B

abnormal program termination
```

在主函数调用函数 f()时抛出异常类型 B，而主函数中的异常处理块 catch 只能处理 A 类型的异常，所以发生了未捕获异常的情况，这时可调用系统的特殊函数 terminate()，而函数 terminate()的默认功能是调用 abort 终止程序。

9.2.2 异常接口声明

为了加强程序的可读性，使函数的用户能够方便地知道所使用的函数会抛出哪些异常，可以在函数的声明中列出这个函数可能抛出的所有异常类型。

C++语言提供了异常接口声明语法，异常接口声明也称异常接口说明，利用它可以清晰地告诉使用者异常抛出的类型，异常接口声明再次使用关键字 throw，语法如下：

```
函数返回值类型 函数名（形参列表）throw（类型列表）;
```

例如：

```
void func()  throw(X,Y);
```

这表明函数 func ()能够并且只能够抛出类型 X、Y 及其子类型的异常。

如果在函数的声明中没有包括异常的接口声明，如传统函数 void func()，则此函数可以抛出任何类型的异常。

一个不会抛出任何类型异常的函数可以进行如下形式的声明：

```
void func() thow();
```

表明函数不会有异常抛出。

【例 9-4】 带异常说明的函数原型例子。

```
#include"stdafx.h"
#include"iostream"
using namespace std;

void fun(int,double);
void test(int,double) throw(int,double);    //指定异常
const int intMax=10000;
const double floatMax=1e12;
int main()
{
   fun(10200,3.14);
   fun(2323,1.2e20);
   return 0;
}
void fun(int k,double x)
{
try
{  test(k,x); }
catch(int)
{
   cout<<"Integer data is too large."<<endl;
}
catch(double)
 {
   cout<<"Float data is too large."<<endl;
```

```
   }
}
void test(int a,double x)throw(int,double)
{
    if(a>intMax) throw a;
    if(x>floatMax) throw x;
}
```

程序运行结果如下。

```
"C:\Users\wang\Desktop\新书C++作业\Debug\异常9-4.exe"
Integer data is too large.
Float data is too large.
Press any key to continue
```

在这个例子中，主函数 main()调用函数 fun()，又由 fun()调用函数 test()。函数 test()抛出 int 和 double 类型的异常。函数 fun()捕获 test()抛出的异常并进行处理。

9.3　构造函数、析构函数与异常处理

构造函数和析构函数执行中也可能引发异常。

如果在构造函数执行中引发了一个异常，此时构造函数没有执行完成，对象还没有构造完，因此对此对象不调用析构函数。如果在引发异常之前已构造完了一部分基类子对象或者成员对象，那么这些基类子对象或成员对象将调用析构函数，而未构造完的对象就不会调用析构函数。例如下面一个类：

```
class StudentScore
{
    int num;
    string name;
    float score;
public:
    StudentScore(int num, string name, float score)
    :num(num), name(name), score(score){}
    //...
}
```

该类的构造函数没有能保证学号 num 和分数 score 都为正数，因为这些属性值在现实中若为负数是十分荒唐的错误。另外，学生的姓名 name 如果少于 2 个汉字也是不正常的。因此这个构造函数需要改进。

【例 9-5】 构造函数引发异常。

```
#include "iostream"
#include "fstream"
#include "string.h"
using namespace std;
ofstream out("result.txt");

class AB
{
    static int j;
    int num;
    enum{size=40};
    char name[size];
```

```
    public:
      AB(const char* cName="list")throw(int)
    {
      num=j++;
      memset(name,0,size);       //数组初始化
      strncpy(name,cName,size); //字符串复制，从 cName 复制 size 个字符到 name
      out<<"constructing AB"<<num<<" name("<<name<<")"<<endl;
      if(num==3)
           throw int(5);
      if(*cName=='z')
            throw char('z');
    }
     ~AB()
    {
         out<<"destructing AB"<<num<<" name("<<name<<")"<<endl;
    }
    void* operator new[](size_t size)
    {
         out<<"AB::new[]"<<endl;
         return ::new char[size];
    }
    void operator delete[](void* p)
    {
         out<<"AB::delete[]"<<endl;
         ::delete []p;
    }
    };
    int AB::j=0;
    void unexpected_rethrow()
    {
       out<<"inside unexpected_rethrow()"<<endl;
       throw;
    }
    int main()
    {
    set_unexpected(unexpected_rethrow);
    try
    {     AB t1("before list");
          AB* list=new AB[7];
          AB t2("after list");
    }
    catch(int j)
    {    out<<"catching"<<j<<endl;}
    out<<"testing unexpected"<<endl;
    try
    {    AB t3("before unexpected");
         AB t4("z");
         AB t5("after unexpected");
    }
    catch(char c)
    {  out<<"catching "<<c<<endl; }
    return 0;
    }
```

程序运行结果（输出到文件 result.txt 中）如下。

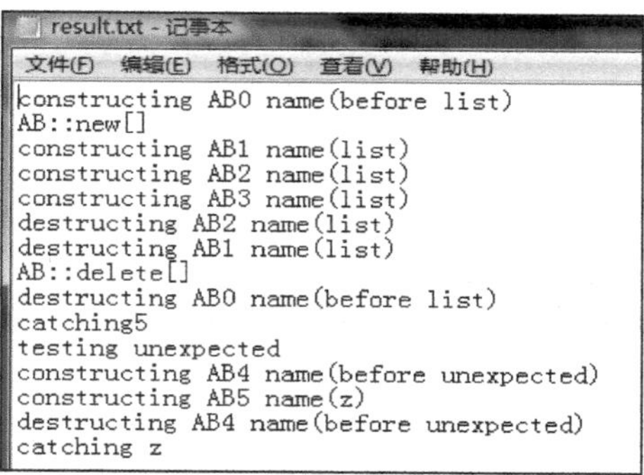

```
result.txt - 记事本
文件(F) 编辑(E) 格式(O) 查看(V) 帮助(H)
constructing AB0 name(before list)
AB::new[]
constructing AB1 name(list)
constructing AB2 name(list)
constructing AB3 name(list)
destructing AB2 name(list)
destructing AB1 name(list)
AB::delete[]
destructing AB0 name(before list)
catching5
testing unexpected
constructing AB4 name(before unexpected)
constructing AB5 name(z)
destructing AB4 name(before unexpected)
catching z
```

类 AB 中的静态变量 j 记录对象的个数，字符数组 name 用来存放字符标识符。构造函数中首先将字符数组 name 清空，调用系统函数 strncpy()为字符数组 name 赋值，指定字符个数为 size 个，所以赋值字符的个数小于分配字节数，保证不会溢出。

构造函数在两种情况下发生异常：当第三个对象被创建时，抛出一个整数，并在异常规格说明中引入了整数类型；参数字符串的第一个字符为“z”时将抛出一个字符异常（仍然是特意设计的异常）。由于异常规格说明中不含字符型，所以此类异常将调用 unexpected()函数。

程序成功创建了两个对象数组元素，创建第三个对象时发生异常抛出，所以异常在清理对象时只有前两个的析构函数被调用。虽然程序中没有明确调用 delete 函数，但异常处理系统调用了 delete 函数来释放对象数组 list。注意，只有规范地使用 new 函数时才会出现上述情况。最终对象 t1 被清除，而由于创建对象 t2 前发生异常，所以 t2 没有被创建，也不存在清除。

在测试函数 unexpected_rethrow()中，对象 t3 被创建，对象 t4 的构造函数开始创建对象。但在创建完成之前有异常抛出。该异常为字符型，不存在于函数的异常规格说明中，所以 unexpected_rethrow()将被调用，该函数将再次抛出与已知类型完全相同的异常（函数 unexpected_rethrow()可抛出所有类型异常）。t4 的构造函数被调用抛出异常后，异常处理器将进行查找并捕获，因此 t5 对象不会被创建。

总之，构造函数中发生异常后，异常处理遵从以下规则。

（1）对于对象成员函数，如果在外层对象构造完成之前有异常抛出，则在发生异常之前，执行构造成员对象的析构函数。

（2）如果异常发生时，对象数组被部分构造，则只调用已构造的数组元素的析构函数。

（3）异常可能跳过通常释放资源的代码，从而造成资源泄露。解决的方法是请求资源时初始化一个局部对象，发生异常时，调用析构函数并释放资源。

（4）要捕获析构函数中的异常，可以将调用析构函数的函数放入 try 块，并提供相应类型的 catch 处理程序块。抛出对象的析构函数在异常处理程序执行完毕后执行。

9.4　异常匹配

从基类可以派生各种异常类，当一个异常抛出时，异常处理器会根据异常处理顺序找到“最近”的异常类型进行处理。若 catch 捕获了一个指向基类类型异常对象的指针或引用，则它也可以捕获该基类所派生的异常对象的指针或引用。相关错误的多态处理是允许的。

【例 9-6】 异常捕获顺序举例。

```
#include "stdafx.h"
```

```
#include "iostream "
using namespace std;

class Aerr
{public:
       Aerr( )
       {cout<<"Aerr constructor"<<endl;}
       ~ Aerr ( ) {cout<<" Aerr destructor";}
};
class Berr :public Aerr
{public:
     Berr( )
     {cout<<"Berr constructor"<<endl;}
     ~ Berr ( ) {cout<<" Berr destructor";}
};
class Cerr :public Aerr
{public:
     Cerr( )
      {cout<<"Cerr constructor"<<endl;}
      ~ Cerr ( ) {cout<<" Cerr destructor";}
};
class Test
{public :
  void f(){throw Berr ();}
};
int main()
{cout<<"main function"<< endl;
 Test d;
try
{ d.f( ); }
catch(Aerr)
{ cout<<"catching Aerr "<<endl;}
catch(Berr)
{ cout<<"catching Berr "<<endl;}
catch(Cerr)
{ cout<<"catching Cerr "<<endl;}
cout<<"main function"<<endl;
return 0;
}
```

程序运行结果如下。

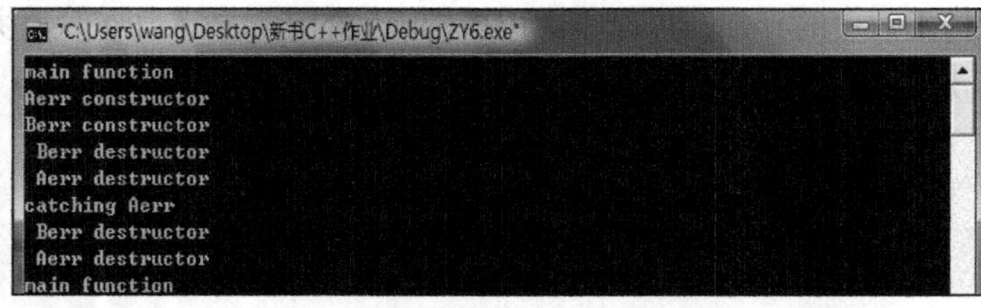

对于这里的异常处理机制，第一个处理器总是匹配一个 Aerr 对象或从 Aerr 派生的子类对象，所以第一个异常处理捕获第二个和第三个异常处理的所有异常，而第二个和第三个异常处理器永远不被调用。因此在捕获异常中，常把捕获基类类型的异常处理器放在最末端。

9.5 标准异常及层次结构

C++标准提供了标准库异常及层次结构。标准异常以基类 exception 开头（在头文件 exception 中定义），该基类提供了函数 what()，每个派生类中重定义发出相应的错误信息。

由基类 exception 直接派生的类 runtime_error 和 logic_error（均定义在头文件 stdexcept 中），分别报告程序运行时的错误信息和逻辑错误。

I/O 流异常类 ios_base::failure 也由 exception 类派生而来，如图 9-3 所示。

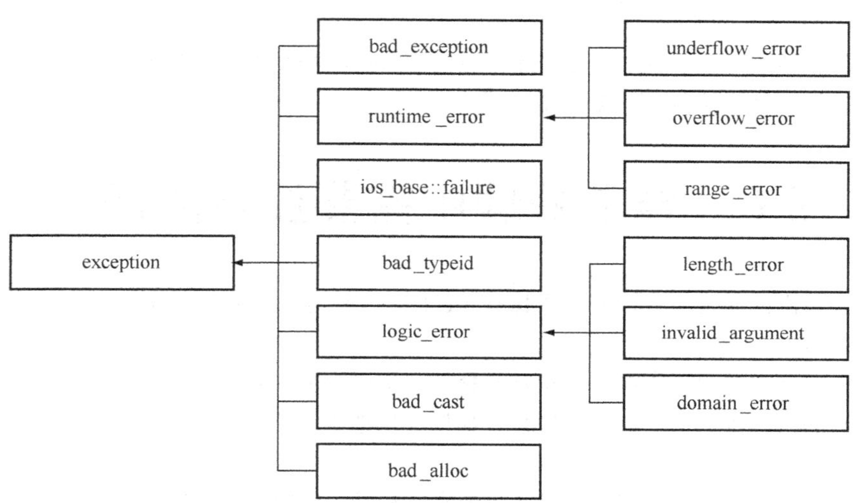

图 9-3 标准异常类的继承关系

下面给出了 C++提供的一些标准异常。

```
namespace std
{
 //exception 派生
 class logic_error; //逻辑错误,在程序运行前可以检测出来
 //logic_error 派生
 class domain_error; //违反了前置条件
 class invalid_argument; //指出函数的一个无效参数
 class length_error; //指出有一个超过类型 size_t 的最大可表现值长度的对象的企图
 class out_of_range; //参数越界
 class bad_cast; //在运行时类型识别中有一个无效的 dynamic_cast 表达式
 class bad_typeid; //报告在表达 typeid(*p)中有一个空指针 p

 //exception 派生
  class runtime_error; //运行时错误,仅在程序运行中检测到

 //runtime_error 派生
 class range_error; //违反后置条件
 class overflow_error; //报告一个算术溢出
```

```
    class bad_alloc; //存储分配错误
}
```

请注意观察上述类的层次结构，可以看出，标准异常都派生自一个公共的基类 exception。基类包含必要的多态性函数提供异常描述，可以被重载。下面是 exception 类的原型。

```
class exception
{
  public:
    exception() throw();
    exception(const exception& rhs) throw();
    exception& operator=(const exception& rhs) throw();
    virtual ~exception() throw();
    virtual const char *what();
}
```

值得注意：异常处理不能用于处理异步情况，如磁盘 I/O 完成、网络消息到达、鼠标单击等，这些情况最好用其他方法处理，如终端处理。

9.6 异常处理中需要注意的问题

（1）如果抛出的异常一直没有函数捕获（catch），则会一直上传到 C++运行系统那里，导致整个程序的终止。

（2）一般在异常抛出后资源可以正常被释放，但注意如果在类的构造函数中抛出异常，系统是不会调用它的析构函数的。处理方法是：如果在构造函数中要抛出异常，则在抛出前要记得删除申请的资源。

（3）异常处理仅仅通过类型而不是通过值来匹配的，所以 catch 块的参数可以没有参数名称，只需要参数类型。

（4）函数原型中的异常说明要与实现中的异常说明一致，否则容易引起异常冲突。

（5）应该在 throw 语句后写上异常对象时，throw 先通过拷贝构造函数构造一个新对象，再把该新对象传递给 catch。那么当异常抛出后新对象如何释放呢？

异常处理机制保证：异常抛出的新对象并非创建在函数栈上，而是创建在专用的异常栈上，因此它才可以跨接多个函数而传递到上层，否则在栈清空的过程中就会被销毁。所有从 try 到 throw 语句之间构造起来的对象的析构函数将被自动调用。但如果一直上溯到 main 函数后还没有找到匹配的 catch 块，那么系统调用 terminate()终止整个程序，这种情况下不能保证所有局部对象会被正确地销毁。

（6）catch 块的参数推荐采用地址传递而不是值传递，不仅可以提高效率，还可以利用对象的多态性。另外，派生类的异常捕获要放到父类异常捕获的前面，否则，派生类的异常无法被捕获。

（7）编写异常规格说明时，要确保派生类成员函数的异常规格说明和基类成员函数的异常规格说明一致，即派生类改写的虚函数的异常规格说明至少要和对应的基类虚函数的异常规格说明相同，甚至更严格、更特殊。

小　　结

程序运行中的有些错误是可以预料但不可避免的，当出现错误时，要力争做到允许用户排除环境错误，继续运行程序，这就是异常处理的任务。C++语言提供对处理异常情况的内部支持。throw 语句和 try-catch 语句就是 C++语言中用于实现异常处理的机制。

为了加强程序的可读性，使函数的用户能够方便地知道所使用的函数会抛出哪些异常，可以在函数的声明中列出这个函数可能抛出的所有异常类型，这就是异常接口声明（也称异常规格说明）。

异常处理的真正能力，不仅在于它能够处理各种不同类型的异常，还在于它具有在堆栈展开期间为异常抛出前构造的所有局部对象自动调用析构函数的能力。

习　　题

1．throw 可以抛出哪些种类的异常对象？如何捕获？

2．异常声明可以只是一个类型声明而不是对象声明吗？

3．简述异常声明中异常对象的拷贝过程。

4．异常抛出没有在 try 块中或抛出的异常没有对应的 catch 语句来捕捉，结果如何？

5．怎么捕捉全部异常或未知异常？

6．定义一个异常类 Cexception，有成员函数 reason()用来显示异常的类型。定义一个函数 fun1()触发异常，在主函数 try 模块中调用 fun1()，在 catch 模块中捕获异常，观察程序执行流程。

参考文献

[1] 杜茂康，吴建，王永．C++面向对象程序设计[M]．北京：电子工业出版社，2010．
[2] 郑莉，董渊，何江舟．C++语言程序设计[M]．4 版．北京：清华大学出版社，2010．
[3] 张冰．面向对象程序设计 C++语言编程[M]．北京：机械工业出版社，2008．
[4] 周仲宁．C++程序设计与应用[M]．北京：机械工业出版社，2009．
[5] 姚全珠，李薇，王晓帆．C++面向对象程序设计[M]．北京：电子工业出版社，2010．
[6] 谭浩强．C++面向对象程序设计[M]．北京：清华大学出版社，2006．
[7] 邬延辉，王小权，陈叶芳．C++程序设计教程：基于案例和实验驱动[M]．北京：机械工业出版社，2010．
[8] 范磊．C++全方位的学习[M]．北京：科学出版社，2009．
[9] 王燕．面向对象的理论与 C++实践[M]．北京：清华大学出版社，1997．
[10] 揣锦华，李军民．C++程序设计语言[M]．西安：西安电子科技大学出版社，2003．
[11] 吕风翥．C++语言基础教程[M]．北京：清华大学出版社，2002．
[12] 刘振安．C++程序设计[M]．北京：机械工业出版社，2008．
[13] 幸莉仙，于海泳，王立军，等．C++程序设计基础[M]．北京：电子工业出版社，2011．
[14] 陈志泊，王春玲，孟伟．面向对象的程序设计语言——C++[M]．2 版．北京：人民邮电出版社，2007．
[15] 朱战立，张玉祥．C++面向对象程序设计[M]．北京：人民邮电出版社，2006．
[16] 闵联营，何克右．C++程序设计[M]．北京：清华大学出版社，2010．
[17] Prata Stephen．C++ Primer Plus[M]．孙建春，韦强，译．5 版．北京：人民邮电出版社，2005．
[18] 钱能．C++程序设计教程[M]．北京：清华大学出版社，1994．
[19] Deitel H M，Deitel P J．C++编程金典[M]．周靖，黄都培，译．北京．清华大学出版社，2002．
[20] 陈维兴，林小茶．C++面向对象程序设计教程[M]．3 版．北京：清华大学出版社，2009．
[21] 李兰．C++面向对象程序设计[M]．西安：西安电子科技大学出版社，2010．
[22] STROUSTRUP Bjarne．C++程序设计原理与实践（英文版）[M]．北京：机械工业出版社，2009．